环境艺术设计
制图与识图

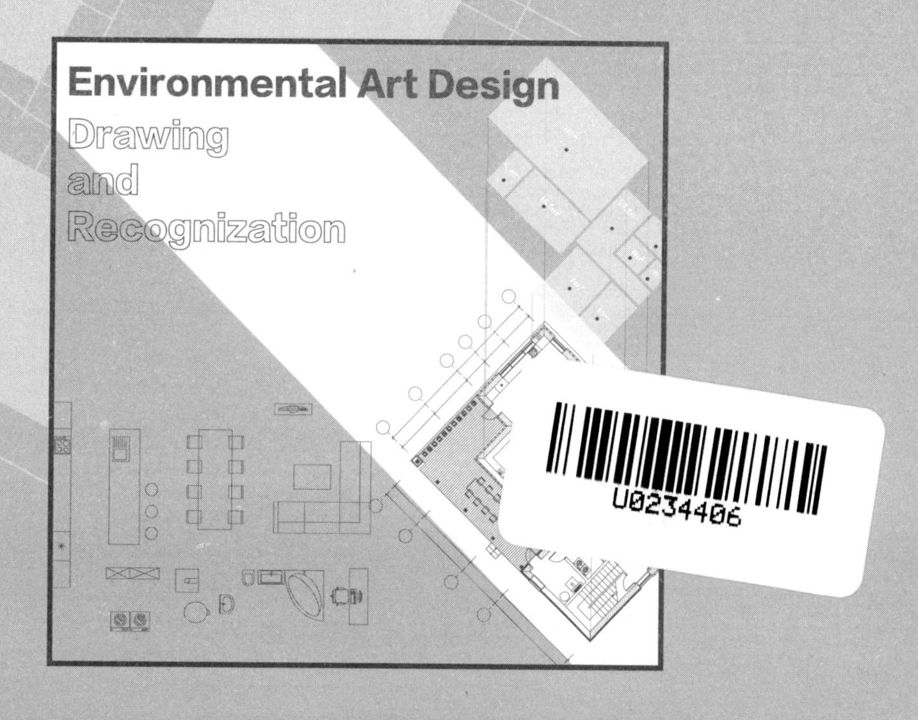

李云慧　主编　　王艳陶　贾晓辉　副主编
刘素平　主　审

化学工业出版社
·北京·

内容简介

本书以工作过程为导向，提炼典型性工作任务，共包括五个项目、九项实训任务。五个项目分别为：环境艺术制图达标训练、二维图形绘制基础训练、房屋建筑工程施工图的制图与识图训练、建筑装饰施工图的制图与识图训练、景观设计制图与识图训练等内容。

本书内容系统、完善，适合高职高专环境艺术设计专业、室内艺术设计专业、景观艺术设计专业及相关专业教学使用，同时对从事室内设计、景观设计、建筑装饰等专业设计和施工管理人员及室内外设计爱好者可以起到学习和参考作用。

图书在版编目（CIP）数据

环境艺术设计制图与识图/李云慧主编. —北京：化学工业出版社，2020.11（2022.11重印）
ISBN 978-7-122-37591-9

Ⅰ.①环… Ⅱ.①李… Ⅲ.①环境设计-建筑制图-教材 Ⅳ.①TU204.21

中国版本图书馆CIP数据核字（2020）第158777号

责任编辑：李彦玲　　文字编辑：林　丹　沙　静
责任校对：李　爽　　装帧设计：王晓宇

出版发行：化学工业出版社（北京市东城区青年湖南街13号　邮政编码100011）
印　　装：三河市延风印装有限公司
787mm×1092mm　1/16　印张10¼　字数248千字　2022年11月北京第1版第3次印刷

购书咨询：010-64518888　　售后服务：010-64518899
网　　址：http://www.cip.com.cn
凡购买本书，如有缺损质量问题，本社销售中心负责调换。

定　　价：38.00元

PREFACE

前言

环境艺术设计所关注的是人类生活设施和空间环境的艺术设计。随着我国经济建设的发展和人民生活水平的提高，环境艺术设计领域已由室内空间，扩大到室外空间等多方面。设计师将设计思路绘制在图纸上就是把设计意图和设计成果转化成专业“语言”，是设计师对设计思路的表达。因此，能够读懂和绘制设计图纸是环境艺术设计专业人员最基础的职业岗位能力。

本书遵循职业教育规律，从行业需求出发，系统化突出读者识图和制图能力为中心的知识结构体系，以工作过程为导向提炼典型性工作任务，以培养室内外企业一线实用型人才的制图、读图能力为目标。内容部分简明扼要地介绍了绘图基本知识、基本作图方法、绘图工具的使用、投影原理、三视图的形成。将传统教材中的画法几何原理和线面空间关系、立体相贯等内容全部舍去，加强房屋建筑工程施工图、建筑装饰施工图、景观园林施工图的实用部分。本书由五个项目组成，每个项目后设置任务实训训练，读者学习了项目中的知识后，将知识应用到绘图的过程中，使其较快掌握阅读和绘制专业施工图的关键技能，并得到系统性训练。本书后附室内和景观设计的两套图纸，供读者增进对知识点进一步的理解和应用，提升对施工图的识读能力。

学好环境艺术设计制图与识图的内容知识，需要读者认真细致、肯于钻研；要对所学内容善于分析和应用，提高空间想象、图示表达和识读能力；要多看、多练、多画，注意将课本知识与工程实际相结合，认真总结归纳，及时复习巩固；严格要求自己，要有认真负责、一丝不苟、精益求精的敬业精神。

本书编写分工如下：李云慧（石家庄职业技术学院）任主编，王艳陶（广东碧桂园职业技术学院）和贾晓辉（石家庄职业技术学院）任副主编，张春晓（泊头职业学校）、穆枫（石家庄职业技术学院）、聂晶晶（石家庄职业技术学院）及赵欢（河北省石家庄市建筑设计院）参与编写，由石家庄职业技术学院刘素平老师担任主审，并提出宝贵意见，在此对参与本书编写的全体人员致谢！

由于时间仓促，加之编者水平有限，在编写过程中难免存在不足和疏漏，希望有关专家和广大读者予以批评指正，以便于今后进一步修正与完善。

编　者

2020 年 7 月

CONTENTS

目录

Environmental Art Design Drawing and Recognization

环境艺术设计制图与识图

项目一 环境艺术制图达标训练

主要内容

1. 环境艺术制图工具及使用方法
2. 环境艺术工程制图基本标准规范一
3. 环境艺术制图的基本步骤

学习目标

知识目标

1. 掌握制图工具的正确使用方法
2. 掌握基本制图标准
3. 掌握制图的基本步骤

能力目标

1. 能够正确应用制图工具
2. 能够运用基本制图标准绘制图纸
3. 能够按照绘图步骤绘制简单图纸

素养目标 严谨、认真、负责的学习态度

重点

1. 绘图工具和仪器的正确使用和日常保养
2. 基本制图标准
3. 制图的基本步骤

难点

基本制图标准

制图基本工具

2B 绘图铅笔、直尺、三角板、橡皮、A4 绘图纸、胶带、墨线笔等

一、环境艺术制图标准

（一）常用制图工具及其用法和保养

学习环境艺术设计制图与识图，必须了解绘图工具的结构、性能和特点，掌握其正确的使用方法并且要注意定期维护、保养，这是提高绘图质量和速度的前提。

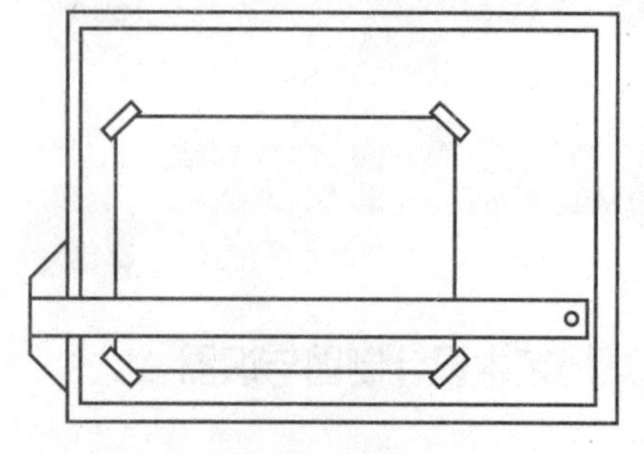

图 1-1 绘图板

1. 绘图板

绘图板简称图板，由胶合木板制作而成，作用为固定图纸，如图 1-1 所示，是制图的主要工具之一。图板板面平整光滑，有一定的弹性；因左边框为工作边，要求边框应平直。图板是木制品，用后应妥善存放，防止受潮、曝晒、雨淋，以免翘裂。图板有多种规格，其制图时一般用 A2 或 A1 规格。

2. 丁字尺

丁字尺主要用于绘制水平线，由尺头和尺身两部分组成，如图 1-2（a）所示。身沿长度方向带有刻度的侧边为工作边，使用时，左手握尺头，使尺头紧靠图板左边缘，尺头沿图板的左边缘上下移动到所需要画图线的位置，即可从左向右画水平线，如图 1-2（b）所示。

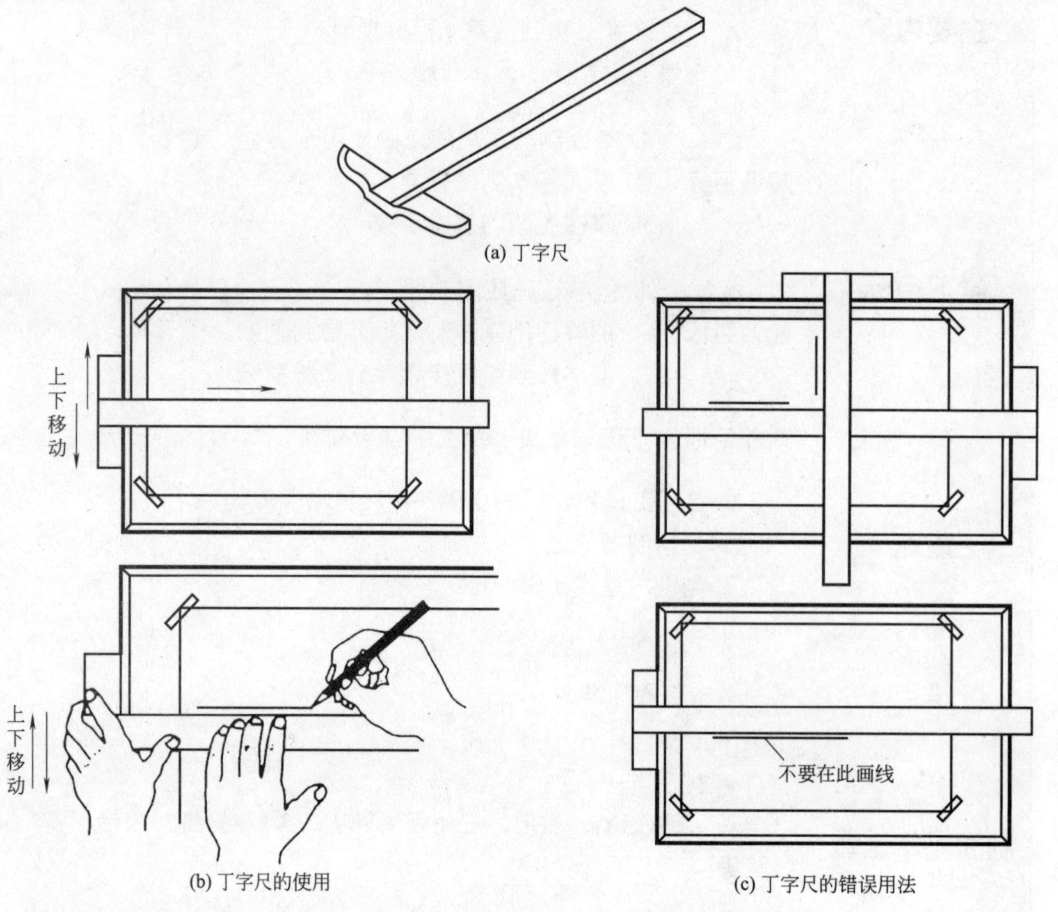

图 1-2 丁字尺及其使用方法

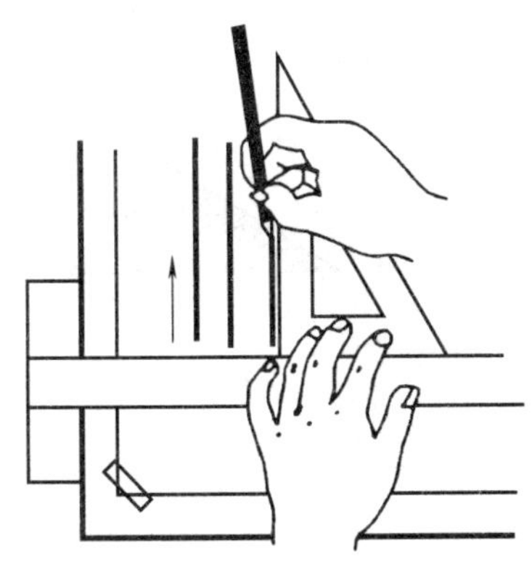
图 1-3　三角板配合丁字尺画垂直线

尺头只能在绘图板的左侧，不能在绘图板的右边、上边、下边使用，也不能沿尺身的下边画线，如图 1-2（c）所示为错误用法。用毕后丁字尺一定要保持清洁，不能靠在墙边，应水平放置或尺头向上垂直悬挂，以防止尺身变形或尺头松动。

3. 三角板

绘图用的三角板是由两个直角三角板组成一副，一个三角板的三个角为 45°、45°、90°，另一个三角板的三个角为 30°、30°、60°，其作用是配合丁字尺画垂直线，如图 1-3 所示。也可以画各种角度的斜线，如图 1-4 所示。

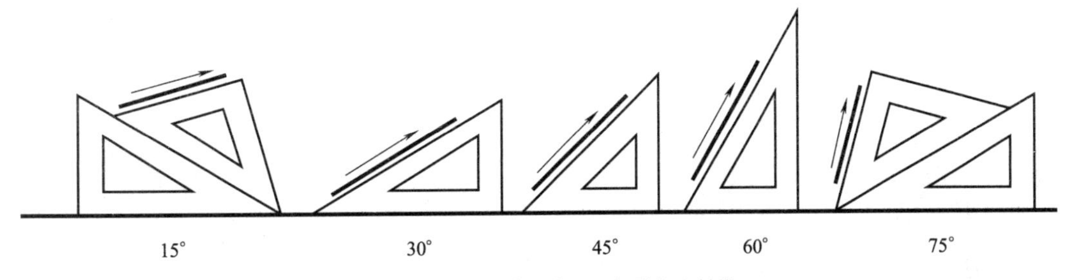

图 1-4　三角板配合丁字尺画各种角度斜线

用两个三角板配合，也可画出任意垂直线的平行线或垂直线，如图 1-5 所示。

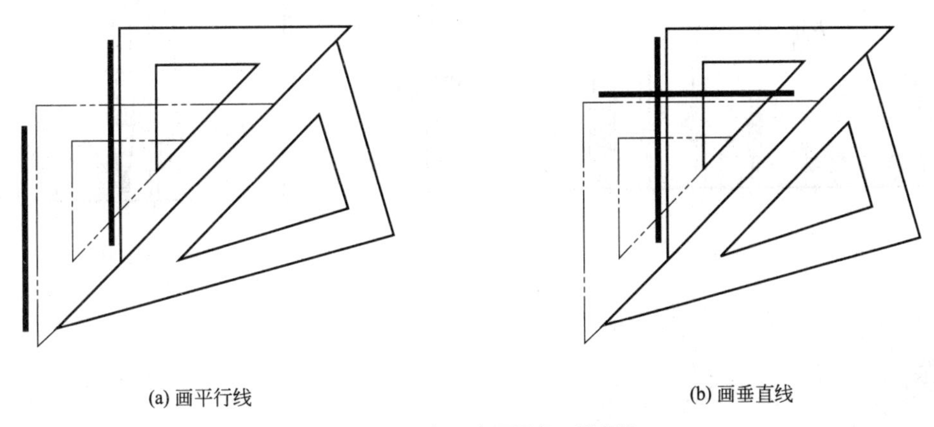
(a) 画平行线　　(b) 画垂直线

图 1-5　三角板配合画平行、垂直线

4. 比例尺

为了适应绘制不同比例的图样，根据实际需要和图纸大小来直接缩小或放大图样，可选用适当的比例尺进行绘制，常用比例尺有两种，一种为三棱比例尺，尺身上有六种不同比例的刻度，常用的百分比例尺有 1∶100、1∶200、1∶500，常用的千分比例尺有 1∶1000、1∶2000、1∶5000。画线时可以不经计算而直接从比例尺上获取尺寸，如图 1-6 所示。另一种为比例直尺，尺身上有不同比例刻度，如图 1-7 所示。

5. 圆规、分规

圆规是用来画圆和圆弧的重要工具，常用的是组合式圆规。圆规的一条腿固定针脚，另一条腿上有插接的构造，可插接铅芯插脚、墨线笔插脚及带有钢针的插脚，分别用于绘制铅笔及墨线的圆、圆弧，也可以当分规使用，如图 1-8 所示。

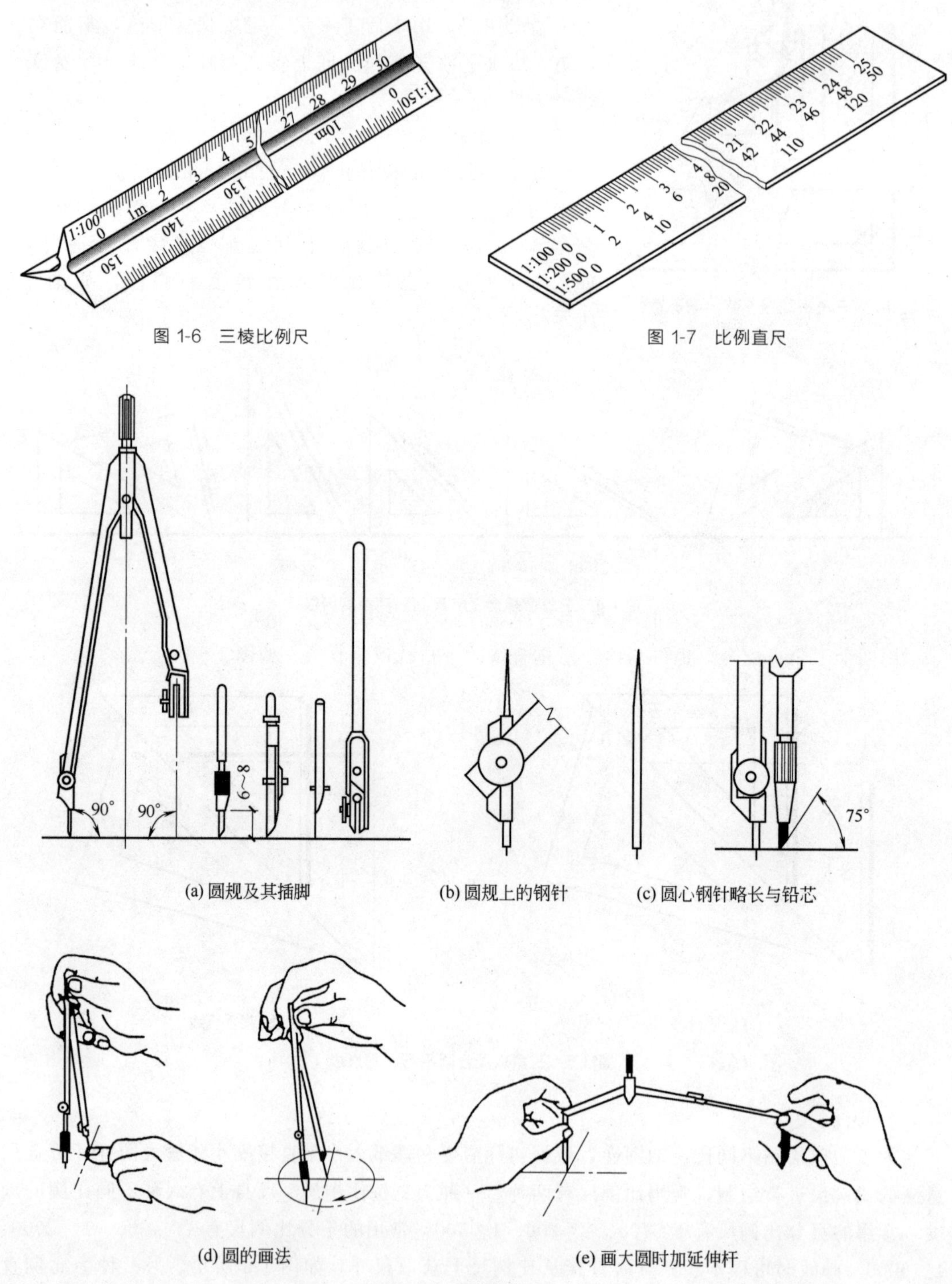

图 1-6　三棱比例尺

图 1-7　比例直尺

(a) 圆规及其插脚

(b) 圆规上的钢针

(c) 圆心钢针略长与铅芯

(d) 圆的画法

(e) 画大圆时加延伸杆

图 1-8　圆规的使用

分规是用来等分线段和量取线段长度的工具，形状与圆规相似，只是两条腿均装有尖锥形钢针，即可用来量取线段的长度，也可用来等分直线段和圆弧，如图 1-9 所示。注意使用时应将两针尖调平对齐。

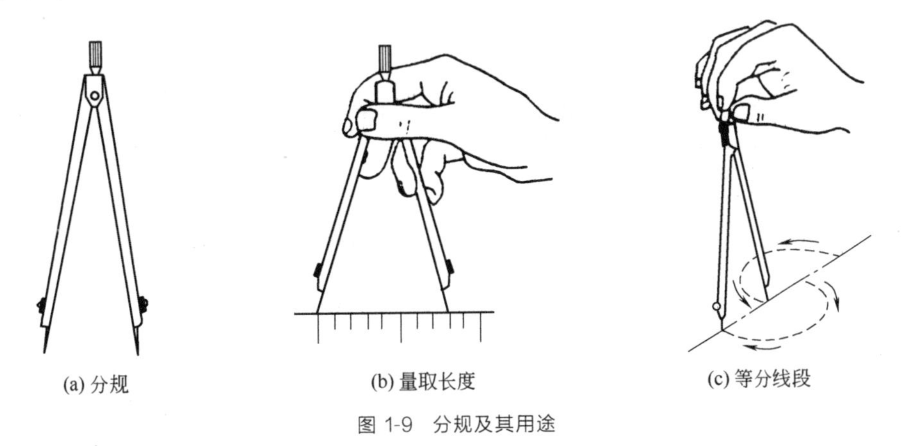

图 1-9　分规及其用途

6. 铅笔、墨线笔

铅笔的芯有不同硬度，H代表硬芯铅笔，B代表软芯铅笔。H或2H一般用于画各种细线和底稿。B或者2B一般用于加深图线。HB代表软硬适中，一般用于注写文字及加深图线。根据不同的使用要求准备不同硬度的铅笔。其中，用于画粗实线的B或HB型铅笔应削成楔形，其宽度 b 为粗实线的线宽（一般 b 约等于0.7mm）。其余的铅芯削成尖锥形，铅芯露出6～8mm，笔杆削20～25mm，使用铅笔时运笔要均匀，向运笔方向倾斜75°，并使笔尖和尺边距离始终保持一致，这样才能把线条画得平直、准确，如图1-10所示。

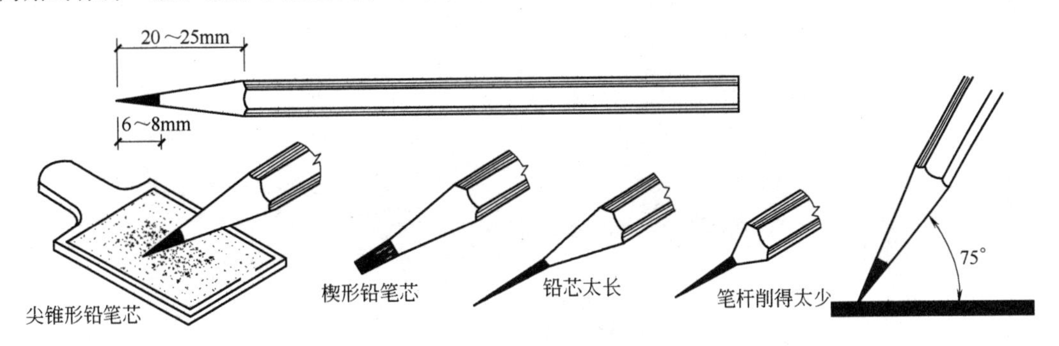

图 1-10　铅笔的使用方法

绘图墨线笔，通常指针管笔，用来画墨线或描图，外形类似普通钢笔。针管直径有粗细不同规格，可按不同线型粗细选用，如图1-11所示。针管笔应使用专用碳素墨水，用后要及时洗净针管，以防堵塞。另有一次性使用的针管笔，根据需要选择不同粗细的笔。

图 1-11　绘图墨线笔（针管笔）

7. 绘图模板

为提高绘图质量和速度，人们把绘图中常用的一些图例、符号、比例等刻画在有机玻璃或其他材质上制成模板，目前有很多专业性的模板，如建筑模板如图 1-12（a）所示，装潢绘图模板如图 1-12（b）所示，轴测图模板，数字模板，结构模板等。

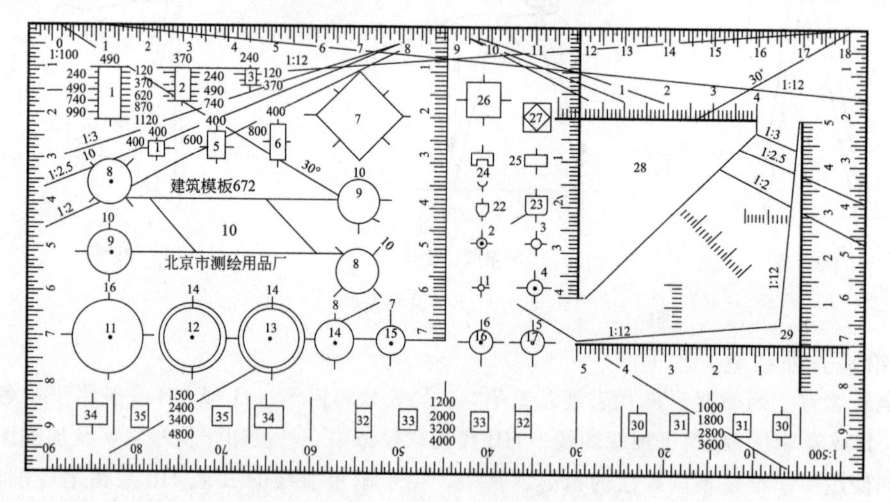

(a) 建筑模板

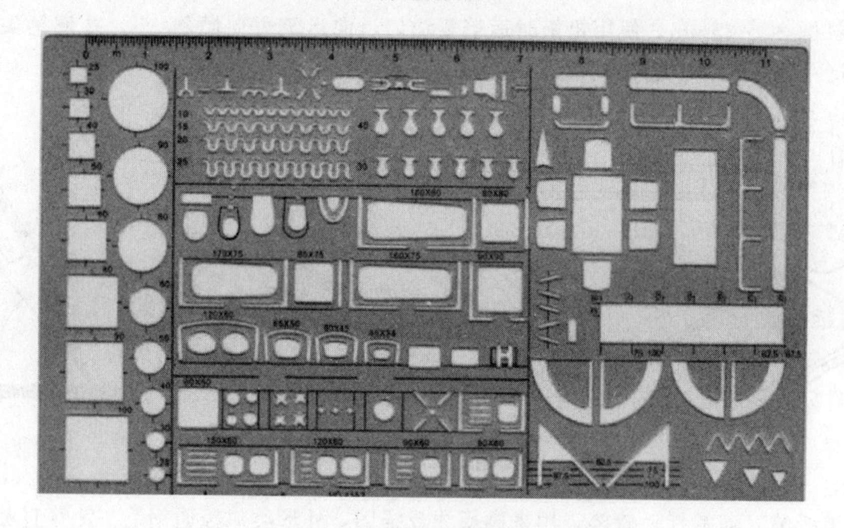

(b) 装潢绘图模板

图 1-12 绘图模板

8. 曲线板

曲线板可以绘制非圆弧曲线，如图 1-13 所示。画曲线时，先要定出曲线上足够数量的点，徒手将各点轻轻地连接成光滑的曲线，然后根据曲线弯曲趋势和曲率的大小，选择曲线板上合适的部分，沿着曲线板边缘将该段曲线画出，每段至少要通过曲线的三个点，而且在画后一段时必须使曲线与前一段中的两点或一定的长度相叠合。

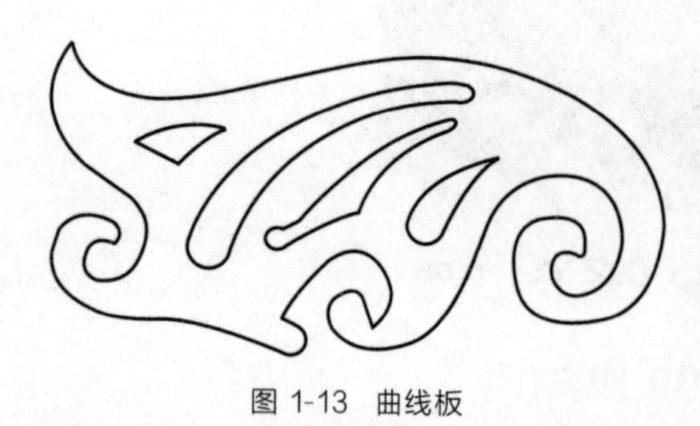

图 1-13 曲线板

9. **其他用品**

制图还会用到一些其他辅助用品，包括：图纸（绘图图纸、描图图纸）、刀片、细砂纸、胶带、橡皮、擦线板、小刷子等，如图 1-14 所示。

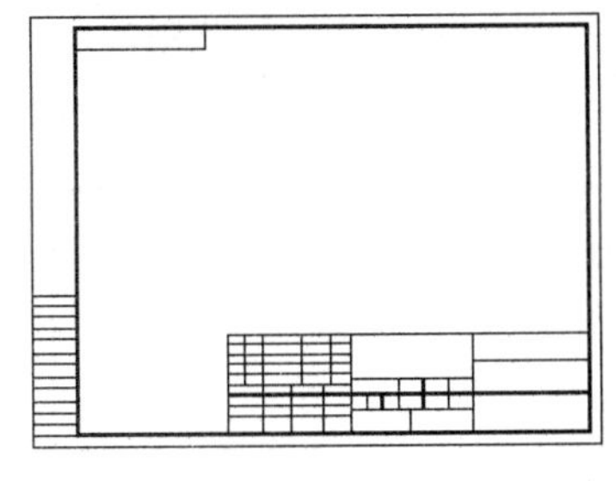

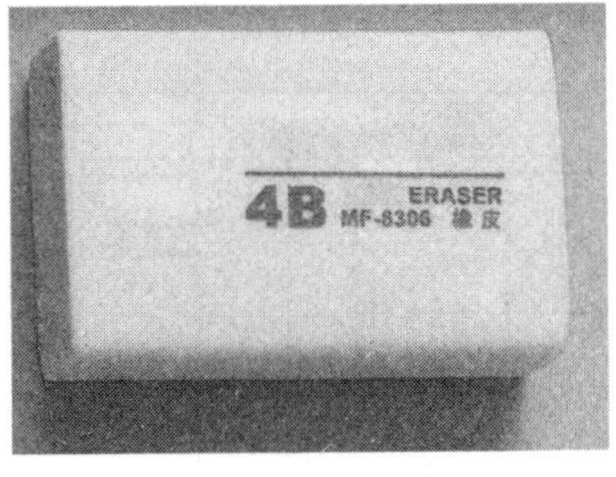

图 1-14　制图其他用品

（二）环境艺术工程制图基本标准规范一

工程图样是工程界的技术语言，是用来表达设计意图的重要工具，环境艺术设计包含室内设计和室外设计，为了使该领域规则统一，保证制图质量，提高制图效率，图面简洁清晰，利于技术交流，适应工程建设的需要，国家制定了全国统一的工程制图标准。室内设计是在建筑施工完后进行的第二次设计，因此，进行室内设计必须能够读懂建筑施工图，《房屋建筑制图统一标准》（GB/T 50001—2017）是房屋建筑制图的基本规定，是各个专业制图的通用部分，而《房屋建筑室内装饰装修制图标准》（JGJ/T 244—2011）是室内设计专业工程制图的行业标准。除此之外，室外景观设计需要掌握《风景园林制图标准》（CJJ/T 67—2015）、《地形图图式》（GB/T 20257.2—2017）。所有从事建筑工程技术人员在设计、施工和管理中都应该严格按照国家有关建筑制图标准执行。

下面参照《房屋建筑制图统一标准》和《房屋建筑室内装饰装修制图标准》，介绍图幅、图线、字体、比例尺和尺寸标注等制图标准。《风景园林制图标准》等规定在相应专业施工图中介绍。

1. 图纸幅面规格

（1）图纸幅面

表 1-1　幅面及图框尺寸　　单位：mm

幅面代号	A0	A1	A2	A3	A4
尺寸 $b \times l$	841×1189	594×841	420×594	297×420	210×297
a	25				
c	10			5	

注：b、l 分别代表图纸的短边和长边的尺寸。a 代表图框线到装订边的距离，c 代表图框线到幅面线的距离。

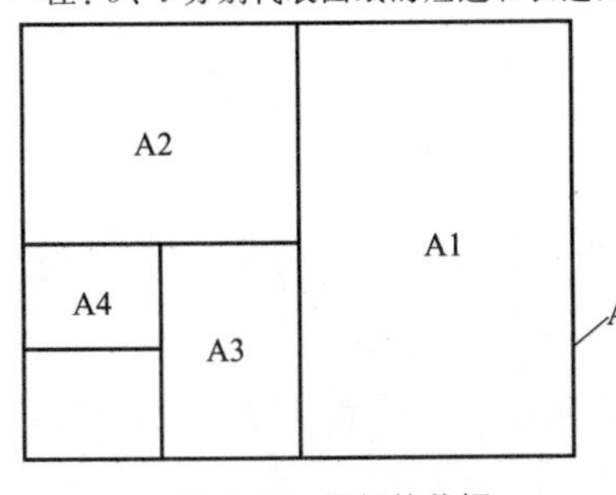

图 1-15　图纸的裁切

① 图纸幅面是指图纸的尺寸大小，为了方便装订、保存。图纸幅面规格共有五种，从小到大的代号为 A0、A1、A2、A3、A4。图纸幅面及尺寸应符合表 1-1 的规定。

② A0 号图幅面积约为 1m²，A1 由 A0 号对裁而得，其他图幅以此类推，A0＝2・A1＝4・A2＝8・A3＝16・A4。建筑装饰装修设计中，各专业所使用的图纸一般以

A3 为主，同一工程图纸，不宜多于两种幅面，不含目录及表格所采用的 A4 幅面。图纸裁切方式，如图 1-15 所示。

③ 图纸幅面分为横式和立式两种，以短边作为垂直边称为横式，如图 1-16（a）所示。以短边作为水平边称为立式，如图 1-16（b）所示。一般 A0～A3 幅面图纸宜采用横式幅面，必要时也可采用立式幅面。

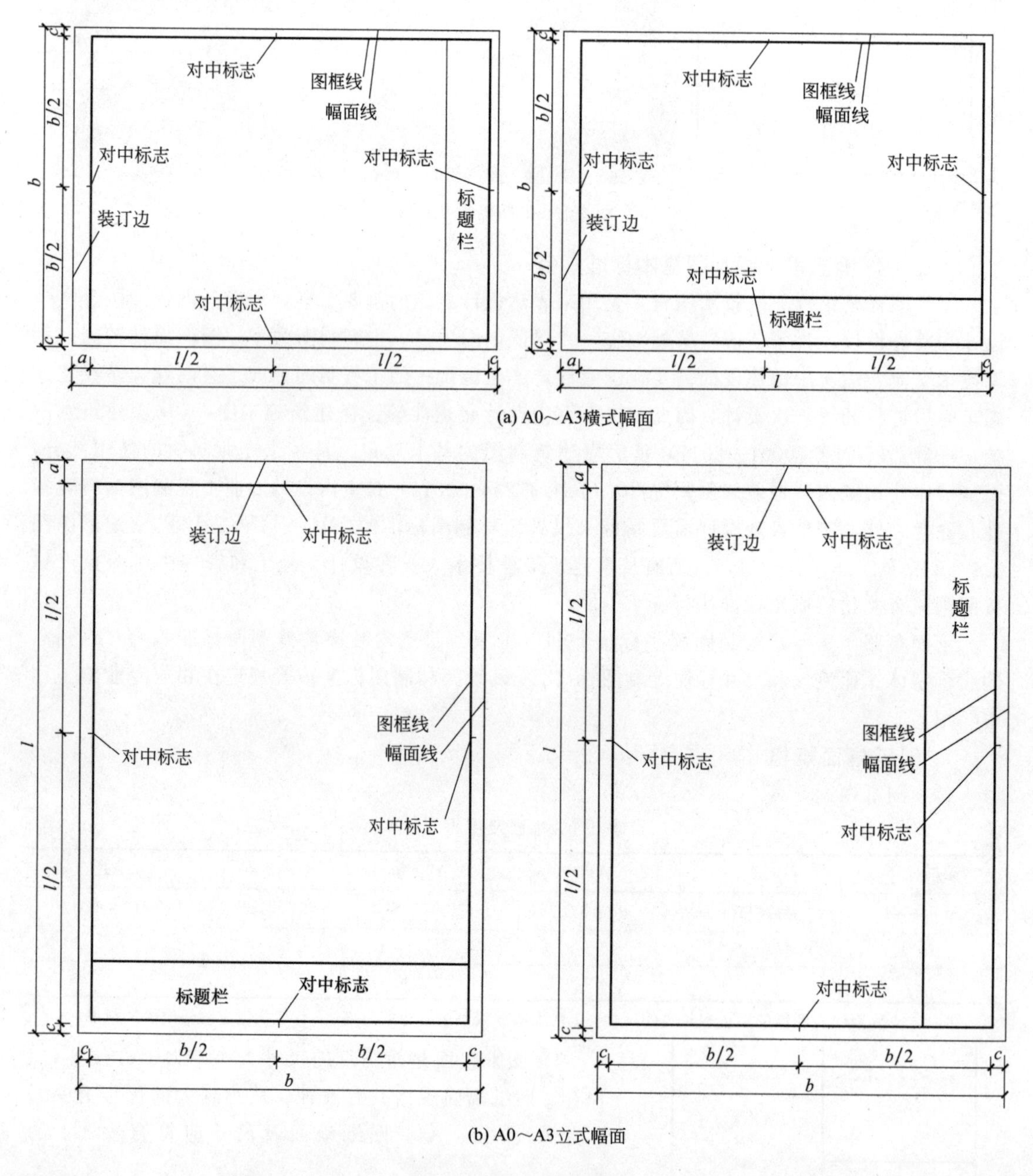

图 1-16　横式和立式幅面

④ 如果图纸幅面不够，可将 A0～A3 号图纸按照表 1-2 的规定加长图纸长边，但短边尺寸不应加长。

表 1-2　图纸长边加长尺寸　　单位：mm

幅面代号	长边尺寸	长边加长后的尺寸						
A0	1189	1486	1635	1783	1932	2080	2230	2378
A1	841	1051	1261	1471	1682	1892	2102	
A2	594	743	891	1041	1189	1338	1486	1635
A3	420	630	841	1051	1261	1471	1682	1892

（2）标题栏、会签栏

① 标题栏简称图标，每张图纸都应在图框下侧或右侧设置标题栏，应根据工程需要选择并确定其尺寸格式及分区，标题栏的内容包括：工程名称、设计单位名称、图纸内容、项目负责人、设计总负责人、设计、制图、校对、审核、审定、项目编号、图号、比例、日期等。一般按图 1-17 的格式分区。学生作业应用标题栏如图 1-18 所示，绘制在图框右下角。

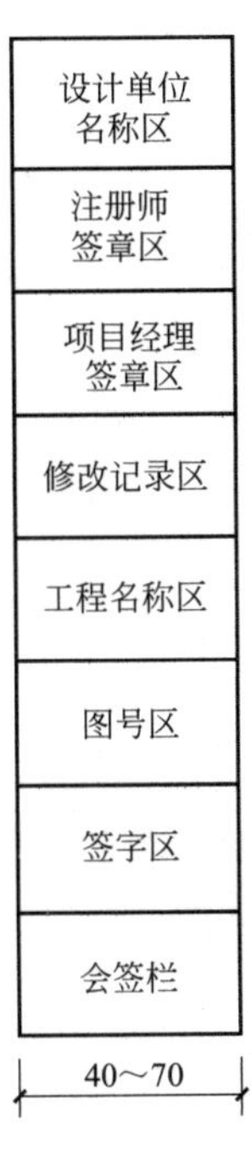

图 1-17　标题栏

② 签字栏内应包括实名列和签名列。需要各相关专业负责人会签的图，还应画出会签栏。会签栏如图 1-19 所示。学生作业绘图一般不绘制会签栏。会签栏应按图中的格式绘制，其尺寸应为 100mm×20mm，栏内应填写会签人员所代表的专业、姓名、日期（年、月、日）。一个会签栏不够时，可另加一个，两个会签栏应并列。不需会签的图纸可不设会签栏。

2. 图线

图线指制图中用以表示工程设计内容的规范线条，工程图样中的内容都是由图线绘制而成的。为了使各种图线所表达内容统一，主次分明，在建筑工程图样中图线的种类、用途、画法

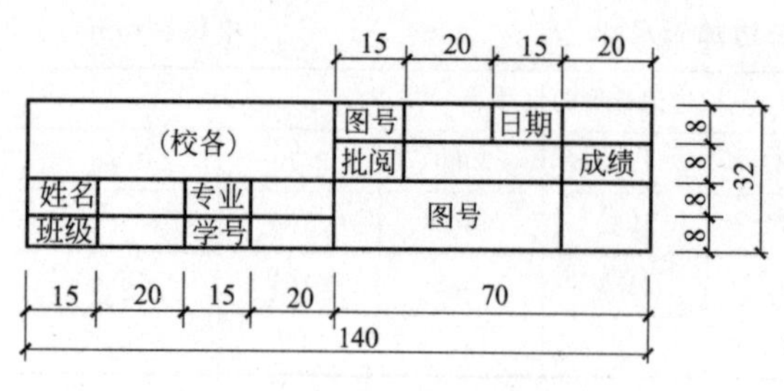

图 1-18　学生作业应用标题栏

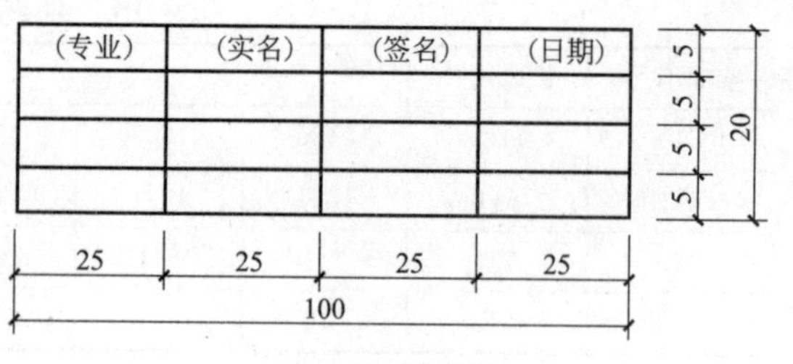

图 1-19　会签栏

都有相应的规定。因此，熟悉图线的基本类型、画法、用途是建筑制图的基本技能。

① 线型。线型有：实线、虚线、单点长画线、双点长画线、折断线和波浪线等。图线的规格及用途如表 1-3 所示。

表 1-3　图线规格及用途

名称	线型	线宽	一般用途
粗实线		b	主要可见轮廓线
中粗实线		$0.7b$	可见轮廓线
中实线		$0.5b$	可见轮廓线、尺寸线、变更云线
细实线		$0.25b$	图例填充线、家具线
粗虚线		b	见各有关专业制图标准
中粗虚线		$0.7b$	不见轮廓线
中虚线		$0.5b$	不见轮廓线、图例线
细虚线		$0.25b$	图例填充线、家具线
粗单点长画线		b	见各有关专业制图标准
中双点长画线		$0.5b$	见各有关专业制图标准
细单点长画线		$0.25b$	中心线、对称线、轴线等
粗双点长画线		b	见各有关专业制图标准
中双点长画线		$0.5b$	见各有关专业制图标准
细双点长画线		$0.25b$	假想轮廓线、成型前原始轮廓线
折断线		$0.25b$	线断开界线
波浪线		$0.25b$	线断开界线

② 线宽。有些线型分为粗、中粗、中、细四种，每个图样应根据复杂程度与比例大小，先选定基本线宽 b 为粗线，然后按照线宽组中 $0.7b$、$0.5b$、$0.25b$ 确定中粗线、中线或细线的宽度。其中宽度应从表 1-4 线宽系列中选取出：1.4mm、1.0mm、0.7mm、0.5mm、0.35mm、0.25mm，0.18mm、0.13mm。图线宽度不应小于 0.1mm。

表 1-4　线宽组　　单位：mm

线宽	线　　宽			
b	1.4	1.0	0.7	0.5
$0.7b$	1.0	0.7	0.5	0.35
$0.5b$	0.7	0.5	0.35	0.25
$0.25b$	0.35	0.25	0.18	0.13

图纸的图框线和标题栏线，可采用表 1-5 所示线宽。

表 1-5　图框线、标题栏线宽度　　单位：mm

幅面代号	图框线	标题栏外框线	标题栏分格线
A0、A1	b	$0.5b$	$0.25b$
A2、A3、A4	b	$0.75b$	$0.35b$

③ 注意事项。图线的绘制要做到清晰整齐、均匀一致、主次分明，所以要注意以下几个方面。

a. 同一张图纸内，相同比例的各图样应选用相同的线宽组。

b. 相互平行的图线，其净间隙或见线中间隙不宜小于 0.2mm。

c. 虚线、单点长画线或双点长画线的线段长度和间隔，宜各自相等。

d. 单点长画线或双点长画线，当在较小图形中绘制有困难时，可用实线代替。

e. 单点长画线或双点长画线的两端不应是点。点画线与点画线交接或点画线与其他图线交接时，应是线段交接，如图 1-20（a）所示。

f. 虚线与虚线相交接或虚线与其他图线交接时，应是线段交接。虚线为实线的延长线时，不得与实线连接。如图 1-20（b）所示。

g. 图线不得与文字、数字或符号重叠、混淆，不可避免时，应首先保证文字的清晰。

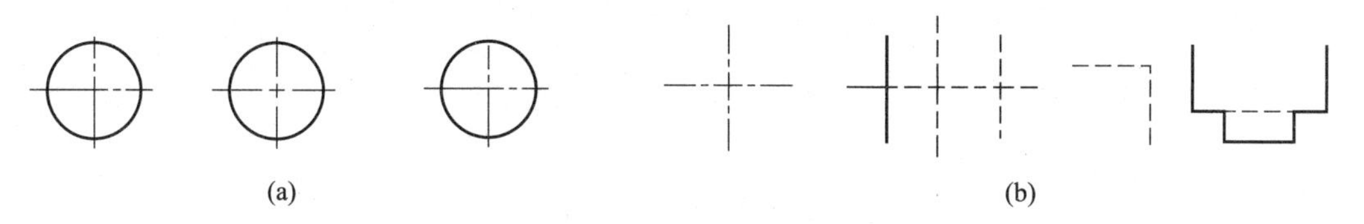

图 1-20　图线交接的正确画法

3. 字体

工程图纸中所用字体包括文字、字母和数字等。所有字体部分必须要写成工程字体，要做到：工整、笔画清楚、间隔均匀、排列整齐等，并应符合国家标准的规定。

（1）文字

图样及说明中的文字宜采用长仿宋体或黑体，同一图纸字体种类不应超过两种。长仿宋体字的宽度与高度的关系应符合表 1-6 的规定。黑体字的宽度与高度应相同。

表 1-6　长仿宋体字的高宽度关系　　单位：mm

字高	20	14	10	7	5	3.5
字宽	14	10	7	5	3.5	2.5

大标题、图册封面、地形图等文字，也可书写成其他字体，但应易于辨认。字的大小用字号表示，字号即为字的高度，如高度 8mm 的字就是 8 号字。

长仿宋体的字高与字宽的比例为 3∶2，汉字的高度应不小于 3.5mm。初学者应练习写好长仿宋体。仿宋体的书写要领是：横平竖直、起落分明、粗细一致、结构均匀、笔锋满格，如图 1-21 所示。

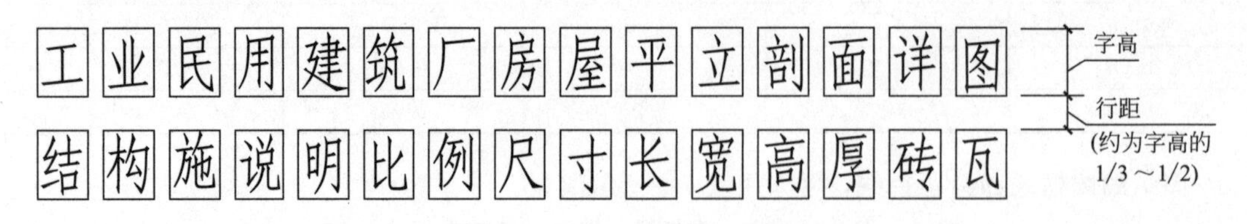

字宽　字距

(约为字高的1/8～1/5)

图 1-21　仿宋体示例

（2）数字与字母

数字与字母按需要有直体和斜体两种，在同一张图纸上要统一。斜体字头向右倾斜与水平基准线呈 75°。斜体字高度与宽度应与相应的直体字相等。在汉字中的阿拉伯数字、罗马数字或拉丁文字母中，其字高应比文字小一号，但不小于 2.5mm，如图 1-22 所示。

ABCDEFGHIJKLMNOPQRSTUVWXYZ

abcdefghijklmnopqrstuvwxyz

ABCDEFGHIJKLMNOPQRSTUVWXYZ

abcdefghijklmnopqrstuvwxyz

1234567890

1234567890

图 1-22　字母、数字示例

4. 比例

在工程中，当工程形体与图幅尺寸相差太大时，需要按比例放大或缩小绘制在图纸上。图样的比例是指图形与实物相对应的线性尺寸之比。比例的大小，是指其比值的大小，如 1∶50 大于 1∶100。比例的符号为“∶”，比例应以阿拉伯数字表示，如 1∶10 、1∶100 等。绘图时的比例，应根据图样的用途与被绘对象的复杂程度，从表 1-7 中选用，并优先选用表中的常用比例。

表 1-7　绘图比例

常用比例	1∶1、1∶2、1∶5、1∶10、1∶20、1∶50、1∶100、1∶150、1∶200
可用比例	1∶3、1∶4、1∶6、1∶15、1∶25、1∶30、1∶40、1∶60、1∶80、1∶250、1∶300、1∶400、1∶500

比例宜注写在图名的右侧，字的基准线应取平；比例的字高宜比图名的字高小 1 号或 2

号，如图 1-23 所示。

平面图 1∶100 

图 1-23　比例的注写

5. 尺寸标注

尺寸是构成图样的一个重要组成部分，物体的各部分具体位置和大小必须在图上标注出尺寸作为施工的依据。尺寸标注要求完整、准确、清晰、整齐。

（1）尺寸的组成

图样上的尺寸由尺寸界线、尺寸线、尺寸起止符号和尺寸数字组成。如图 1-24 所示。

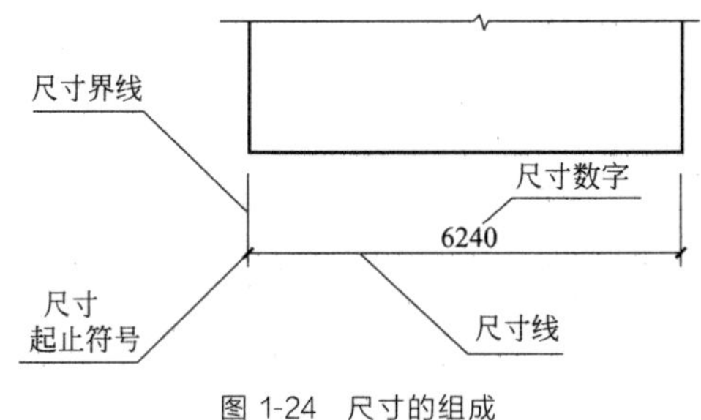

图 1-24　尺寸的组成

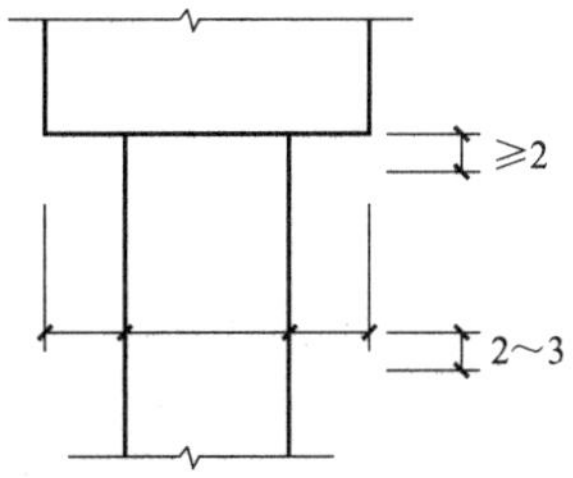

图 1-25　尺寸界线

① 尺寸界线应用细实线绘制，一般应与被注线段垂直，其一端应离开图样轮廓线不小于 2mm，另一端宜超出尺寸线 2～3mm，图样轮廓线可作为尺寸界线，如图 1-25 所示。

② 尺寸线应用细实线绘制，应与被注线段平行，图样本身的任何图线不得作为尺寸线。

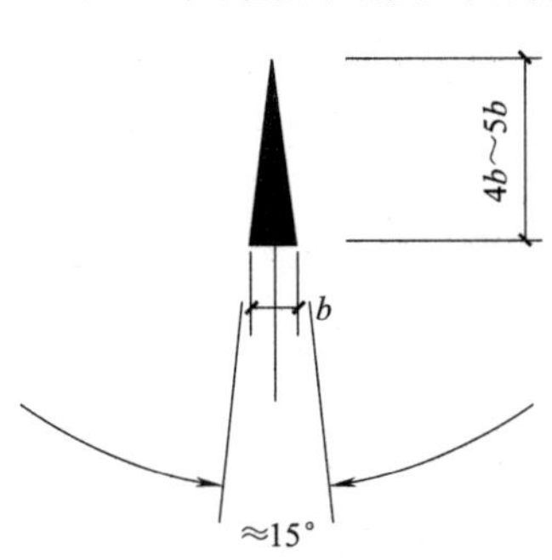

图 1-26　箭头形式尺寸起止符号

③ 尺寸起止符号一般用中粗斜短线绘制，其倾斜方向应与尺寸界线呈顺时针 45°角，长度宜为 2～3mm，也可用圆点绘制，半径、直径、角度及弧长的尺寸起止符号，宜用箭头表示，其形式如图 1-26 所示。

（2）尺寸数字

① 尺寸数字表达图形的实际尺寸，图样上的尺寸应以尺寸数字为准，不得从图上直接量取。

② 图样上的尺寸单位，除标高及总面积以米为单位表示外，其他必须以毫米为单位表示。

③ 尺寸数字的方向应按图 1-27（a）的规定注写，若尺寸数字在 30°斜线区内，应按图 1-27（b）的形式注写。

④ 尺寸数字一般应依据其方向注写在靠近尺寸线的上方中部或尺寸线的中部，如没有足够的注写位置，最外边的尺寸数字可注写在尺寸界线外侧，中间相邻的尺寸数字可错开注写，如图 1-28 所示。

（3）尺寸的排列与布置

尺寸宜标注在图样轮廓线外，不宜与图线、文字及符号等相交。互相平行的尺寸线，应从被注写的图样轮廓线由近向远整体排列，较小尺寸应离轮廓线较近，较大尺寸应离轮廓线较远。

图样轮廓线以外的尺寸界线距图样最外轮廓之间的距离不宜小于 10mm，平行排列的尺寸

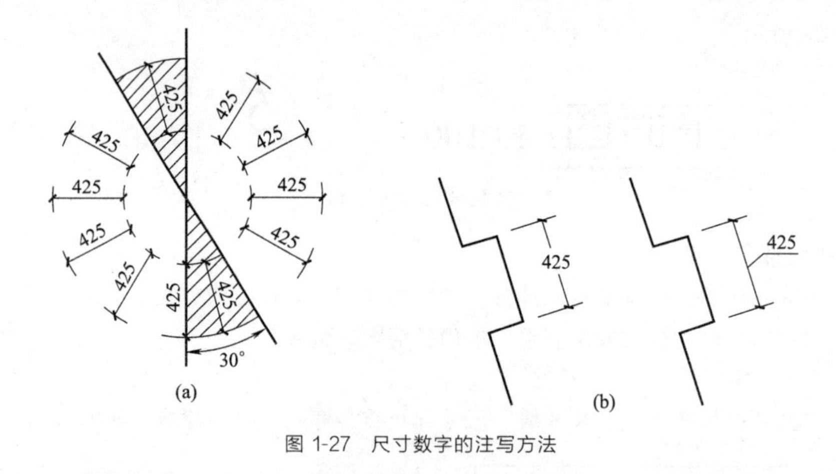

图 1-27　尺寸数字的注写方法

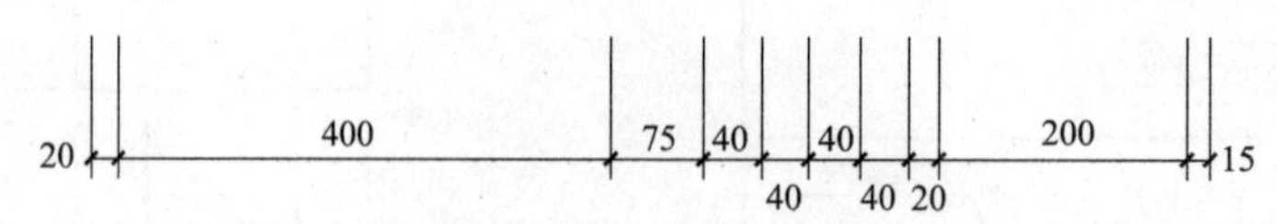

图 1-28　尺寸数字的注写位置

线的间距宜为 7～10mm，并保持一致，如图 1-29 所示。

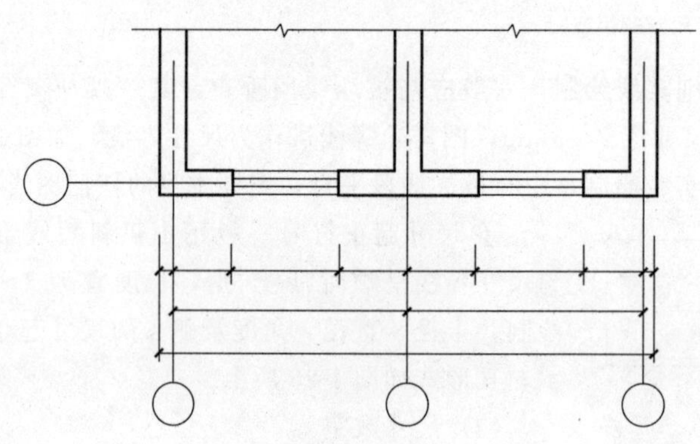
图 1-29　平行排列的尺寸标注

（4）半径、直径、球的尺寸标注

① 半径。半径尺寸标注应一端从圆心开始，另一端画箭头指向圆弧，半径数字前应加注半径符号“*R*”，如图 1-30（a）所示。较小圆弧的半径可按图 1-30（b）形式标注。较大圆弧的半径可按图 1-30（c）形式标注。

② 直径。标注圆的直径尺寸时直径数字前应加直径符号“ϕ”，在圆内标注的尺寸线应通过圆心两端画箭头指至圆弧，如图 1-31（a）所示。较小圆的直径尺寸可标注在圆外，如图 1-31（b）所示。

③ 球。标注球的半径尺寸时，应在尺寸前加注符号“*SR*”，标注球的直径尺寸时，应在尺寸数字前加注“$S\phi$”，注写方法与圆弧半径和圆弧直径的尺寸标注方法相同。

（5）角度、弧长、弦长的尺寸标注

① 角度的尺寸标注应以圆弧表示，该圆弧的圆心应是该角的顶点，角的两条边为尺寸界线，尺寸起止符号应以箭头表示，如没有足够位置画箭头，可用圆点代替，角度数字应按水平

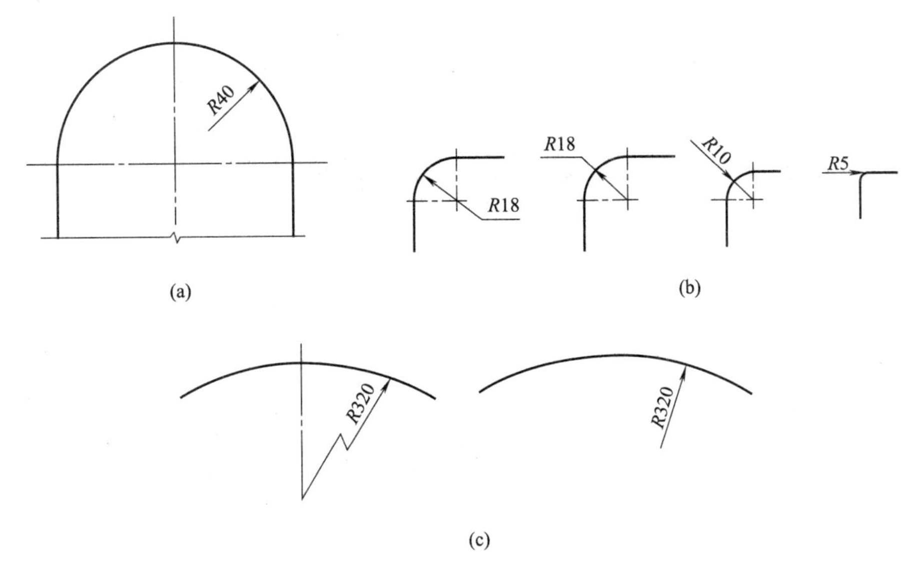

图 1-30　标注半径

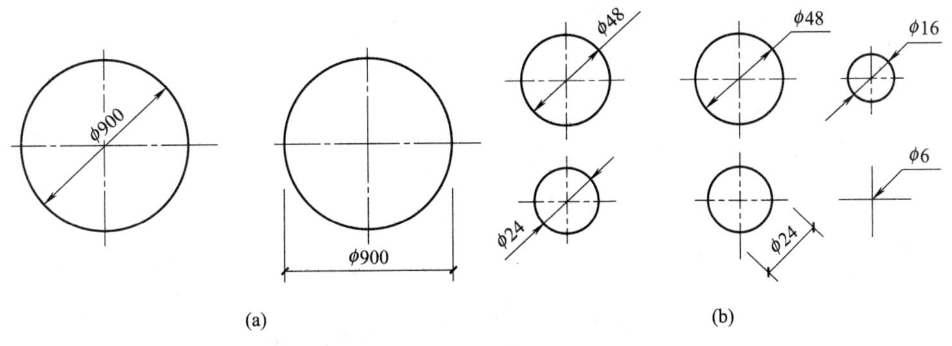

图 1-31　标注直径

方向注写，如图 1-32（a）所示。

② 弧长。标注圆弧的弧长时，尺寸线应以与该圆弧同心的圆弧线表示，尺寸界线应垂直于该圆弧的弦，弧长数字上方应加注圆弧符号，如图 1-32（b）所示。

③ 标注圆弧的弦长时，尺寸线应以平行于该弦的直线表示，尺寸界线应垂直于该弦，尺寸起止符号用中粗斜短线表示，如图 1-32（c）所示。

（6）尺寸的简化标注示例

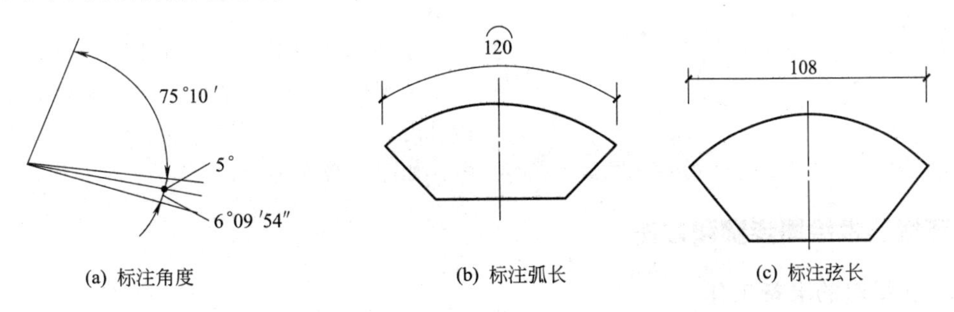

图 1-32　角度、弧长、弦长的标注

① 杆件或管线的长度，在单线图上可直接将尺寸数字注写在杆件或管线的一侧，如图 1-33 所示。

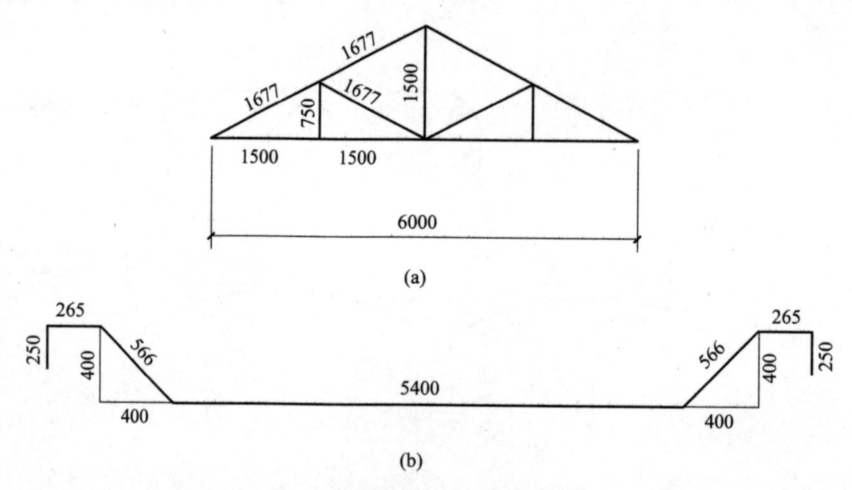

图 1-33 单线图尺寸简化标注方法

② 连续排列的等长图形或构件，可用“个数×等长尺寸＝总长”或“等分数＝总长”的形式标注，如图 1-34 所示。

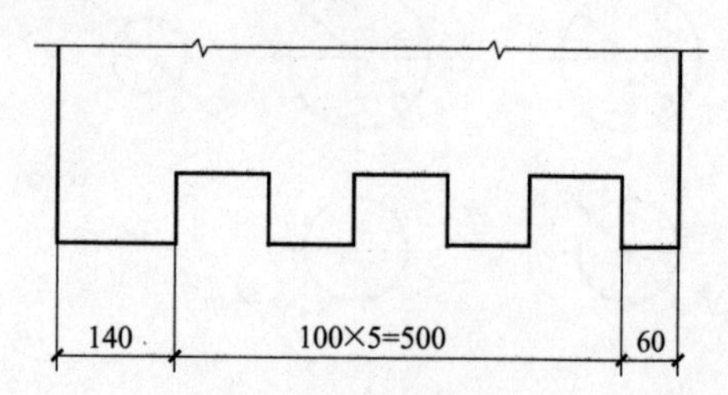

图 1-34 等长尺寸简化标注方法

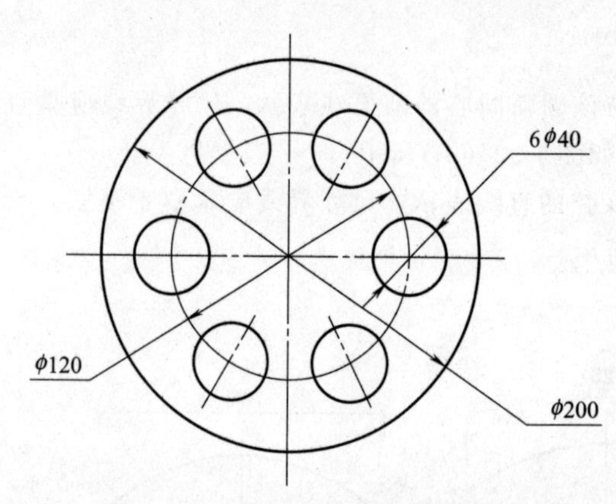

图 1-35 相同要素尺寸简化标注方法

③ 构配件内构造图案要素相同，可仅标注其中一个图形尺寸，如图 1-35 所示。

④ 对称图形用省略画法时，该对称图形的尺寸线应略超过对称符号，并仅在尺寸线的一端画尺寸起止符号，尺寸数字应按整体总尺寸注写，注写位置宜与对称符号对齐，如图 1-36 所示。

⑤ 两个形状相似、尺寸不同的图形，可在一个图形中将另一个图形不同尺寸数字注写在括号内，该图形的名称也应注写在相同的括号内，如图 1-37 所示。

二、环境艺术绘图步骤和方法

1. 制图前的准备工作

制图工作应当按照步骤循序进行。为了提高绘图效率，保证图纸质量，必须掌握正确

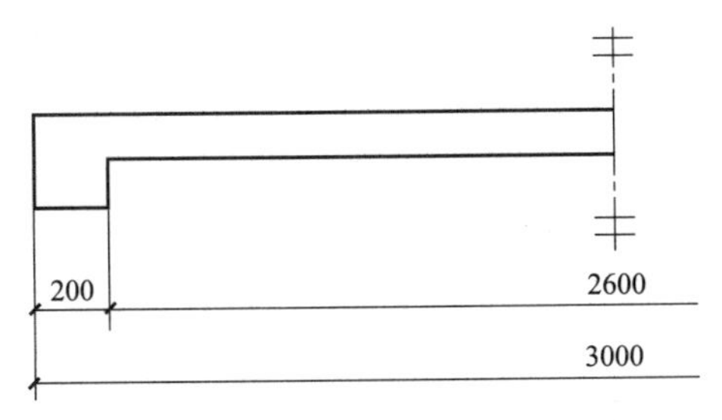

图 1-36　对称构件尺寸简化标注方法

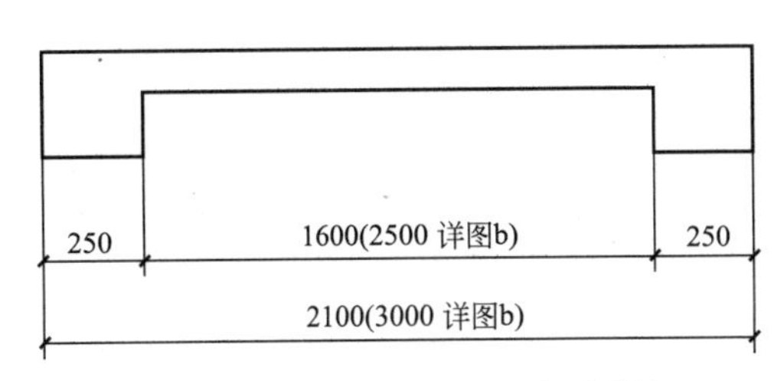

图 1-37　相似构件尺寸简化标注方法

的绘图程序和方法，并养成认真负责、仔细、耐心的良好习惯。以下将介绍工程制图的一般步骤。

① 安放绘图桌或绘图板时，应使光线从图板的左前方射入；不宜对窗安置绘图桌，以免纸面反光而影响视力。将所用的工具放在方便之处，以免妨碍制图工作。

② 擦干净全部绘图工具和仪器，削磨好铅笔及圆规上的铅芯。

③ 固定图纸。将图纸的正面（有网状纹路的是反面）向上贴于图板上，并用丁字尺对齐，使图纸平整和绷紧。当图纸较小时，应将图纸布置在图板的左下方，但要使图纸的底边与图板的下边的距离略大于丁字尺的宽度，如图 1-38 所示。

④ 为保持图面整洁，画图前应洗手。

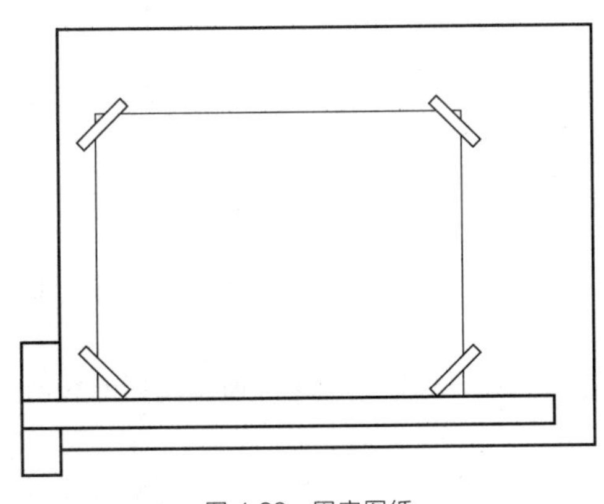

图 1-38　固定图纸

2. 绘制铅笔底稿图

铅笔细线底稿是一张图的基础，要认真、细心、准确地绘制。绘制时应注意以下几点：

① 铅笔底稿图宜要细而淡，绘图者自己能看得出便可。

② 画图框、图标。首先画出水平和垂直基准线，在水平和垂直基准线上分别量取图框、图标的宽度和长度，再用丁字尺画图框、图标的水平线，然后用三角板配合丁字尺画图框、图标的垂直线。

③ 布图。预先估计各图形的大小及预留尺寸线的位置，将图形均匀、整齐地安排在图纸上，避免某部分太紧凑或某部分过于宽松。

④ 画图形。一般先画轴线或中心线，其次画图形的主要轮廓线，然后画细部。图形完成后，再画尺寸线、尺寸界线等。材料符号在底稿中只需画出一部分或不画，待加深或上墨线时再全部画出。对于需上墨的底稿，在线条的交接处可画出头一些，以便清楚地辨别上墨的起止位置。

3. 铅笔加深的方法和步骤

在加深前，要认真校对底稿，修正错误和填补遗漏；底稿经查对无误后，擦去多余的线条。一般用 2B 铅笔加深粗线，用 B 铅笔加深中粗线，用 HB 铅笔加深细线、写字和画箭头。加深圆时，圆规的铅芯应比画直线的铅芯软一级。用铅笔加深图线时用力要均匀，边画边转动铅笔，使粗线均匀地分布在底稿线的两侧，如图 1-39 所示。加深时还应做到线型正确、粗细分明，图线与图线之间的连接要光滑、准确，图面要整洁。

加深图线的一般步骤如下：

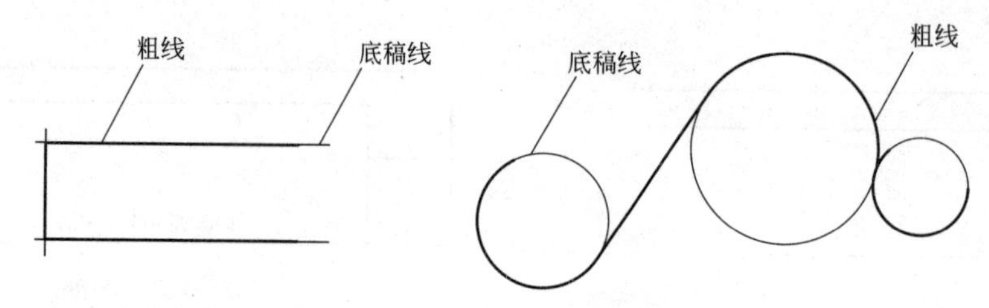

图 1-39 加深的粗线与底稿线的关系

① 加深图形中所有的点画线；

② 加深图形中所有粗实线的曲线、圆及圆弧；

③ 用丁字尺从图的上方开始，依次向下加深图形中所有水平方向的粗实直线；

④ 用三角板配合丁字尺从图的左上方开始，依次向右加深所有图形中的铅垂方向的粗实直线；

⑤ 从图的左上方开始，依次加深所有图形中倾斜的粗实线；

⑥ 按照加深粗实线同样的步骤加深所有图形中的虚线曲线、圆和圆弧，然后加深水平的、铅垂的和倾斜的虚线；

⑦ 按照加深粗线的同样步骤加深所有图形中的中实线；

⑧ 加深所有图形中的细实线、折断线、波浪线等；

⑨ 画尺寸标注中的尺寸起止符号或箭头；

⑩ 加深图框、图标；

⑪ 注写尺寸标注中尺寸数字、文字说明，并填写标题栏。

4. 上墨线的方法和步骤

画墨线时，首先应根据线型的宽度调节直线笔的螺母（或选择好合适的针管笔），并在与图纸相同的纸片上试画，待满意后再在图纸上描线。如果改变线型宽度应重新调整螺母，必须经过试画，才能在图纸上描线。

上墨时相同型式的图线宜一次画完。这样，可以避免由于经常调整螺母而使相同型式的图线粗细不一致。

如果需要修改墨线时，可待墨线干透后，在图纸下垫一把三角板，用锋利的薄型刀片轻轻修刮，再用橡皮擦净余下的污垢，待错误线或墨污全部去净后，以指甲或者钢笔头磨实，然后再画正确的图线。但需注意，在用橡皮擦时要配合擦线板，并且宜向一个方向擦，以免擦破图纸。

上墨线的步骤与铅笔加深图线基本相同，但还需注意以下几点：

① 一条墨线画完后，应将笔立即提起，同时用左手将尺子移开；

② 画不同方向的线条必须等干了再画；

③ 加墨水要在图板外进行。

最后需要指出，每次制图时间，最好连续进行三四个小时，这样效率最高。

实训一 环境艺术制图达标实训

1. 绘图工具

2B 绘图铅笔、直尺、三角板、橡皮、A4 绘图纸、胶带、墨线笔。

2. 任务描述

任务描述如下表所示。

<table>
<tr><th>序号</th><th>任务</th><th>任务要求</th><th colspan="2">技能要求</th><th>态度要求</th></tr>
<tr><td>1</td><td>图纸</td><td>A4绘图图纸</td><td colspan="2">图纸型号正确，图面干净、整洁</td><td rowspan="6">认真、严谨、精益求精的工作态度</td></tr>
<tr><td>2</td><td>图框线绘制</td><td>横式图幅，图纸尺寸参考表1-1幅面及图框尺寸，图框参考图1-16(a)A0～A3横式幅面，图框线宽度参考表1-5图框线、标题栏线宽度</td><td>图框线绘制规范</td><td rowspan="5">按照绘图步骤，能正确使用绘图工具和仪器，掌握几何作图方法，绘制在A4图纸中，构图合理，做到作图准确，线型绘制粗细正确、匀称、平滑、美观</td></tr>
<tr><td>3</td><td>标题栏绘制</td><td>绘制图1-18学生作业应用标题栏，标题栏线宽参考表1-5图框线、标题栏线宽度</td><td>标题栏绘制尺寸规范，信息完整</td></tr>
<tr><td>4</td><td>图线绘制</td><td>在图框线里面抄绘表1-3图线规格及用途，线宽设置参考表1-4线宽组</td><td>线型绘制规范，虚线中线段长度相等，单点长画线中线段长度相等；线段总长均是240mm</td></tr>
<tr><td>5</td><td>工程字绘制</td><td>绘制图1-21仿宋体示例和图1-22字母、数字示例，字体绘制参考表1-6长仿宋体字的高宽度关系</td><td>工程字体大小一致，整体均匀，书写规范</td></tr>
<tr><td>6</td><td>尺寸标注绘制</td><td>绘制图1-24尺寸的组成和图1-25尺寸界线</td><td>图形图线抄绘规范，尺寸界线、尺寸线、尺寸起止符号和尺寸数字绘制规范</td></tr>
</table>

3. 实训重难点

(1) 图框、标题栏、图线、图样标注和工程字体的规范性及表现；

(2) 图纸的构图和图面整洁。

Environmental Art Design Drawing and Recognization

环境艺术设计制图与识图

项目二 二维图形绘制基础训练

主要内容

1. 了解正投影的形成原理、投影的分类及在工程中的应用
2. 了解三面正投影体系与三面正投影图
3. 掌握三面正投影图的特性和三面正投影图的绘制原理
4. 为后期学习室内外施工图的识读和抄绘做准备

学习目标

知识目标
1. 知道工程中常见的投影图及形成原理
2. 掌握正投影的特性
3. 掌握利用三面正投影原理的作图方法

能力目标 能够进行立体图形和三面正投影图的相互转换

素养目标 严谨、认真、负责的学习态度

重点

1. 三面正投影的特性和规律
2. 正确绘制三面正投影图，及三维和二维图形的互相转换绘制

难点

三维和二维图形的互相转换绘制

制图基本工具

2B 绘图铅笔、直尺、三角板、橡皮、A4 绘图纸

在我们日常生活中，只要有物体、光线和承受落影面，就会在落影面上产生出影子，这就是自然界的投影现象。从这一现象中，人们认识到了光线、物体和影子的关系，在工程领域人们经过科学的总结和提炼，将物体的形状、大小运用投影的原理和方法以图样的形式表现在图纸中，来表达设计者的设计思路。

一、正投影的形成原理

1. 投影法

如图 2-1 所示，自然界的影子和工程图样的投影是有区别的：前者反映物体的外轮廓线而内部灰黑一片，后者不仅反映物体的外轮廓线，同时还反映物体的内轮廓线，而且图线清晰，这样才能清楚地表达工程物体的形状和大小。

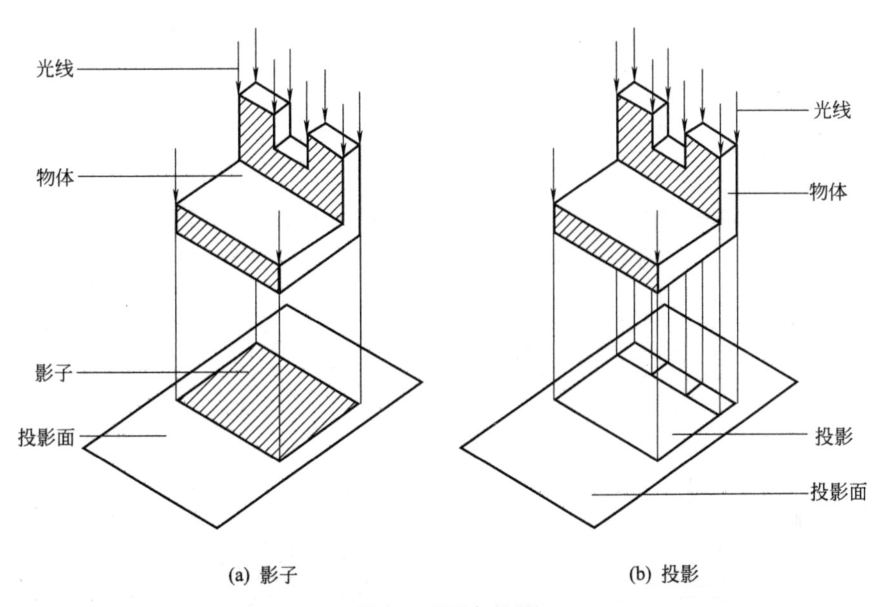

(a) 影子　　(b) 投影

图 2-1　影子与投影

由此得出投影的假设三个条件：

① 假设对光线的投射方向做出选择；

② 假设投射的光线能够穿透物体；

③ 假设投射的光线落在投影面的图形能够反映物体的内、外轮廓线，此图形就是所需投影。

如图 2-2 所示，在工程界的投影理论中，将发射出光线的光源称为投影中心；光线称为投影线；投影所在的平面称为投影面；落在投影面上，能够反映物体形状的内、外轮廓线称为投影。我们把这种只研究物体形状和大小，而不涉及其理化性质作形体投影的方法，称为投影法，得到的图形称为物体的投影图。

2. 投影的分类及在工程中的应用

投影分为中心投影和平行投影两大类。

(1) 中心投影

中心投影即在有限的距离内，由投影中心 S 发射出的投影线投射物体到投影面所形成的投影，如图 2-3（a）所示。其特征是：投影线相交于一点 S，在投影中心 S 与投影面距离不变的

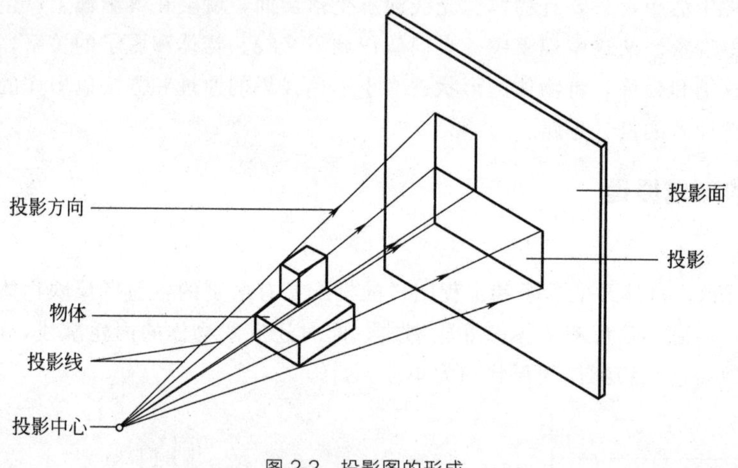

图 2-2 投影图的形成

情况下，投影图的大小与物体和投影面的距离远近有关，物体离投影面越近，投影图越小，反之则越大。

在工程应用中，如图 2-3（b）所示，中心投影法原理绘制出的图形称为透视图。透视图的特点：有立体感，符合人们的视觉规律；但是绘制复杂，度量性差，经常用于工程中的效果图。

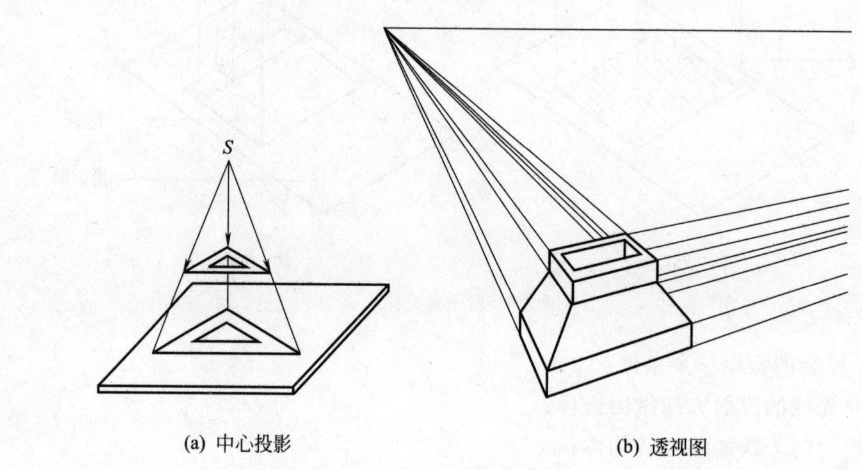

(a) 中心投影　(b) 透视图

图 2-3 中心投影及其应用

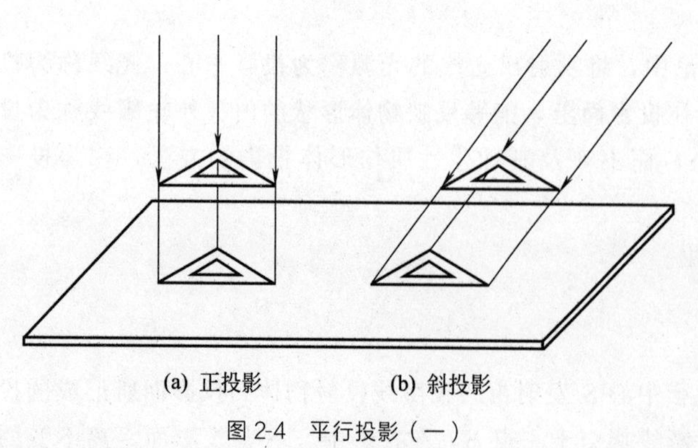

(a) 正投影　(b) 斜投影

图 2-4 平行投影（一）

（2）平行投影

相互平行的投影线投射物体所形成的投影，称为平行投影。平行投影中以投影线是否垂直于投影面产生的投影分为正投影和斜投影两种，如图 2-4 所示，投影线垂直于投影面所得到的投影，称为正投影；投影线倾斜于投影面所得到的投影，称为斜投影。无论正投影还是斜投影，投影图形的大小与物体和投影面的距离远近无关。

在工程应用中，如图 2-5（a）所示是利用平行投影的原理得到的轴测图，只需要在一个投影面中得到一定立体感的单面投影图。轴测图的特点：有立体效果，但不像透视图那样有近大远小的透视感，绘制比较简单，常用于工程施工图中的辅助图样。

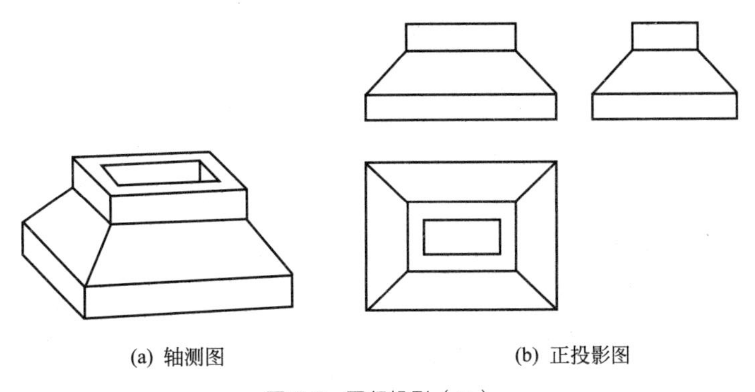

(a) 轴测图　　(b) 正投影图

图 2-5　平行投影（二）

如图 2-5（b）所示是正投影图，利用正投影原理将空间物体在相互垂直的多个投影面上得到的正投影，然后按照一定规律展开在一个平面上形成的多面投影图。正投影图的特点是作图快捷、简单，图形反应物体的真实形状，在一定比例的情况下，便于度量和尺寸标注；但是缺乏立体感，不便于识读，需要多个面的正投影图结合起来进行分析和想象，才能得出空间形状。在工程中，用于施工图中图样的表达。

如图 2-6 所示是标高投影，标高投影也是利用正投影的原理画出的单面投影图，并在其标高线上注明高度数据，工程中常用于表达地形的起伏变化。

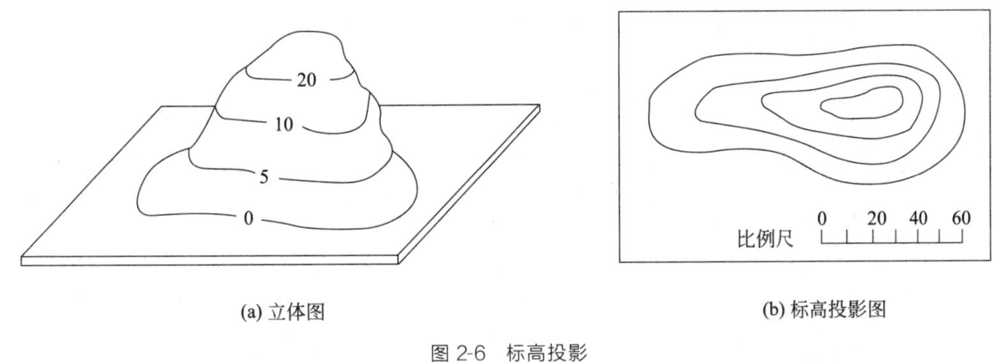

(a) 立体图　　(b) 标高投影图

图 2-6　标高投影

二、正投影的基本特性

由于运用正投影原理绘制图纸简单、便捷，且投影图反应物体的实际形状，进行文字和尺寸标注便可将图形表达详尽，因此，工程中一般用正投影的原理来绘制图样，用正投影法绘制的图样称为正投影图，我们在之后所讲的投影图都是以正投影原理绘制的，不再单独强调。

正投影图中，习惯将可见的图形外轮廓线用粗实线绘制，内轮廓线用细实线绘制，不可见的孔、洞、槽等轮廓线用细虚线来绘制。

1. 积聚性

如图 2-7（a）所示，当空间的直线或平面与投影面垂直时，直线的投影积聚为一点；平面的投影为一条直线。正投影的这种特性称为积聚性。

2. 真实性

如图 2-7（b）所示，当空间中的直线或平面与投影面平行时，直线的投影反应该线段的实际长度；平面的投影反映其实际面积图形。正投影的这种具有反映实长和实形的特性称为真实性。

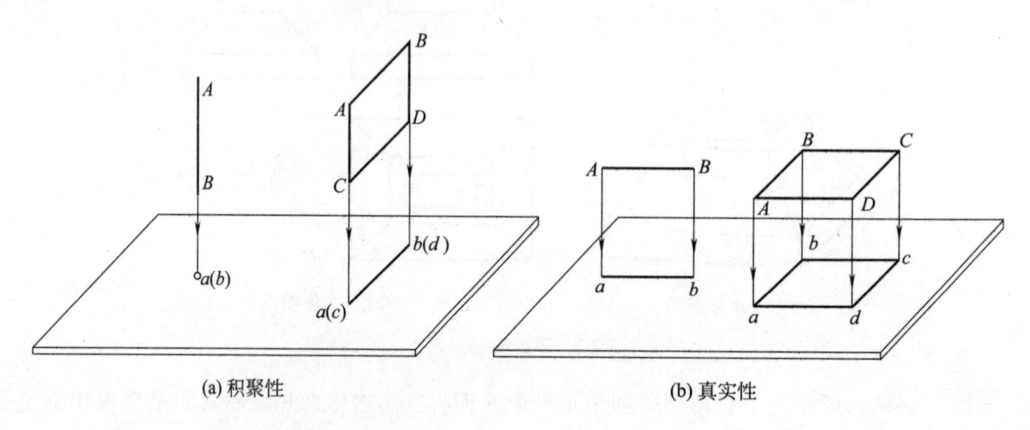

(a) 积聚性　　(b) 真实性

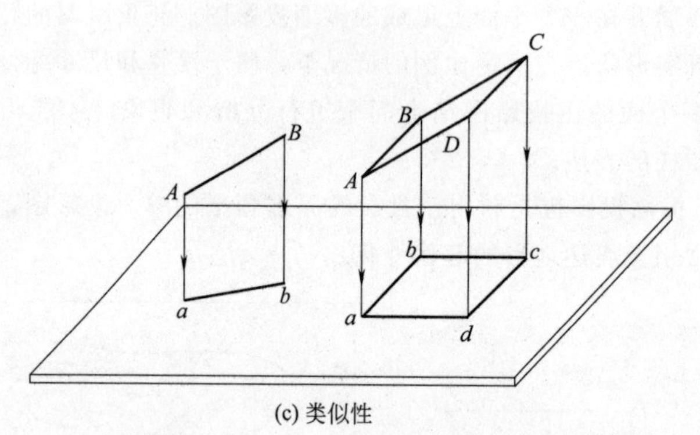

(c) 类似性

图 2-7　正投影的基本特性

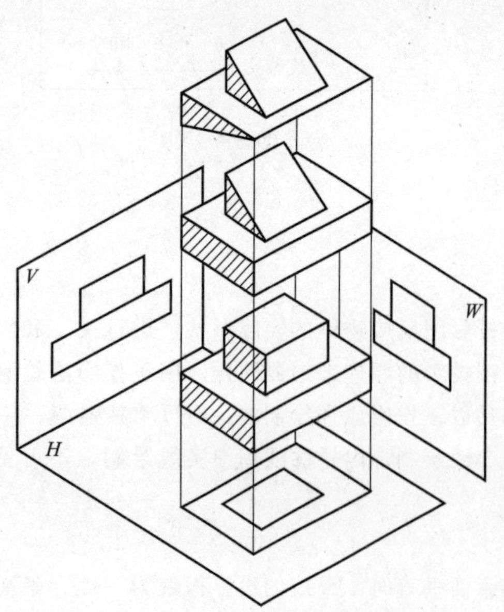

图 2-8　空间物体在不同投影面中的投影

3. 类似性

如图 2-7（c）所示，当空间中的直线或平面与投影面倾斜时，直线的投影仍为直线，但不反应实长，比空间直线短；平面的投影为原图形的类似形，比空间平面实际面积小。正投影的这种特性称为类似性。

三、三面正投影体系与三面正投影图

空间中物体是三维的形体，一般通过一个投影面的视图无法完全反映其真实形状。如图 2-8 所示，空间中的 3 个不同形状的物体，它们在同一个投影面 H 上的正投影都是相同的；它们在 H、V 两个投影面中的投影也是相同的。因此，通常必须建立一个三面投影体系才能准确、完整地表现物体的形状。这里，我们需要设立三个互相垂直的平面组作为投影面。

如图 2-9 所示，空间中物体处于三个互相垂直的投影面中，采用三组不同方向的平行投影线向相应三个投影面作垂直投影，水平位置的投影面称为水平投影面，简称水平面，用 H 表示，在 H 面上得到的投影称为水平面投影图或俯视图；处于正立面位置的投影面称为正立投影面，简称正立面，用 V 表示，在 V 面上得到的投影称为正立面投影图或正视图；处于侧立位置的投影面称为侧立投影面，简称侧立面，用 W 表示，在 W 面上得到的投影称为侧面投影图或侧视图。这三个投影面互相垂直相交，形成 OX、OY、OZ 三条交线，称为投影轴，三条投影轴相交于 O 点，称为投影原点。这三个投影面围合而成的空间投影体系称为三面正投影体系；在三面正投影体系中得到的三个面的正投影图称为三面正投影图，简称三视图。

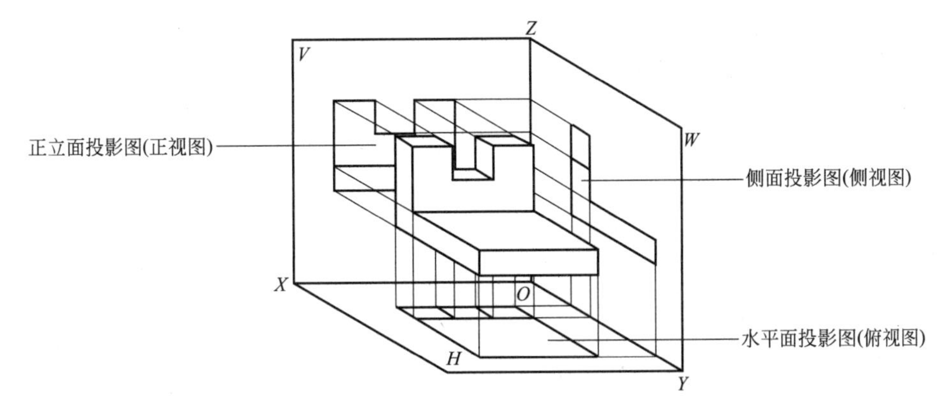

图 2-9　三面正投影图的形成

1. 三面正投影图的展开

在三面正投影体系中，形体位置一经选定，在投影过程中不能移动或变更，直到所有投影都进行完毕。在三面正投影面上作出投影后，为了作图和表示图形方便，我们需要将空间物体的三面正投影图展开铺平在一个平面上（即图纸上），并使之保持投影的对应关系。因此，展开的方法如图 2-10（a）所示，V 面保持不动，将 H 面绕 OX 轴向下旋转 90°，然后，将 W 面绕 OZ 轴向右旋转 90°，最终使三个投影面处于一个平面上，如图 2-10（b）所示。这时，OY 轴线被分解为 H 面的 OY_H 和 W 面的 OY_W 两条轴线，分别与 OZ 轴和 OX 轴处于同一直线上。

2. 三面正投影图的规律

三面正投影空间中的一个形体具有正面、侧面和顶面三个方向的形状，通过图 2-10（b）展开的三面投影图中可以看出空间形体的长度、宽度和高度。即：平行于 OX 轴的投影线段两端点的距离称为长度；平行于 OY 轴的投影线段两端点的距离称为宽度；平行于 OZ 轴的投影线段两端点的距离称为高度。

三面正投影面中的每个面的投影图都能够反应形体的两个方向的尺度。即：正立面投影图反应形体的前面形状和长、高两个方向的尺度；水平面投影图反应形体的顶面形状和长、宽两个方向的尺度；侧面投影图反应形体的侧面形状和高、宽两个方向的尺度。

另外，我们可以从图 2-11 中看出，三面正投影图还能反应空间形体在三面投影体系中上下、左右、前后六个方位的位置关系，每个投影图可以反映出形体相应的四个方位。正立面投影图反应形体上、下、左、右四个方位；水平面投影图反应形体前、后、左、右四个方位；侧面投影图反应形体上、下、前、后四个方位。因此我们可以在投影体系中的图形在不同投影面

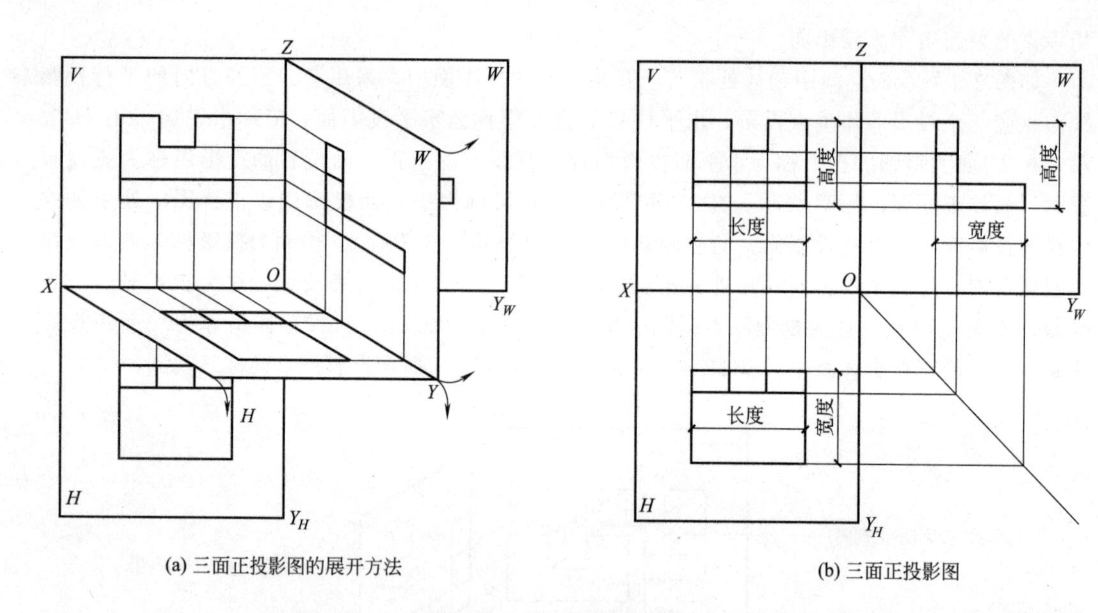

(a) 三面正投影图的展开方法

(b) 三面正投影图

图 2-10　三面正投影图的展开

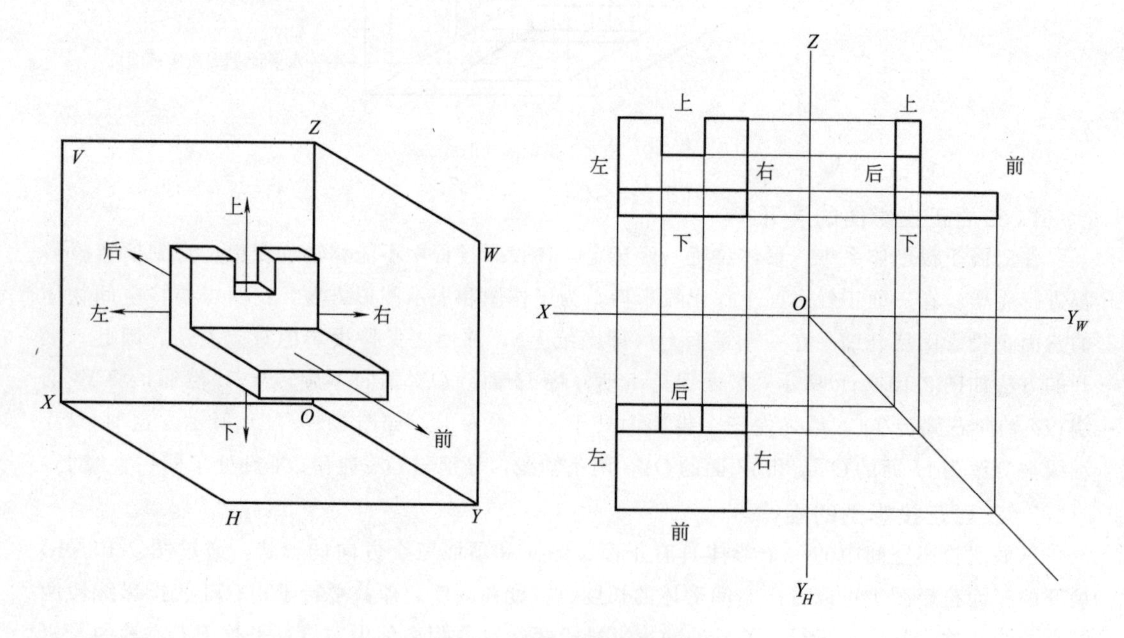

图 2-11　三面正投影图的规律

的对应关系，来判断其所表达的空间形体特征。

通过图 2-10 中三面投影图之间的对应关系，我们发现它们之间存在一定的联系：正面投影和侧面投影具有相同的高度；正面投影与水平投影具有相同的长度；水平投影与侧面投影具有相同的宽度。因此在作图时，必须使 V、H 面投影位置左右对正，即遵循“长对正”的规律；使 V、W 面投影上下平齐，即遵循“高平齐”的规律；使 H、W 面投影宽度相等，即遵循“宽相等”的规律，这“三等关系”是三面投影图的基本规律。

四、三面正投影图的绘图步骤与方法

① 画出水平和垂直十字相交线，以作为正投影图的投影轴；

② 根据物体的形体特点，选取有特征的面作为正立面投影图或水平面投影图；

③ 根据物体在三面投影体系中的放置位置，先画出能够反映物体特征的正立面投影图或水平面投影图；

④ 根据“三等关系”，由“长对正”的投影规律，画出水平面投影图和正立面投影图；

⑤ 由“高平齐”的投影规律，把正立面投影图中涉及的高度的各相应部分用水平线拉向侧立投影面；

⑥ 由“宽相等”的投影规律，用过原点 O 作一条向右下倾斜的 45°线，然后在水平面投影图上向右引水平线，与 45°线相交后再向上引铅垂线，得到在侧立面上与“等高”水平线的交点，连接关联点，从而得到侧面投影图；

⑦ 擦去多余的辅助线，加粗加深投影图线。

实训二　立体图形和三面正投影的相互转换实训

1. 绘制图形的三面正投影图。

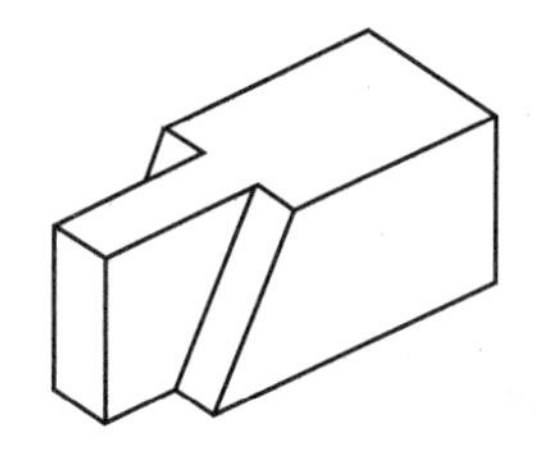

2. 绘制图形的三面正投影图。

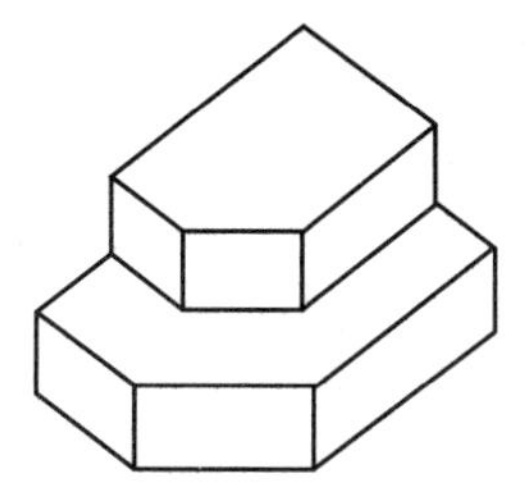

3. 绘制图形的三面正投影图。

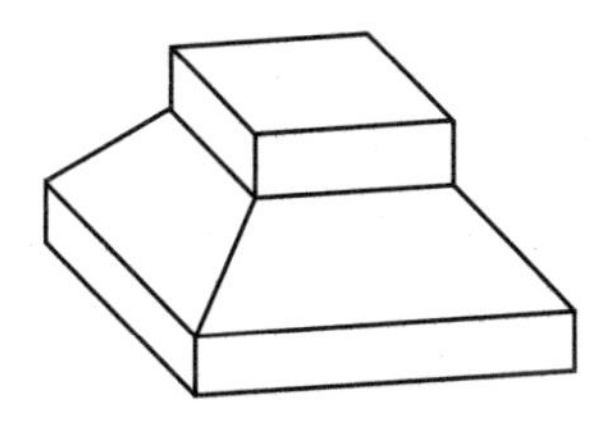

4. 按照实际尺寸要求绘制下列图形的三面正投影图。

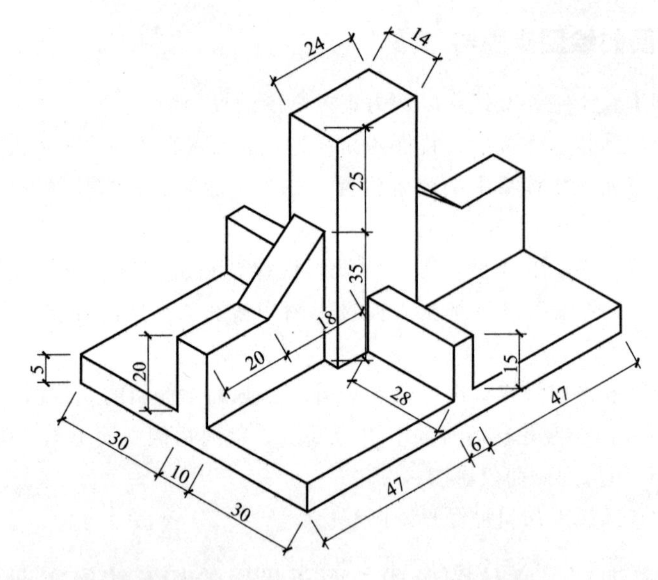

5. 按照下列三面正投影图中的图形，绘制出对应的三维图形。

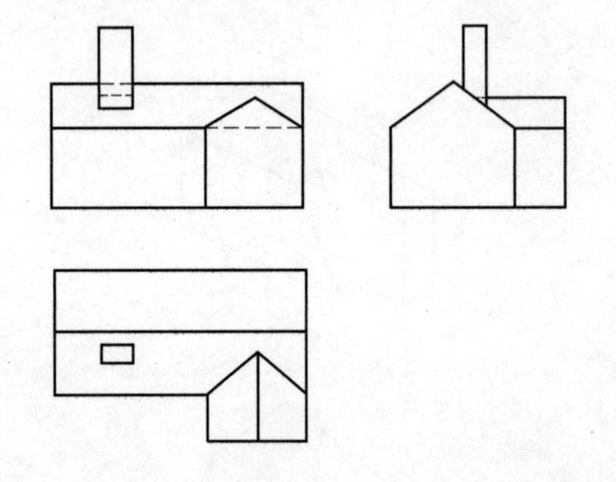

Environmental Art Design Drawing and Recognization

环境艺术设计制图与识图

项目三 房屋建筑工程施工图的制图与识图训练

主要内容

1. 环境艺术工程制图基本标准规范二
2. 掌握建筑平、立、剖面图以及详图的识读方法
3. 掌握建筑平面图的绘制方法

学习目标

知识目标

1. 熟悉房屋建筑施工图的内容和特点，包括制图有关标准规定的图示特点和表达方法
2. 掌握阅读和绘制建筑平面图的步骤和方法，能阅读和绘制平面图
3. 掌握绘制和阅读建筑平、立、剖面图和详图的步骤及方法，能绘制出符合国家制图标准的建筑施工图纸，并能正确地阅读一般建筑图纸

能力目标

通过建筑基础设计理论、设计实例、结合规范的综合讲解，由浅入深的教学形式，使同学们学会建筑施工图识读与绘制的方法

素养目标

严谨、认真、负责的学习态度

重点

1. 建筑施工图的识读
2. 建筑平面图的绘制

难点

建筑平面图的绘制

制图基本工具

2B 绘图铅笔、直尺、三角板、橡皮、A3 绘图纸、墨线笔、胶带

环境艺术设计行业所进行的室内外设计是在房屋建筑的基础上进行的第二次设计，学习好环境艺术工程施工图前提需要读懂房屋建筑工程施工图，了解房屋建筑施工图的内容。

在房屋建筑中，按照房屋的使用性质，通常可以分为：工业建筑（厂房、仓库等）和民用建筑（居住建筑和公用建筑等）。设计师依据不同建筑性质，在平面、立面、剖面等制图中要体现不同的特点，先要学会如何读懂这些图样。

一、房屋施工图概述

1. 房屋的分类

按使用功能分类：包括住宅、商场、体育馆、饭店、厂房、仓库等。

按结构形式分类：包括砖混结构、框架结构、剪力墙结构、排架结构等。

按建筑层数分类：包括单层建筑、多层建筑和高层建筑。

2. 房屋的组成及其作用

以民用建筑组成为例，可分为六大部分：基础；屋顶、外墙、雨篷等；屋面、天沟、雨水管、散水等；台阶、门、走廊、楼梯等；窗；墙裙、勒脚、踢脚板等。如图 3-1 所示。

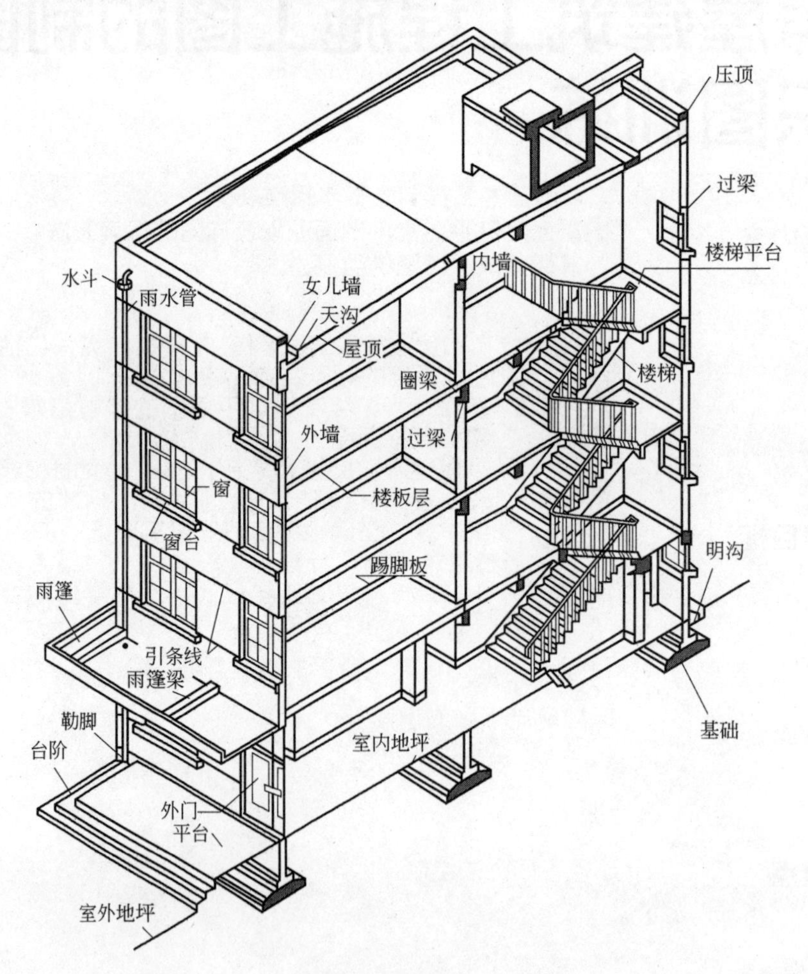

图 3-1 建筑物组成及各部分的名称

基础：位于墙或柱的最下部，起着承受和传递荷载的作用。

屋顶、外墙、雨篷：起隔热、保温、避风遮雨的作用。

屋面、天沟、雨水管、散水：起排水的作用。

台阶、门、走廊、楼梯：起沟通房屋内外、上下通行的作用。

窗：起采光和通风的作用。

墙裙、勒脚、踢脚板：起保护墙身的作用。

3. 房屋建筑工程施工图的内容

一套完整的施工图包括建筑施工图、结构施工图、设备施工图。一幢房屋全套施工图的编排一般应为：图纸目录、总平面图（施工总说明）、建筑施工图、结构施工图、给水排水施工图、采暖通风施工图、电气施工图等。

（1）建筑施工图

建筑施工图简称建施图，是表示建筑设计内容。

整体图纸：包括平面图、立面图、剖面图。

局部图纸：包括各类建筑详图，如楼梯详图、门窗详图等。

建筑施工图主要表明建筑物的总体布局、外部造型、内部布置、细部构造、内外装饰等情况。建筑施工图是房屋放线、砌墙、安装门窗、室内外装修以及做预算和编制施工组织计划等的依据。建筑施工图中所表达的设计内容必须与结构、水电设备等有关工种配合和协调统一，它包括首页图（设计说明）、建筑总平面图、平面图、立面图、剖面图和详图等。

（2）结构施工图

结构施工图简称结施图。它主要表示房屋结构设计的内容，如房屋承重结构的类型，承重构件的种类、大小、数量、布置情况及详细的构造做法等。一般包括结构设计说明、结构布置平面图、各种构件的构造详图等。

整体图纸：包括各类结构平面图，如基础平面图、楼层结构平面图、屋顶结构平面图等。

局部图纸：包括各类结构详图，如基础详图、钢筋混凝土结构详图等。

（3）设备施工图

设备施工图简称设施图。它主要表示房屋的给排水、采暖通风、供电照明、燃气等设备的布置和安装要求等。一般包括平面布置图、系统图与安装详图等。

在绘制上述各类房屋施工图时，必须遵守国家有关的制图标准。一幢房屋从施工到建成，需要有全套房屋施工图作指导。阅读这些施工图时应按图纸目录顺序即总说明、建施图、结施图、设施图，要先从大的方面看，然后再依次阅读细小部分，即“先粗看后细看”。总的来说就是，先整体后局部，先文字说明后图样，先基本图样后详图，先图形后尺寸等依次仔细阅读，并应注意各专业图样之间的关系。

4. 房屋建筑工程施工图的特点

① 房屋施工图主要是用正投影法绘制的，一般在 H 面上作房屋的平面图，在 V 面上作正、背立面图，在 W 面上作侧立面和剖面图。在适当的比例及图幅大小允许的条件下，可将房屋的平、立、剖面三个图按三面投影关系放在同一张图纸上，这样便于阅读。如房屋较大，以适当的比例在一张图纸上放不下房屋的三个图，则可将平、立、剖面图分别画在不同的图纸上。

② 由于房屋形体较大，一般施工图都用较小的比例来绘制，但这种小比例绘制的图对房屋各部分的构造做法无法表达清楚，所以，施工图中配有大量的用较大比例绘制的详图，这是一种用“以少代多”的方式详细表达房屋构成的图示方法。

③ 房屋一般由多种材料组成，且构配件种类较多，为了作图时表达简便，国标规定了一系列的图形符号来代表建、构筑物及其构配件、卫生设备、建筑材料等，这种图形符号称为图例。房屋施工图中画有大量的各种图例。

5. 环境艺术工程制图基本标准规范

环境艺术工程施工图包含室内、园林景观和建筑三方面的规范内容，在建筑施工图方面我们应该学习《房屋建筑制图统一标准》《建筑制图标准》《总图制图标准》等国家制图标准。下面介绍环境艺术专业经常用到的建筑施工图方面的标准规范。

（1）定位轴线

定位轴线是确定建筑物或构筑物主要承重构件平面位置的重要依据。在施工图中，凡是承重的墙、柱子、梁、屋架等主要承重构件，都要画出定位轴线来确定其位置。对于非承重墙的隔墙、次要构件等，其位置可用附加定位轴线（分轴线）来确定，也可用注明其与附近定位轴线的有关尺寸的方法来确定。国标对绘制定位轴线的具体规定如下：

① 定位轴线应用细单点长画线绘制。

② 定位轴线一般应编号，编号应注写在轴线端部的圆圈内。圆应用细实线绘制，直径为8～10mm，定位轴线圆的圆心，应在定位轴线的延长线上。

③ 平面图上定位轴线的编号，宜标注在图样的下方与左侧。横向编号应用阿拉伯数字，从左到右顺序编写；竖向编号应用大写拉丁字母，从下自上顺序编写。拉丁字母的I、O、Z不得用作轴线编号。定位轴线的标注方法如图 3-2 所示。

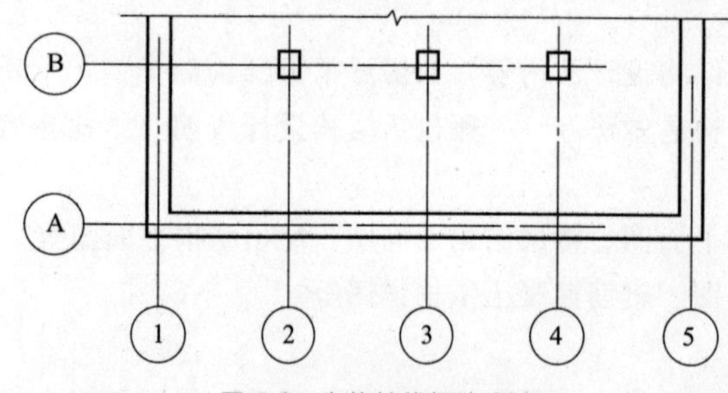

图 3-2 定位轴线标注方法

④ 附加定位轴线的编号，应以分数形式表示，所以也称为分轴线。两根轴线间的附加轴线，应以分母表示前一轴线的编号，分子表示附加轴线的编号，编号宜用阿拉伯数字顺序编写。如图 3-3 所示。

附加轴线应标注在两根轴线之间，两轴线之间的附加轴线应以分数的形式表示，用分母表示前一轴线的编号，分子表示附加轴线的编号，如 1/1 表示 1 号轴线之后附加的第一根轴线，A 轴或 1 轴之前的附加轴线，也用分数表示，如 1/01 或 1/0A。附加轴线的标注如图 3-4 所示。

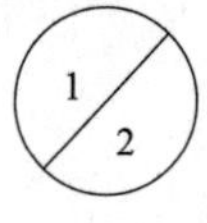

表示2号轴线之后附加的第一根轴线

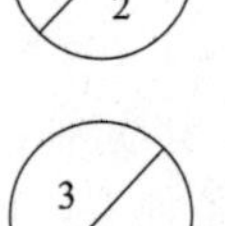

表示C号轴线之后附加的第三根轴线

图 3-3 附加轴线标注（一）

1
01
表示1号轴线之前附加的第一根轴线

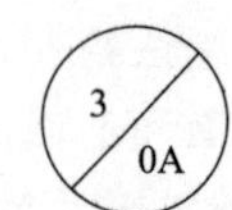

表示A号轴线之前附加的第三根轴线

图 3-4 附加轴线标注（二）

⑤ 对于详图上的轴线编号，若该详图适用于几根轴线时，应同时标注有关轴线的编号。通用详图中的定位轴线，一般只画圆，不注写轴线编号。

（2）索引符号、详图符号及引出线

① 索引符号。在实际工作中，为详细表达建筑节点及建筑构配件的形状、材料、尺寸和做法，而用较大的比例画出的图形，称为建筑详图。这时就要通过索引符号表明详图所在的位置。

索引符号是由直径为 10mm 的圆和水平直径组成的，圆和水平直径均应以细实线绘制。索引符号应按下列规定编写：

a. 索引出的详图，如与被索引的详图同在一张图纸内，应在索引符号的上半圆中用阿拉伯数字注明该详图的编号，并在下半圆中间画一段水平细实线。

b. 索引出的详图，如与被索引的详图不在同一张图纸内，应在索引符号的上半圆中用阿拉伯数字注明该详图的编号，在索引符号的下半圆中用阿拉伯数字注明该详图所在图纸的编号。数字较多时，可加文字标注。

c. 索引出的详图，如采用标准图，应在索引符号水平直径的延长线上加注该标准图集的编号。如图 3-5 所示。

d. 索引符号如用于索引剖面详图，应在被剖切的部位绘制剖切位置线，并以引出线引出索引符号，引出线所在的一侧应为投射方向。如图 3-6 所示。

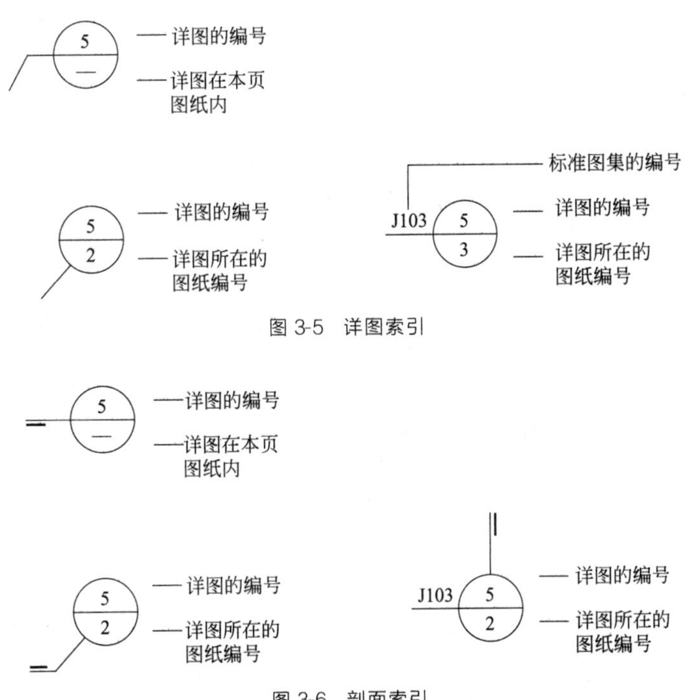

图 3-6 剖面索引

② 详图符号。

详图的位置和编号，应以详图符号表示，详图符号的圆应以直径为 14mm 的粗实线绘制，具体如下：

a. 详图与被索引图样同在一张图纸内时，应在详图符号内用阿拉伯数字注明详图的编号。

b. 详图与被索引图样不在同一张图纸内，应用细实线在详图符号内画平面直径线，在上半圆中注明详图编号，在下半圆中注明被索引的图纸的编号。

c. 在图样中，如某一局部另绘有详图，应以索引符号索引。详图的位置和编号应以详图符号表示，如图 3-7 所示。

图 3-7 详图符号

③ 引出线。

引出线应以细实线绘制，采用水平方向的直线，或与水平方向呈 30°、45°、60°、90°的直线，或经上述角度再折为水平线。文字说明应注写在水平线的上方，也可注写在水平线的端部。如图 3-8 所示。

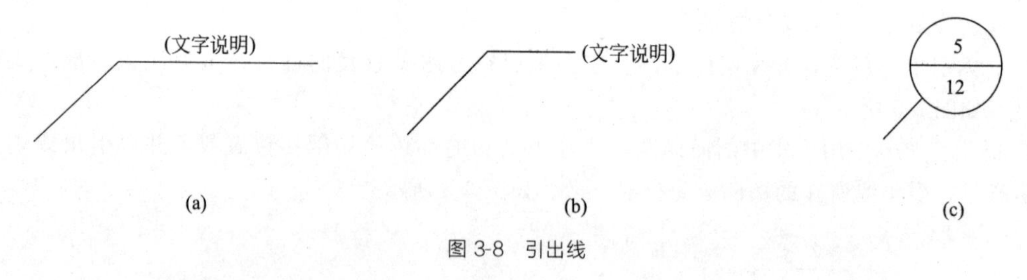

图 3-8 引出线

同时引出几个相同部分的引出线，宜互相平行，也可画成集中于一点的放射线。如图 3-9 所示。

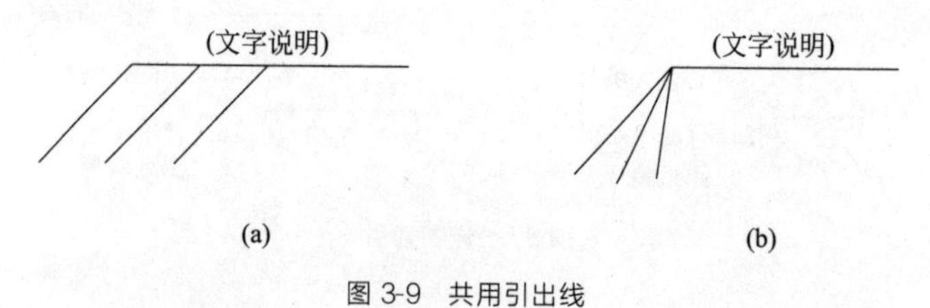

图 3-9 共用引出线

多层构造共同引出线，应通过被引出的各层。文字说明注写在水平线的上方或端部，说明的顺序应由上至下，并应与被说明的层次相互一致。如层次为横向排序，则由上自下的说明顺序应与由左至右的层次相互一致。如图 3-10 所示。

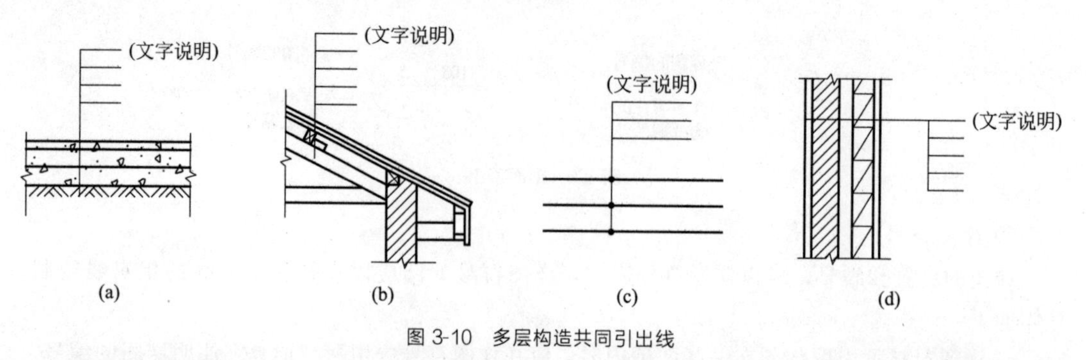

图 3-10 多层构造共同引出线

（3）标高

标高符号用于表示某一位置的高度，如图 3-11～图 3-13 所示。

① 在环境艺术工程施工图中标注标高可采用直角等腰三角形，也可以采用 90°对顶角的圆标注。在室内设计施工图中标注顶棚标高时，也可采用 CH 符号表示。

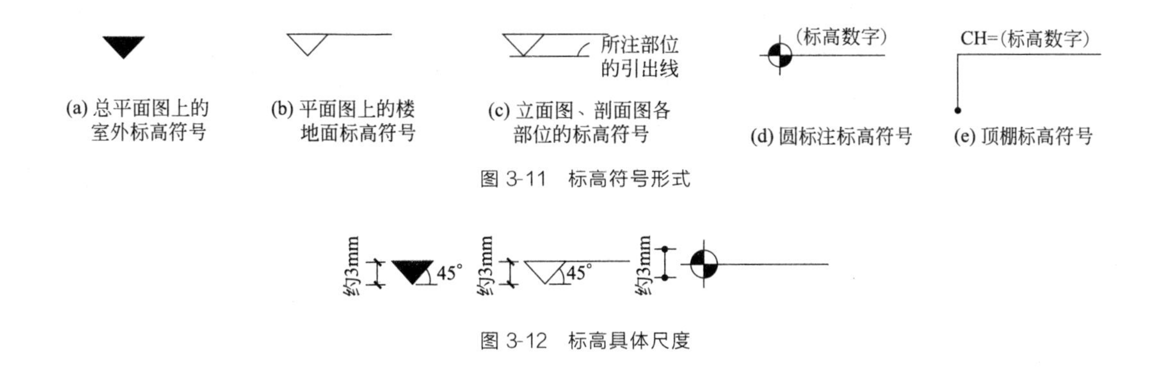

图 3-11　标高符号形式

图 3-12　标高具体尺度

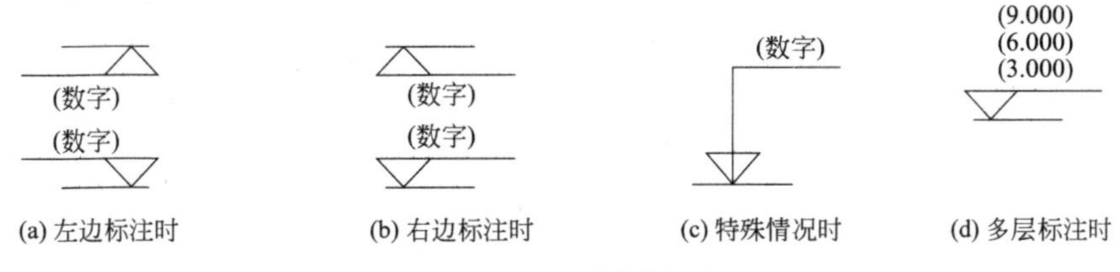

图 3-13　标高数字的标注

② 标高数字应以米为单位，注写到小数点后第三位。总面积中可注写到小数点第二位。

③ 标高的零点，注写成±0.000，低于零点的负数标高前应加注“－”号，高于零点的正数标高前不注“＋”。

④ 凡标高的基准面是根据工程需要，自行选定而引出的，称为相对标高。一般将房屋首层的室内地坪高度定为±0.000。

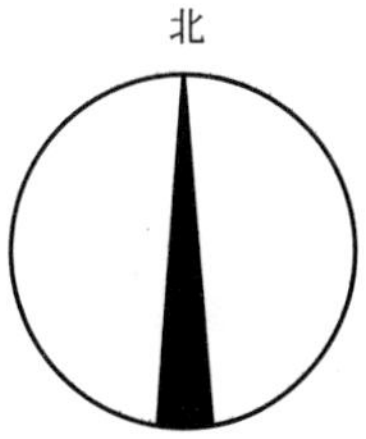

北

图 3-14　指北针

(4) 指北针

指北针的圆的直径为 24mm，用细实线绘制，指针尾部的宽度宜为 3mm，指针头部应注写“北”或“N”。当图样较大时，指北针可放大，放大后的指北针，尾部宽度为圆直径的 1/8。如图 3-14 所示。

(5) 对称符号

当建筑物或设计造型的图形对称时，可只画对称图形的一半，然后在图形对称中心处画上对称符号，另一半图形可省略不画。对称符号由对称线和两端的两对平行线组成。对称线用细单点长画线绘制；平行线用细实线绘制，其长度宜为 6～10mm，每对间距宜为 2～3mm。对称线垂直平分两对平行线，对称线两端超出平行线宜为 2～3mm。如图 3-15 所示。

(6) 连接符号

连接符号是用来表示设计图形的一部分与另一部分的衔接关系。连接符号应以折断线表示需连接的部位。两部分相距过远时，折断线两端靠图样一侧应标注大写拉丁字母表示连接编号，两个连接的图样必须用相同的字母编号。如图 3-16 所示。

(7) 剖切符号

建筑工程施工图中的平面图，只能表示房屋的内部水平形状，对竖向房屋内部的复杂构造情形，无法表现出来。这时我们可用假想的剖切面将房屋作垂直剖切，移去一部分，暴露出另一部分，再用正投影的方法绘制在图纸上，就可充分表现出竖向房屋内部复杂构造的形状。为了明确剖切部位，就要用剖切符号来表示被剖切的位置。如在平面图的某一部位，在建筑轮廓

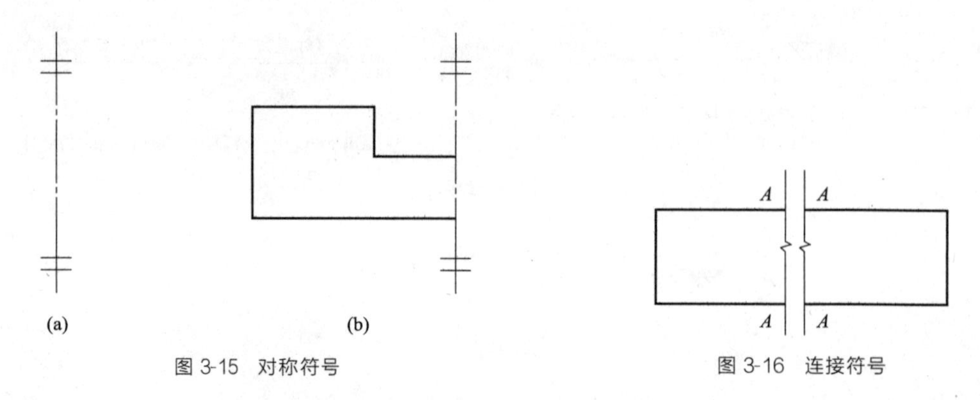

图 3-15 对称符号

图 3-16 连接符号

线外，在相对的两边各画上剖切符号并使其水平或垂直于轮廓线，此部位则表示纵向或横向剖切位置。如图 3-17 所示。

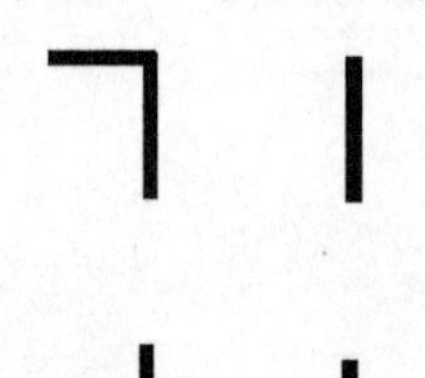

图 3-17 剖切符号

二、房屋建筑工程施工图的识读与抄绘训练

1. 建筑施工图作用和内容

建筑施工图根据其内容与用途可分为：总平面图、建筑平面图、建筑立面图、建筑剖面图及详图。

总平面图是新建房屋在基地范围内的总体布置图，可以反映某区域的建筑位置、层数、朝向、道路规划、绿化、地势等；建筑平面图主要用于施工放线、砌筑墙体、安装门窗、室内装修及编制施工图预算等方面；建筑立面图用以反映建筑物外形、建筑风格、局部构建在高度方向的相应位置关系、室外装修方法等；建筑剖面图反映房屋全貌、构造特点、建筑物内部垂直方向的高度、构造层次、结构形式等；建筑详图可以表达构配件的详细构造，如材料规格、相互连接方法、相对位置、详细尺寸、标高等。

2. 建筑平面图的识读

（1）建筑平面图的形成

假想用一个水平剖切平面在窗台线以上适当的位置将房屋剖切开，所得的水平面投影图为建筑平面图。平面图主要反映房屋的平面形状、大小和房间的布置，墙（或柱）的位置、厚度、材料，门窗的位置、大小、开启方向等。平面图是表达房屋建筑图的基本图样之一，作为施工时定位放线、砌墙、安装门窗、室内装修以及编制预算的依据。通常用 1∶50、1∶100、1∶200 的比例绘制。

（2）建筑平面图的分类

当建筑物各层的房间布置不同时，应分别画出各层平面图，如底层平面图、二层平面图、三、四……层平面图、顶层平面图、屋顶平面图等。相同的楼层可用一个平面图来表示，称为标准层平面图。如平面对称，可用对称符号将两层平面图各画一半合并成一个图，并在图的下方注写图名和比例。

（3）建筑平面图的图例

在房屋平面图中，由于所用比例较小，所以对平面图中的建筑配件和卫生设备，如门窗、楼梯、烟道、通风道、洗脸盆、坐便器等无法按真实投影画出，对此采用表 3-1 国标中规定的图例来表示。而真实的投影情况另用较大比例的详图来表示。

表 3-1 建筑平面图图例

序号	名称	图例	备注
1	墙体	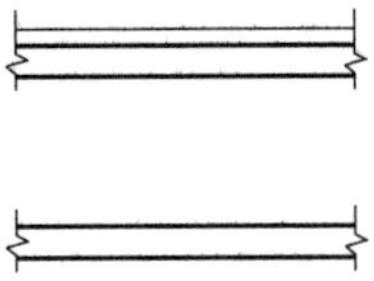	1. 上图为外墙,下图为内墙 2. 外墙细线表示有保温层或有幕墙 3. 应加注文字或涂色或图案填充表示各种材料的墙体 4. 在各层平面图中防火墙宜着重以特殊图案填充表示
2	隔断		1. 加注文字或涂色或图案填充表示各种材料的轻质隔断 2. 适用于到顶与不到顶隔断
3	楼梯	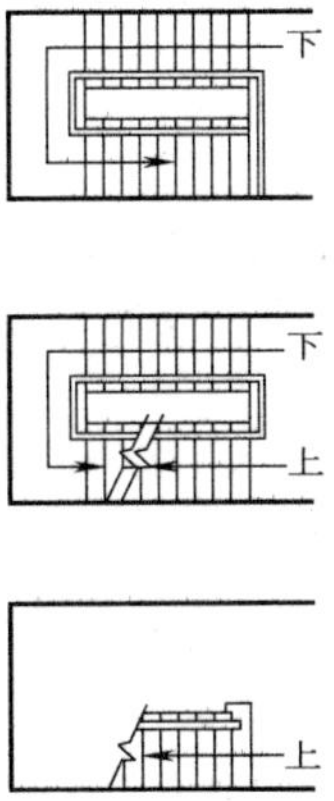 下 下 上 上	1. 上图为顶层楼梯平面,中图为中间层楼梯平面,下图为底层楼梯平面 2. 需设置靠墙扶手或中间扶手时,应在图中表示
4	坡道	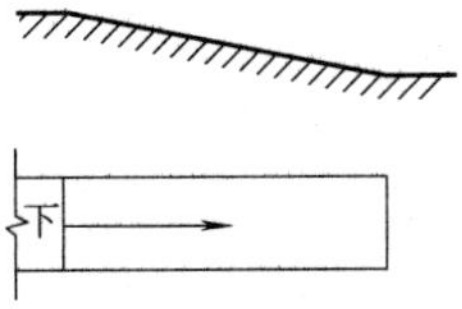 下	长坡道
		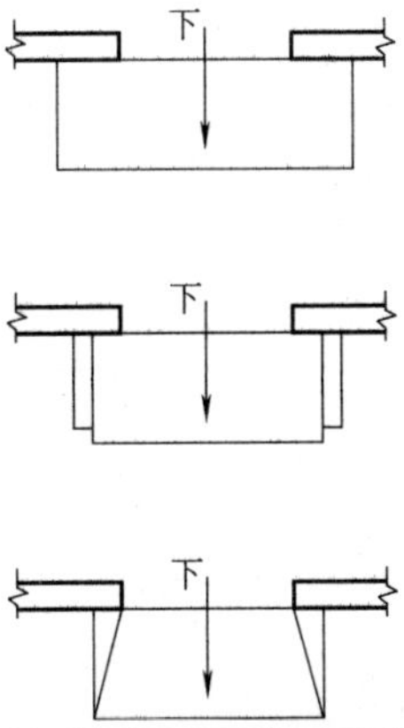 下 下 下	1. 上图为两侧垂直的门口坡道 2. 中图为有挡墙的门口坡道 3. 下图为两侧找坡的门口坡道
5	台阶	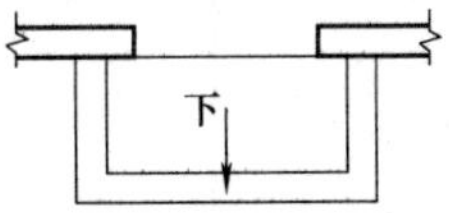 下	

续表

序号	名称	图例	备注
6	平面高差	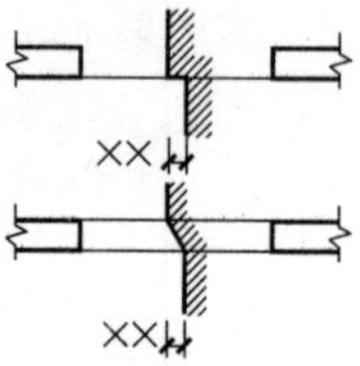 ×× ××	用于高差小的地面或楼面交接处，并应与门的开启方向协调
7	检查口		左图为可见检查口，右图为不可见检查口
8	孔洞		阴影部分亦可填充灰度或涂色代替
9	坑槽		
10	墙预留洞、槽	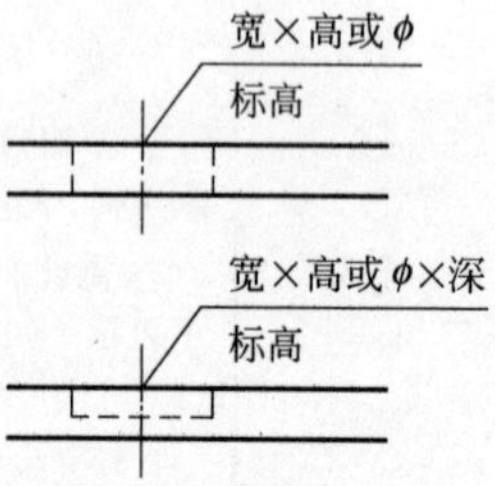 宽×高或ϕ 标高 宽×高或ϕ×深 标高	1. 上图为预留洞，下图为预留槽 2. 平面以洞(槽)中心定位 3. 标高以洞(槽)底或中心定位
11	地沟(明沟)	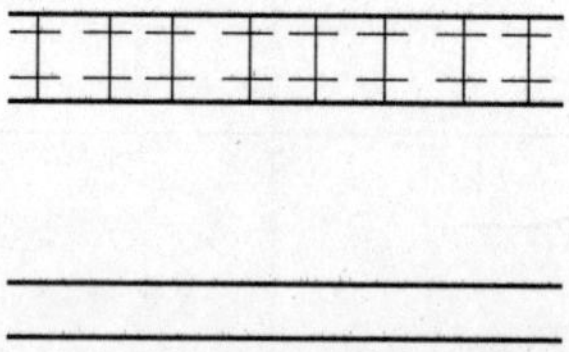	上图为活动盖板地沟，下图为无盖板明沟
12	烟道	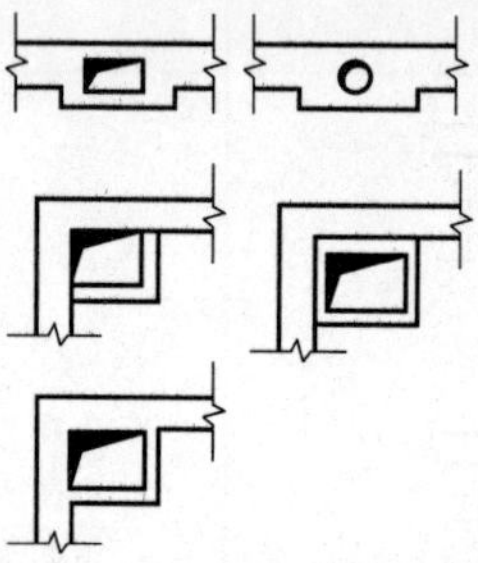	1. 阴影部分亦可涂色代替 2. 烟道、风道与墙体为相同材料，其相接处墙身线应连通 3. 烟道、风道根据需要增加不同材料的内衬
13	风道	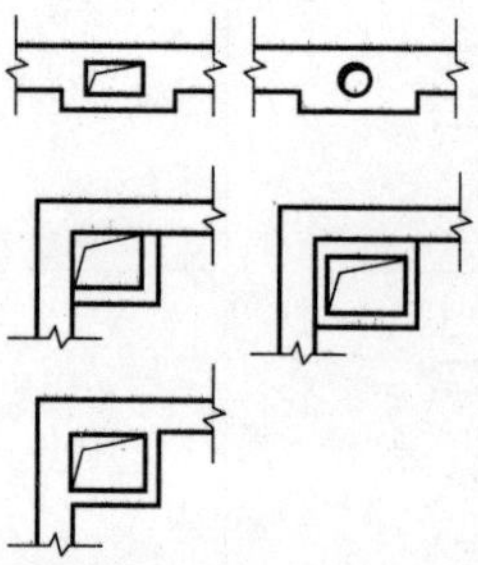	

续表

序号	名称	图例	备注
14	新建的墙和窗	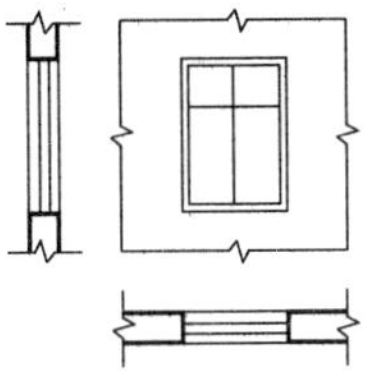	
15	改建时保留的墙和窗	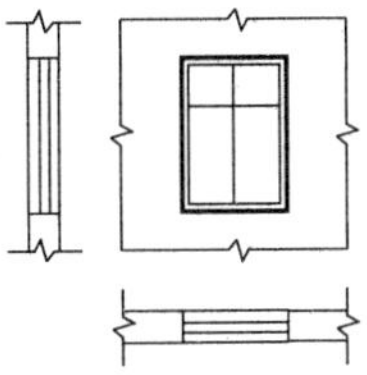	只更换窗，应加粗窗的轮廓线
16	拆除的墙	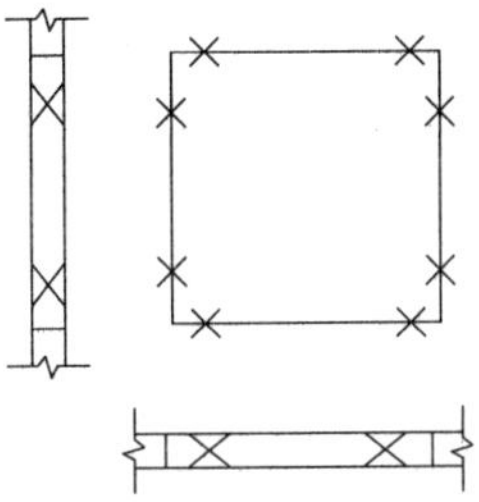	
17	改建时在原有墙或楼板新开的洞	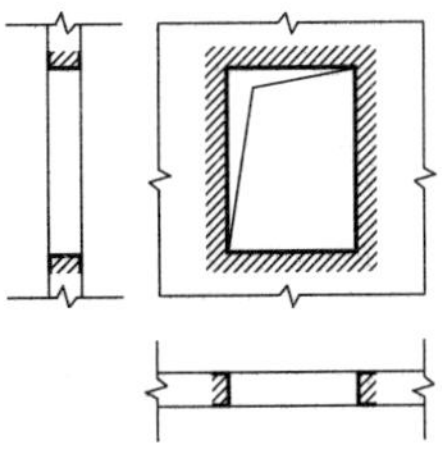	
18	在原有墙或楼板洞旁扩大的洞	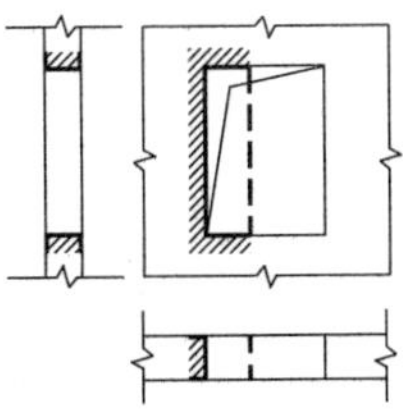	图示为洞口向左边扩大
19	在原有墙或楼板上全部填塞的洞	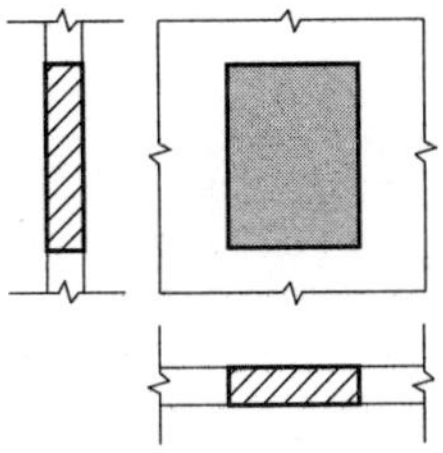	

续表

序号	名称	图例	备注
20	在原有墙或楼板上局部填塞的洞	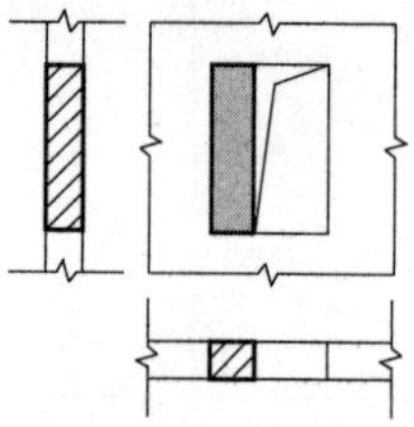	图示左侧为局部填塞的洞 图中立面图填充灰度或涂色
21	空门洞	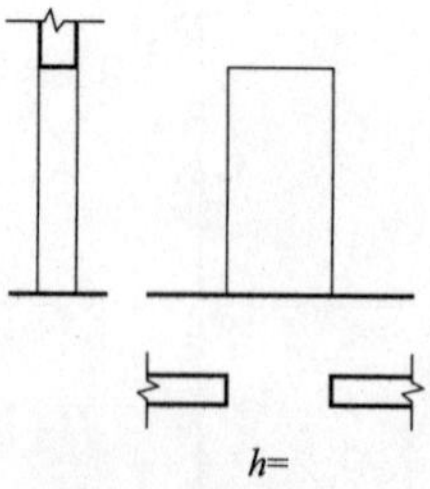	h 为门洞高度
	单扇平开或单向弹簧门	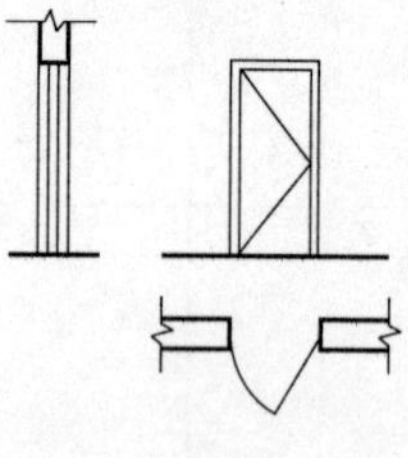	
22	单扇平开或双向弹簧门	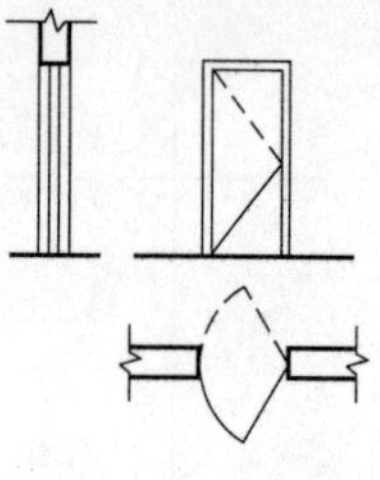	1. 门的名称代号用 M 表示 2. 平面图中，下为外，上为内，门开启线为 90°、60°或 45° 3. 立面图中，开启线实线为外开，虚线为内开。开启线交角的一侧为安装合页一侧。开启线在建筑立面图中可不表示，在立面大样图中可根据需要绘制出 4. 剖面图中，左为外，右为内 5. 附加纱扇应以文字说明，在平、立、剖面图中均不表示 6. 立面形式应按实际情况绘制
	双层单扇平开门	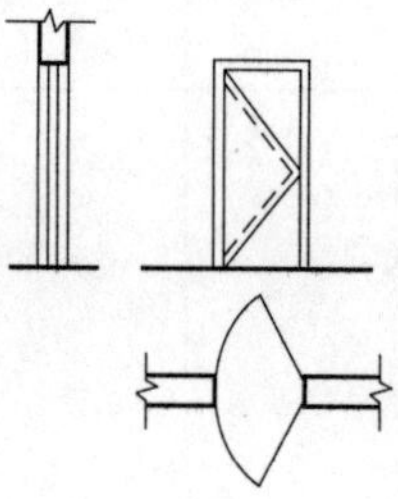	

续表

序号	名称	图例	备注
23	推杠门	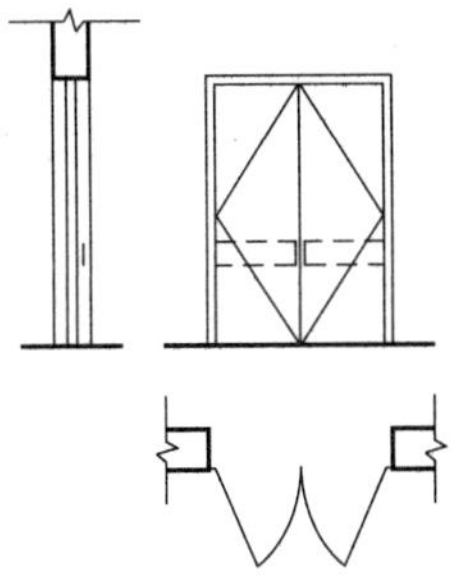	1. 门的名称代号用 M 表示 2. 平面图中，下为外，上为内，门开启线为90°、60°或 45° 3. 立面图中，开启线实线为外开，虚线为内开。开启线交角的一侧为安装合页一侧。开启线在建筑立面图中可不表示，在室内设计立面大样图中可根据需要绘制出 4. 剖面图中，左为外，右为内 5. 立面形式应按实际情况绘制
24	门连窗		
25	旋转门	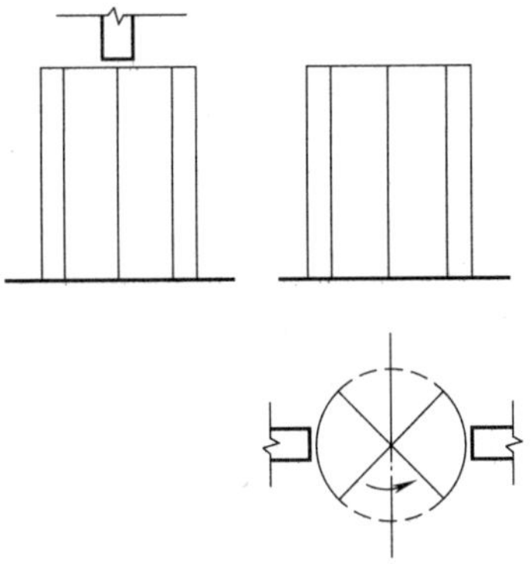	1. 门的名称代号用 M 表示 2. 立面形式应按实际情况绘制
	两翼智能旋转门		

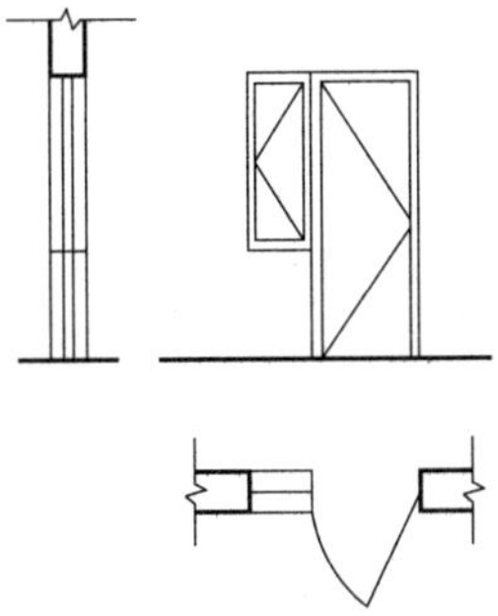

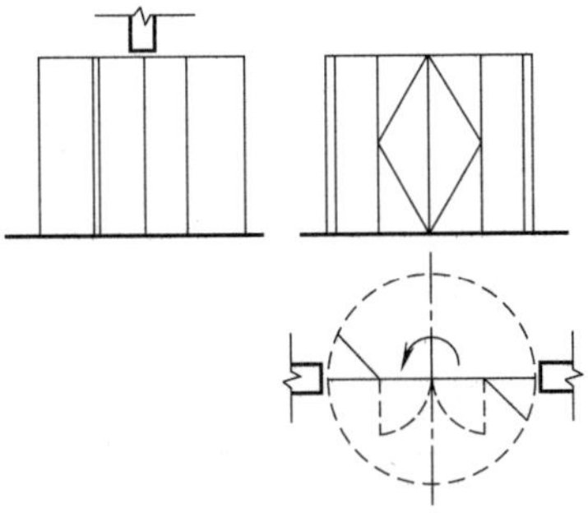

续表

序号	名称	图例	备注
26	横向卷帘门		
	竖向卷帘门		
	单侧双层卷帘门		
	双侧双层卷帘门		

续表

<table>
<tr><th>序号</th><th>名称</th><th>图例</th><th>备注</th></tr>
<tr><td>27</td><td>固定窗</td><td> 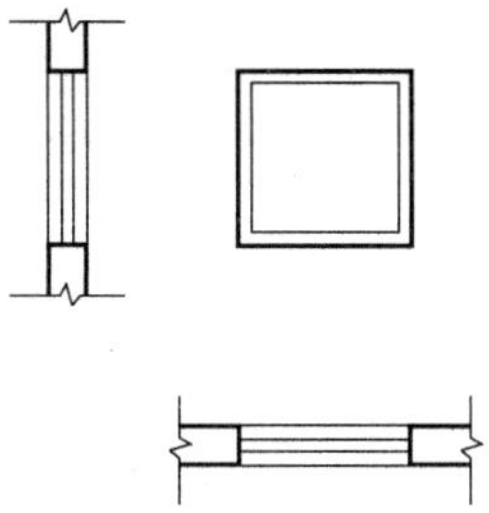</td><td rowspan="5">1. 窗的名称代号用 C 表示
2. 平面图中，下为外，上为内
3. 立面图中，开启线实线为外开，虚线为内开。开启线交角的一侧为安装合页一侧。开启线在建筑立面图中可不表示，在门窗立面大样图中需绘制出
4. 剖面图中，左为外，右为内，虚线仅表示开启方向，项目设计不表示
5. 附加纱窗应以文字说明，在平、立、剖面图中均不表示
6. 立面形式应按实际情况绘制</td></tr>
<tr><td rowspan="2">28</td><td>上悬窗</td><td> 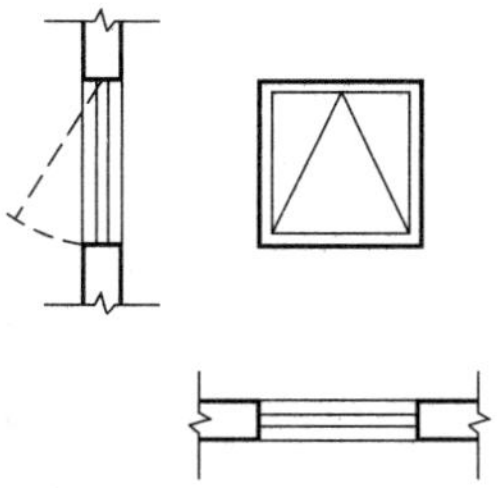</td></tr>
<tr><td>中悬窗</td><td> 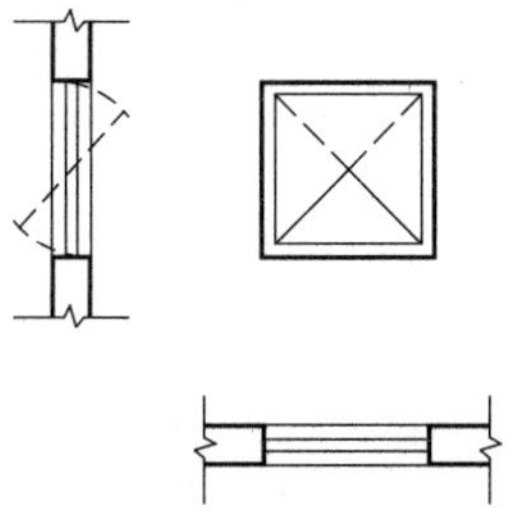</td></tr>
<tr><td>29</td><td>下悬窗</td><td> 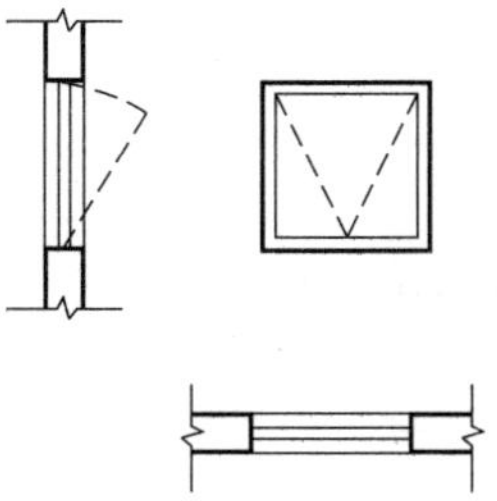</td></tr>
<tr><td>30</td><td>立转窗</td><td> 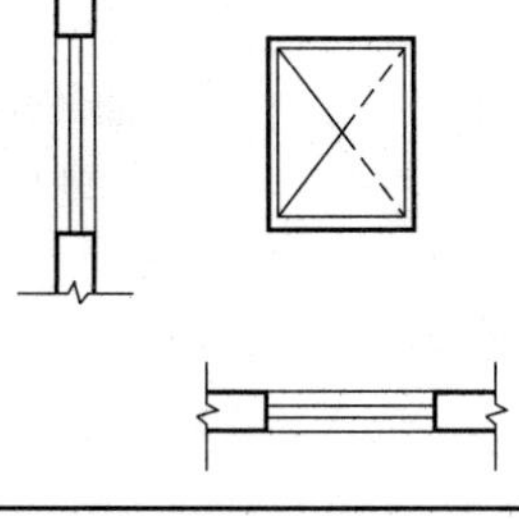</td></tr>
</table>

续表

序号	名称	图例	备注
31	内开平开内倾窗	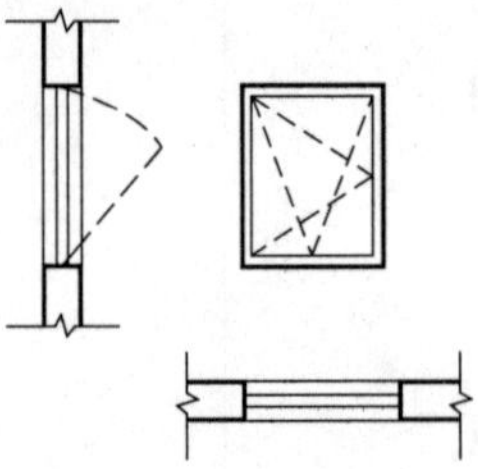	1. 窗的名称代号用C表示 2. 平面图中，下为外，上为内 3. 立面图中，开启线实线为外开，虚线为内开。开启线交角的一侧为安装合页一侧。开启线在建筑立面图中可不表示，在门窗立面大样图中需绘制出 4. 剖面图中，左为外，右为内，虚线仅表示开启方向，项目设计不表示 5. 附加纱窗应以文字说明，在平、立、剖面图中均不表示 6. 立面形式应按实际情况绘制
32	单层外开平开窗	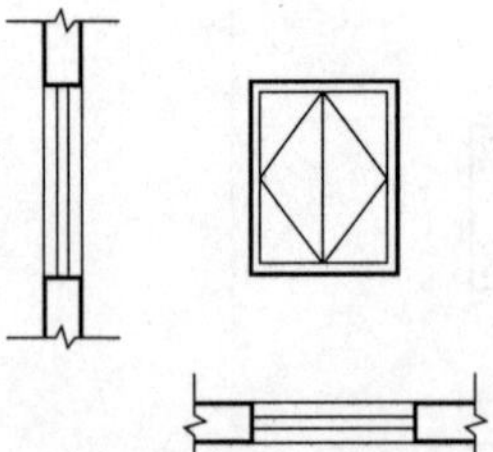	
	单层内开平开窗	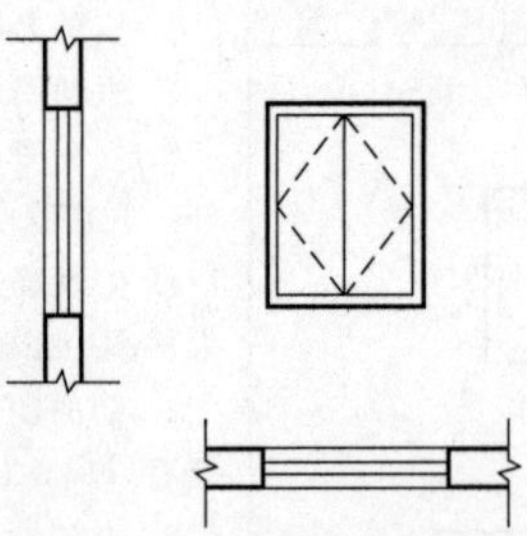	
	双层内外开平开窗	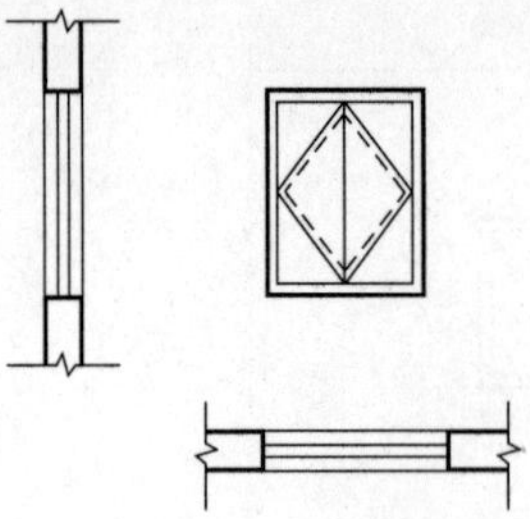	
33	单层推拉窗	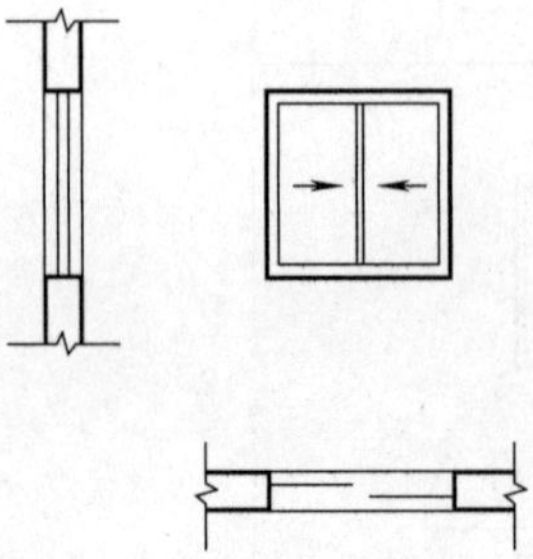	1. 窗的名称代号用C表示 2. 立面形式应按实际情况绘制

续表

序号	名称	图例	备注
34	双层推拉窗	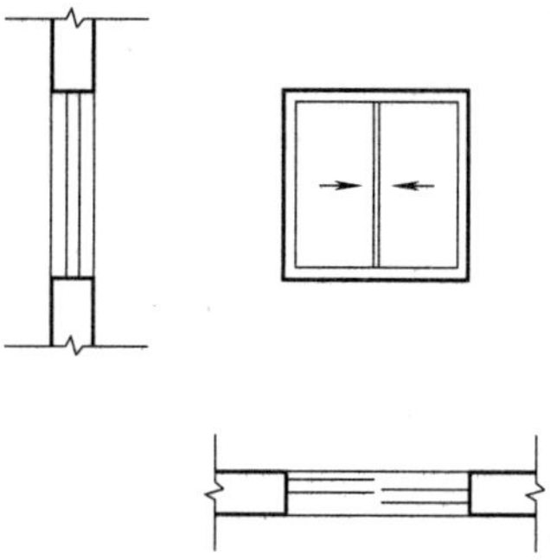	
35	上推窗	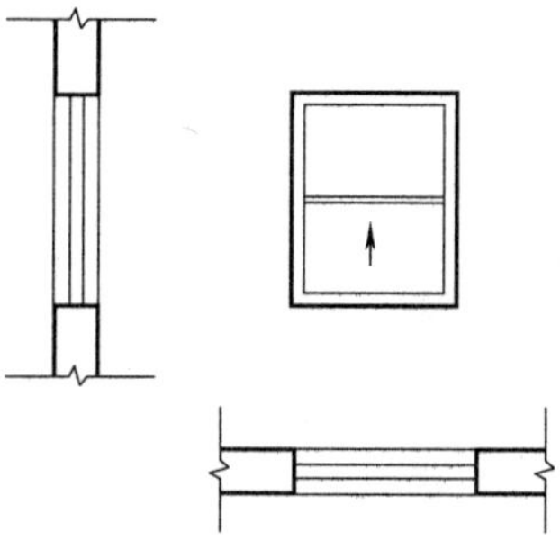	1. 窗的名称代号用C表示 2. 立面形式应按实际情况绘制
36	百叶窗	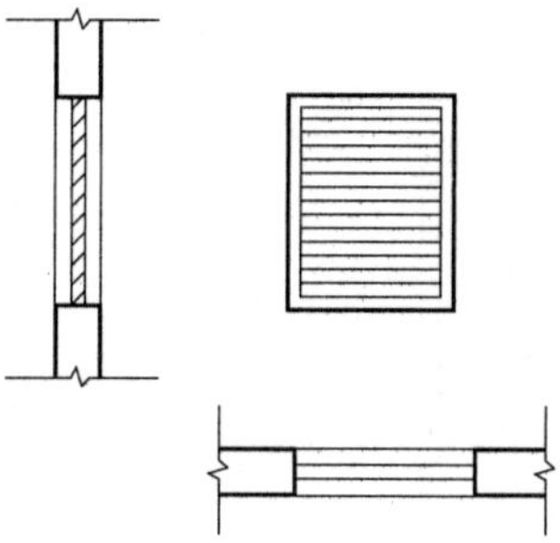	
37	高窗	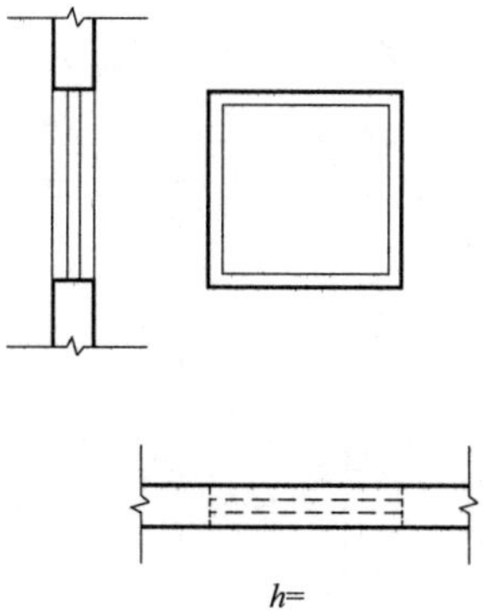 h=	1. 窗的名称代号用C表示 2. 立面图中，开启线实线为外开，虚线为内开。开启线交角的一侧为安装合页一侧。开启线在建筑立面图中可不表示，在门窗立面大样图中需绘制出 3. 剖面图中，左为外，右为内 4. 立面形式应按实际情况绘制 5. h 表示高窗底距本层地面标高 6. 高窗开启方式参考其他窗型

续表

序号	名称	图例	备注
38	平推窗		1. 窗的名称代号用C表示 2. 立面形式应按实际情况绘制

（4）建筑平面图的识读

以下根据图3-18，介绍平面图的识读步骤。

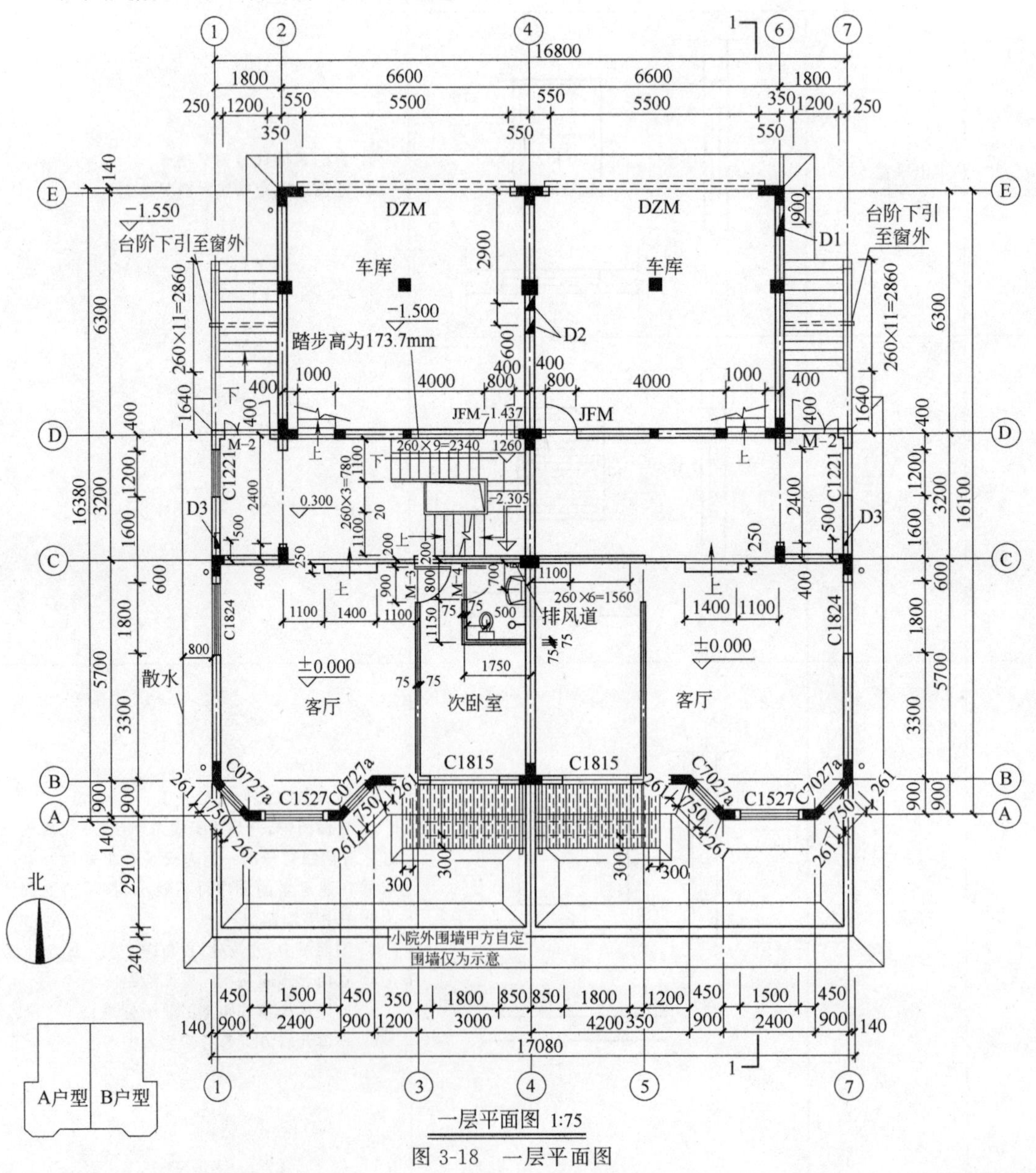

图3-18 一层平面图

① 读图名、比例。在平面图下方应注出图名和比例，从图可知是某联排别墅的一层平面图，比例为 1∶75。

② 读指北针，了解建筑物的方位和朝向。图 3-18 中所示建筑正面朝北，背面朝南。

③ 读定位轴线及编号，了解各承重墙、柱的位置。图中有 7 根横向定位轴线，5 根纵向定位轴线，主轴线均位于 200mm 厚的加气混凝土砌块墙中间。

④ 读房屋的内部平面布置和外部设施，了解房间的分布、用途、数量及相互关系。图中平面形状为不规则形，主要出入口在北面室外楼梯处，室外楼梯为 11 级，室外地面标高为 −1.550。本工程为两栋联排别墅，两个户型为对称形式，该户型存在夹层，由客厅台阶进入，见图 3-19。通往 2 层的楼梯在房间中央，为折线三跑楼梯。

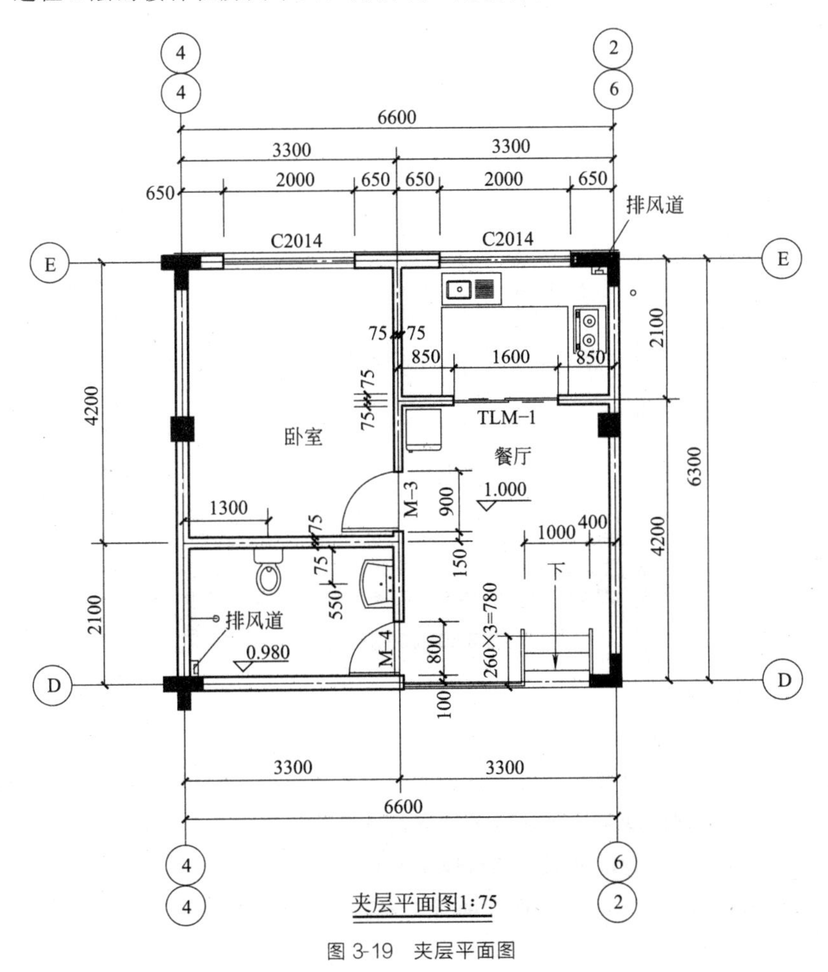

图 3-19 夹层平面图

⑤ 读门、窗及其他构配件的图例和编号，了解它们的位置、类型和数量等情况。门、窗代号分别为 M、C，如图 3-20 中窗编号为 C1824（表示窗的宽度为 1800mm，高度为 2400mm）等。施工图中对于门窗型号、数量、洞口尺寸及选用标准图集的编号等一般都有明确的标注，见图 3-20。

⑥ 读尺寸和标高，可知房屋的总长、总宽、开间、进深和构配件的型号、定位尺寸及室内外地坪的标高。平面图中，外墙一般要标注三道尺寸，最外一道为建筑物的总长和总宽；中间一道是轴线间尺寸即表示房屋的开间和进深；最里面一道为细部尺寸。如图 3-18 中房屋总

长 17080mm，总宽 16380mm。此外还应注出必要的内部尺寸和某些局部尺寸，墙体厚度为 200mm、150mm 等；平面图 3-18 中还应注出楼地面的标高，如图 3-18 中地面标高 ±0.000 等。

⑦ 以同样方法，阅读二层、三层平面图（见图 3-21、图 3-22）。

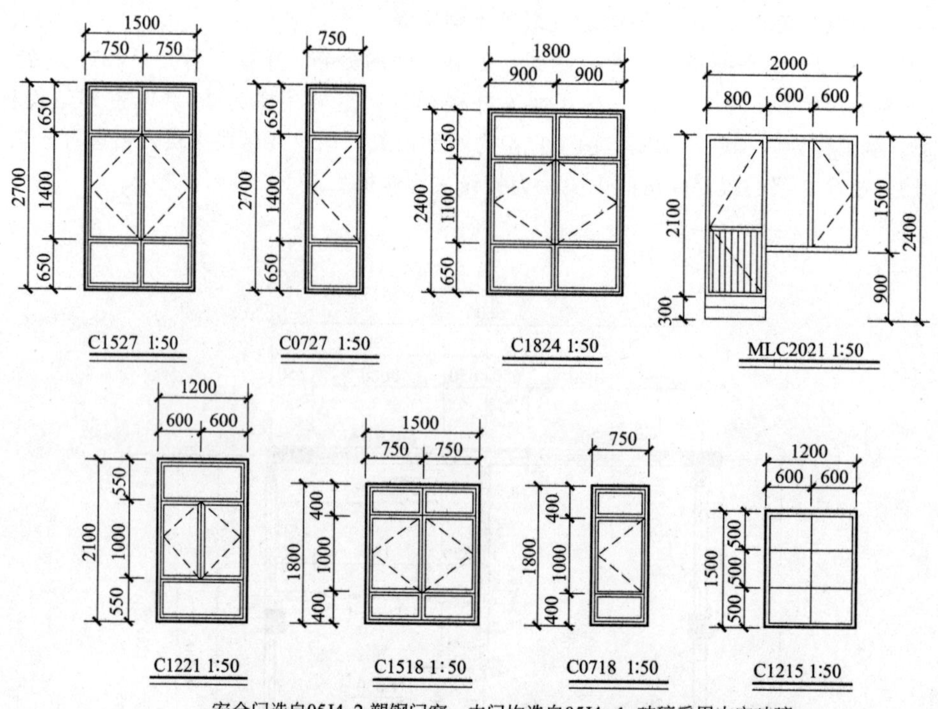

安全门选自05J4-2,塑钢门窗、木门均选自05J4-1,玻璃采用中空玻璃；塑钢窗型材规格详见门窗图集。内平开窗均外带纱扇；门窗生产厂家由甲乙方共同认可，厂家负责提供安装详图；门窗加工制作时要减去相应装修面厚度以实际尺寸制作；门窗各项指标符号设计说明中的各项要求

图 3-20 门窗详图

3. 建筑立面图的识读

(1) 建筑立面图的形成

以平行于房屋外墙面的投影面，用正投影的原理绘制出的房屋投影图，称为立面图。有定位轴线的建筑物，宜根据两端定位轴线号编注立面图名称。无定位轴线的建筑物，可按平面图各面的朝向确定名称。立面图的命名方式有以下三种。

① 用朝向命名。建筑物的某个立面面向哪个方向，就称为那个方向的立面图。

② 按外貌特征命名。将建筑物反映主要出入口或显著地反映外貌特征的那一面称为正立面图，其余立面图依次为背立面图、左立面图和右立面图。

③ 用建筑平面图中的首尾轴线命名。按照观察者面向建筑物从左到右的轴线顺序命名。如图 3-23 标出了建筑立面图的投影方向和名称。

为了使建筑立面图主次分明，有一定的立体感，通常将建筑物外轮廓和较大转折处轮廓的投影用粗实线表示；外墙上凸出、凹进部位，如壁柱、窗台、楣线、挑檐、门窗洞口等的投影用中粗实线表示；门窗的细部分格以及外墙上的装饰线用细实线表示；室外地坪线用加粗实线（1.4b）表示。在立面图上应标注首尾轴线。

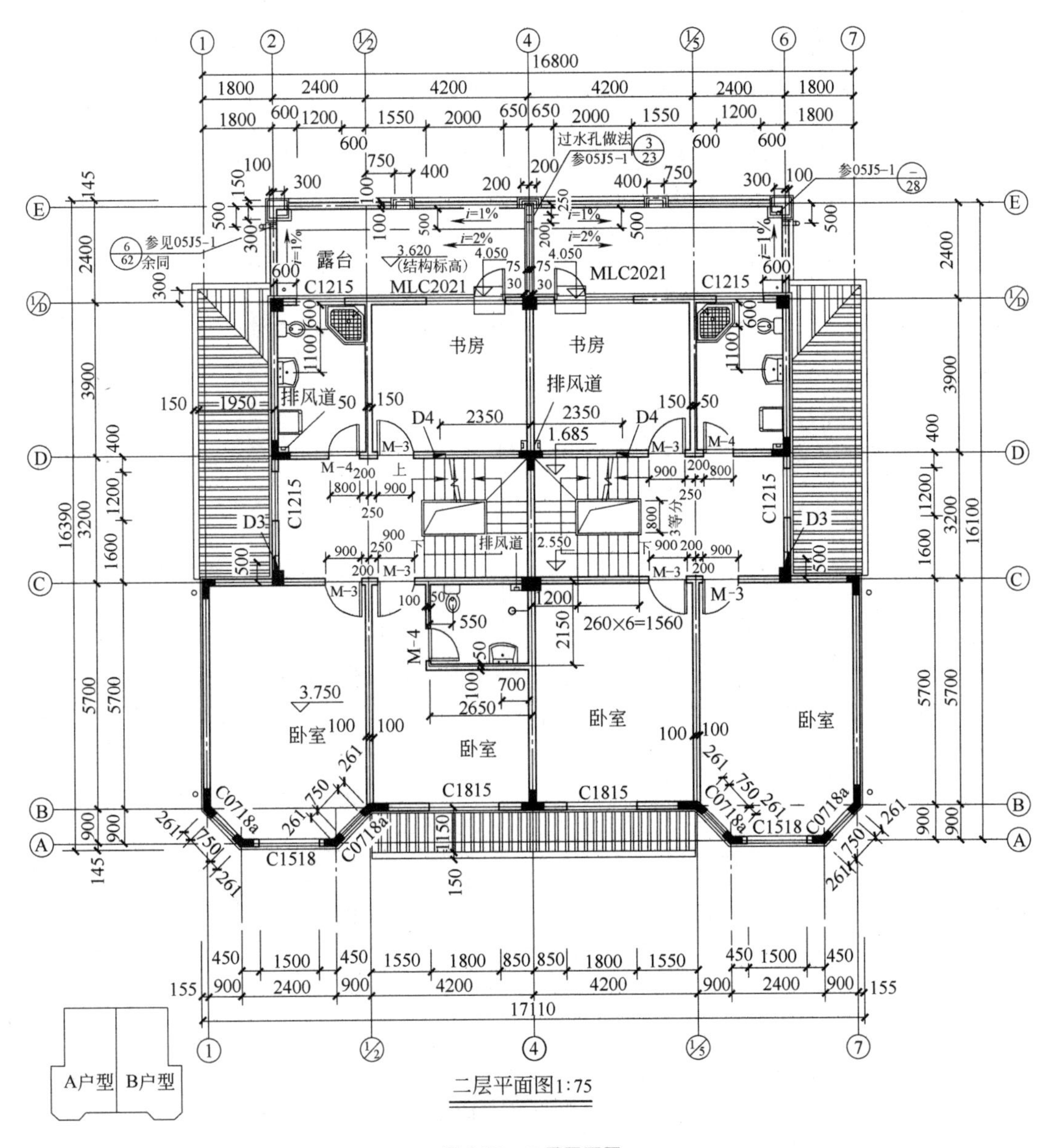

图 3-21　二层平面图

在建筑立面图上相同的门窗、阳台、外檐装修、构造做法等可在局部重点表示，绘制出其完整图形，其余部分只画轮廓线。房屋立面如有部分不平行于投影面，可将该部分展开至与投影面平行，再用投影法画出其立面图，但应在该立面图图名后注写“展开”二字。在建筑立面图上，外墙表面分格线应表示清楚，应用文字说明各部位所用材料及颜色。建筑立面图的绘图比例应与建筑平面图的比例一致。

(2) 建筑立面图的识读

建筑立面图的图示内容：

① 画出从建筑物外可以看见的室外地面线、房屋的勒脚、台阶、花池、门、窗、雨篷、阳台、室外楼梯、墙体外边线、檐口、屋顶、雨水管、墙面分格线等内容。

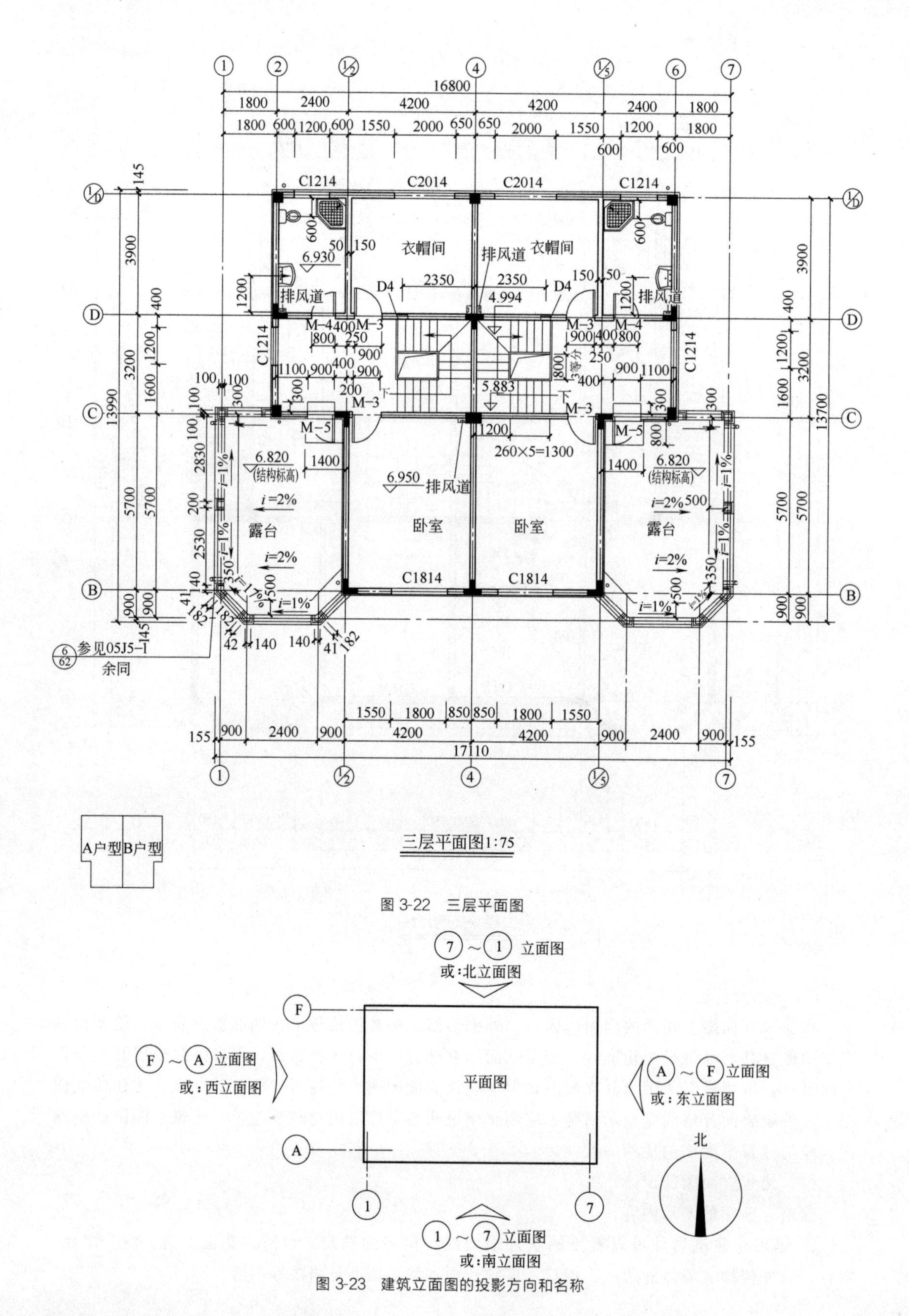

图 3-22　三层平面图

图 3-23　建筑立面图的投影方向和名称

② 标出建筑物立面上的主要标高。

③ 注出建筑物两端的定位轴线及其编号。

④ 注出需详图表示的索引符号。

⑤ 用文字说明外墙面装修的材料及其做法。

下面以联排别墅项目的立面图为例，说明建筑立面图的识读方法（见图 3-24、图 3-25）。

① 了解图名、比例。

② 了解建筑的外貌。

③ 了解建筑的高度。

④ 了解建筑物的外装修。

⑤ 了解立面图上详图索引符号的位置与其作用。

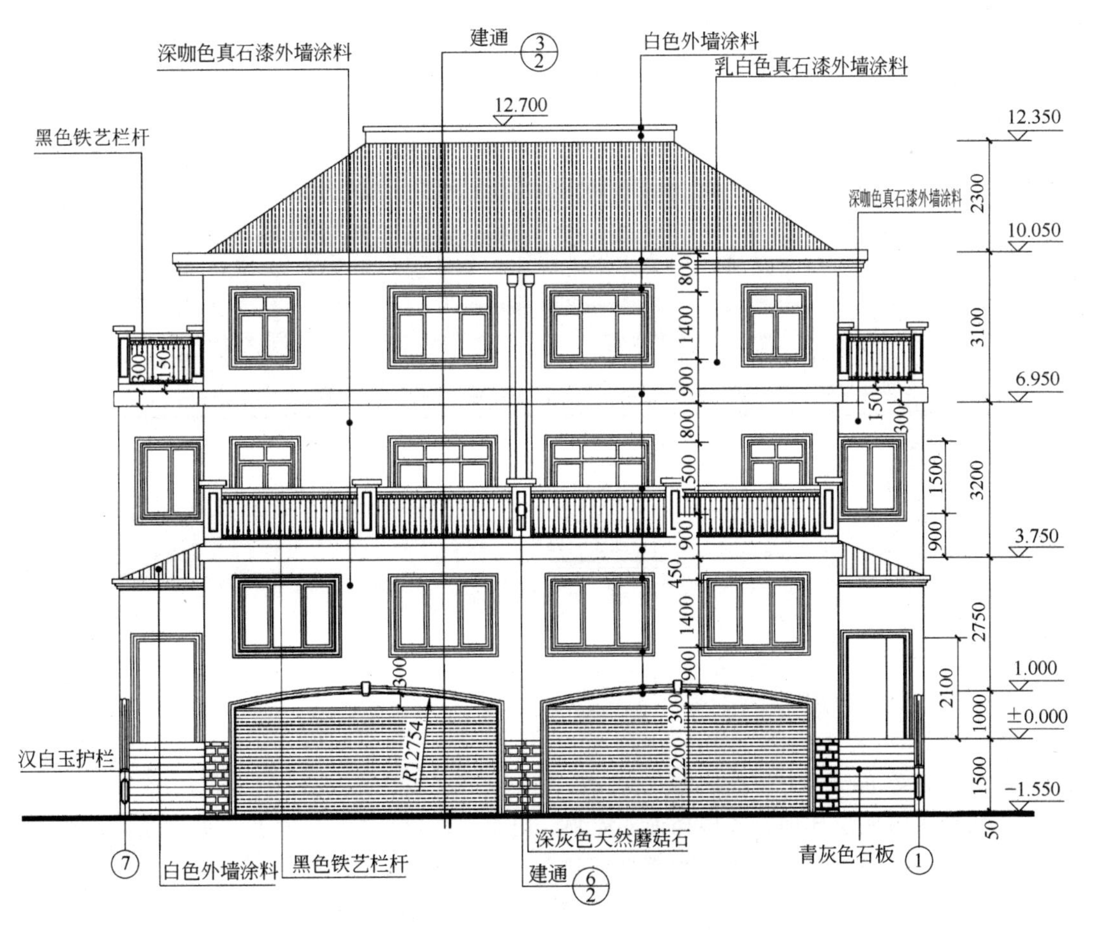

图 3-24 北立面图

4. 建筑剖面图的识读

(1) 建筑剖面图的形成

假想用一个或多个垂直于外墙轴线的铅垂剖切平面将房屋剖开，移去靠近观察者的部分，对留下部分所作的正投影图称为建筑剖面图。建筑剖面图是整栋建筑物的垂直剖面图。剖面的

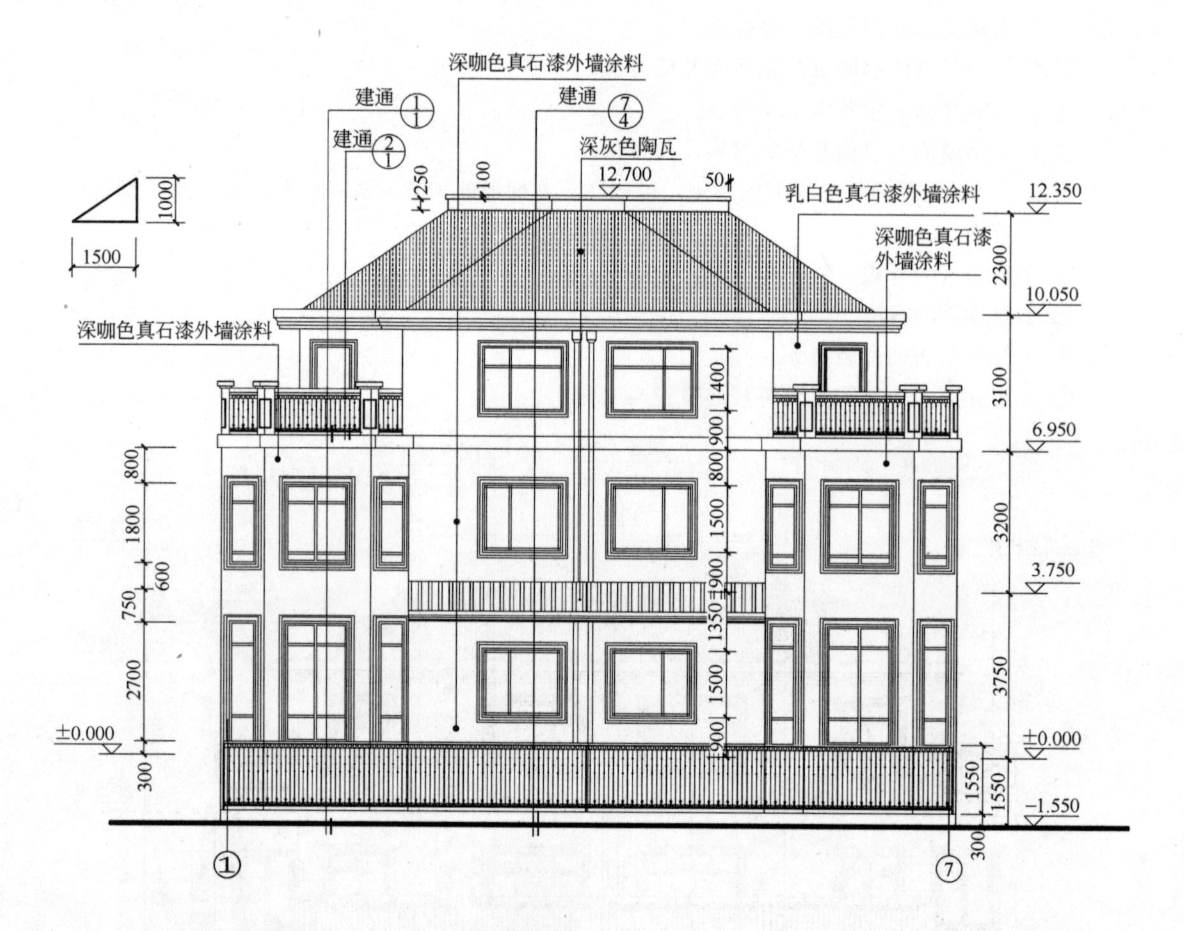

图 3-25 南立面图

图名应与平面图上标注的剖切符号一致。

(2) 建筑剖面图的识读

剖面图图示内容：

① 反映被剖切到的墙、梁及其定位轴线。

② 反映室内底层地面、各层楼面、屋顶、门窗、楼梯、阳台、雨篷、防潮层、踢脚板、室外地面、散水、明沟及室内外装修等剖切到和可见的内容。

③ 反映标注尺寸和标高。剖面图中应标注相应的标高与尺寸。

④ 反映楼地面、屋顶各层的构造。一般用引出线说明楼地面、屋顶的构造做法。

下面以联排别墅 1—1 剖面图说明建筑剖面图的识读方法（见图 3-26)。

① 了解图名、比例。

② 了解被剖切到的墙体、楼板、楼梯和屋顶。

③ 了解可见的部分。

④ 了解剖面图上的尺寸标注。

⑤ 了解详图索引符号的位置和编号。

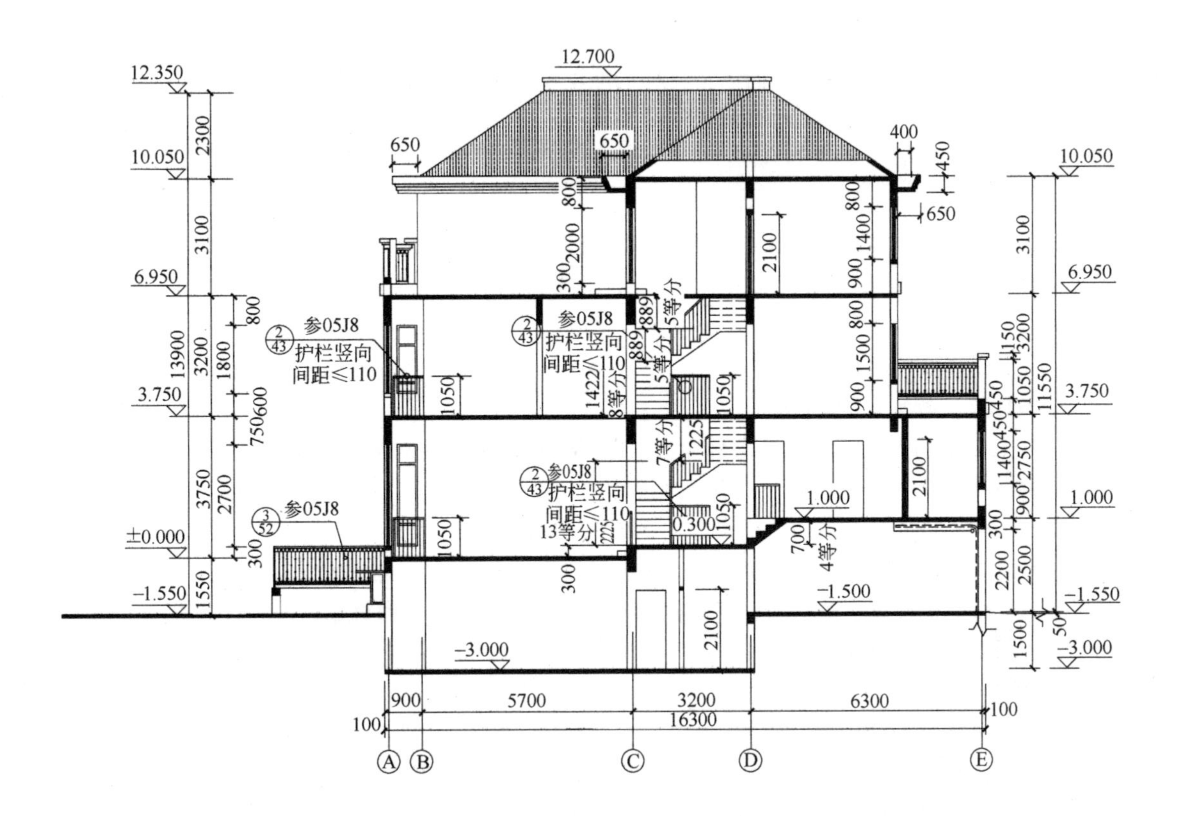

1—1剖面图1:75

图 3-26 剖面图

5. 建筑详图的识读

建筑平面图、立面图、剖面图表示建筑的平面布置、外部形状和主要尺寸，但因反映的内容范围大，比例小，对建筑的细部构造难以表达清楚，为了满足施工要求，对建筑的细部构造用较大的比例详细地表达出来，这种图叫作建筑详图，有时也叫作大样图。详图的特点是比例大，反映的内容详尽，常用的比例有 1∶50、1∶20、1∶10、1∶5、1∶2、1∶1 等。

（1）建筑详图的形成

① 外墙详图。外墙详图也叫外墙大样图，是建筑剖面图上外墙体的放大图样，反映外墙与地面、楼面、屋面的构造连接情况以及檐口、门窗顶、窗台、勒脚、防潮层、散水、明沟的尺寸、材料、做法等构造情况，是砌墙、室内外装修、门窗安装、编制施工预算以及材料估算等的重要依据。在多层房屋中，各层构造情况基本相同，可只画墙脚、檐口和中间部分三个节点。门窗一般采用标准图集，为了简化作图，通常采用省略方法画，即门窗在洞口处断开。

外墙详图包括以下内容：

a. 墙脚。外墙墙脚主要是指一层窗台及以下部分，包括散水（或明沟）、防潮层、勒脚、一层地面、踢脚等部分的形状、大小、材料及其构造情况。

b. 中间部分。主要包括楼板层、门窗过梁及圈梁的形状、大小、材料及其构造情况，还应反映出楼板与外墙的关系。

c. 檐口。反映出屋顶、檐口、女儿墙及屋顶圈梁的形状、大小、材料及其构造情况。

② 楼梯详图。将建筑平面图中楼梯间的比例放大后画出的图样，称为楼梯平面图，比例通常为 1∶50，包括楼梯底层平面图、楼梯标准层平面图和楼梯顶层平面图等。

楼梯平面图反映的内容有：

a. 楼梯间的位置。

b. 楼梯间的开间、进深、墙体的厚度。

c. 梯段的长度、宽度以及楼梯段上踏步的宽度和数量。

d. 休息平台的形状、大小和位置。

e. 楼梯井的宽度。

f. 各层楼梯段的起步尺寸。

g. 各楼层、各平台的标高。

h. 在底层平面图中还应标注出楼梯剖面图的剖切位置（及剖切符号）。

③ 楼梯剖面图。楼梯平面图是用假想的铅垂剖切平面通过各层的一个梯段和门窗洞口将楼梯垂直剖切，向另一未剖到的梯段方向投影所作的剖面图。楼梯剖面图主要反映楼梯踏步、平台的构造、栏杆的形状以及相关尺寸，比例一般为 1∶50、1∶40 或 1∶30。楼梯剖面图应注明各楼楼层面、平台面、楼梯间窗洞的标高、踢面的高度、踏步的数量以及栏杆的高度。

（2）建筑详图的识读

① 外墙详图（见图 3-27）。

a. 了解外墙详图的图名和比例。

b. 了解墙脚构造。

c. 了解一层雨篷做法。

d. 了解中间节点。

e. 了解檐口部位。

② 楼梯详图（见图 3-28）。

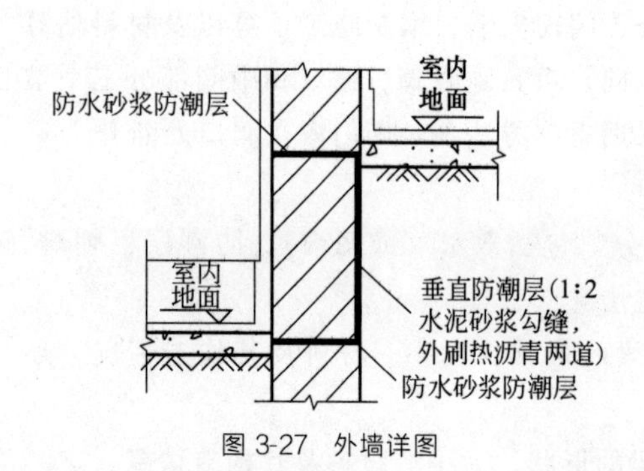

图 3-27　外墙详图

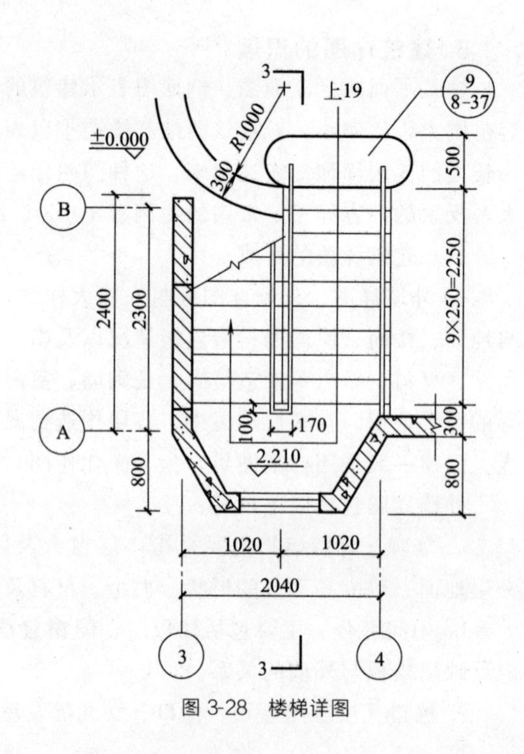

图 3-28　楼梯详图

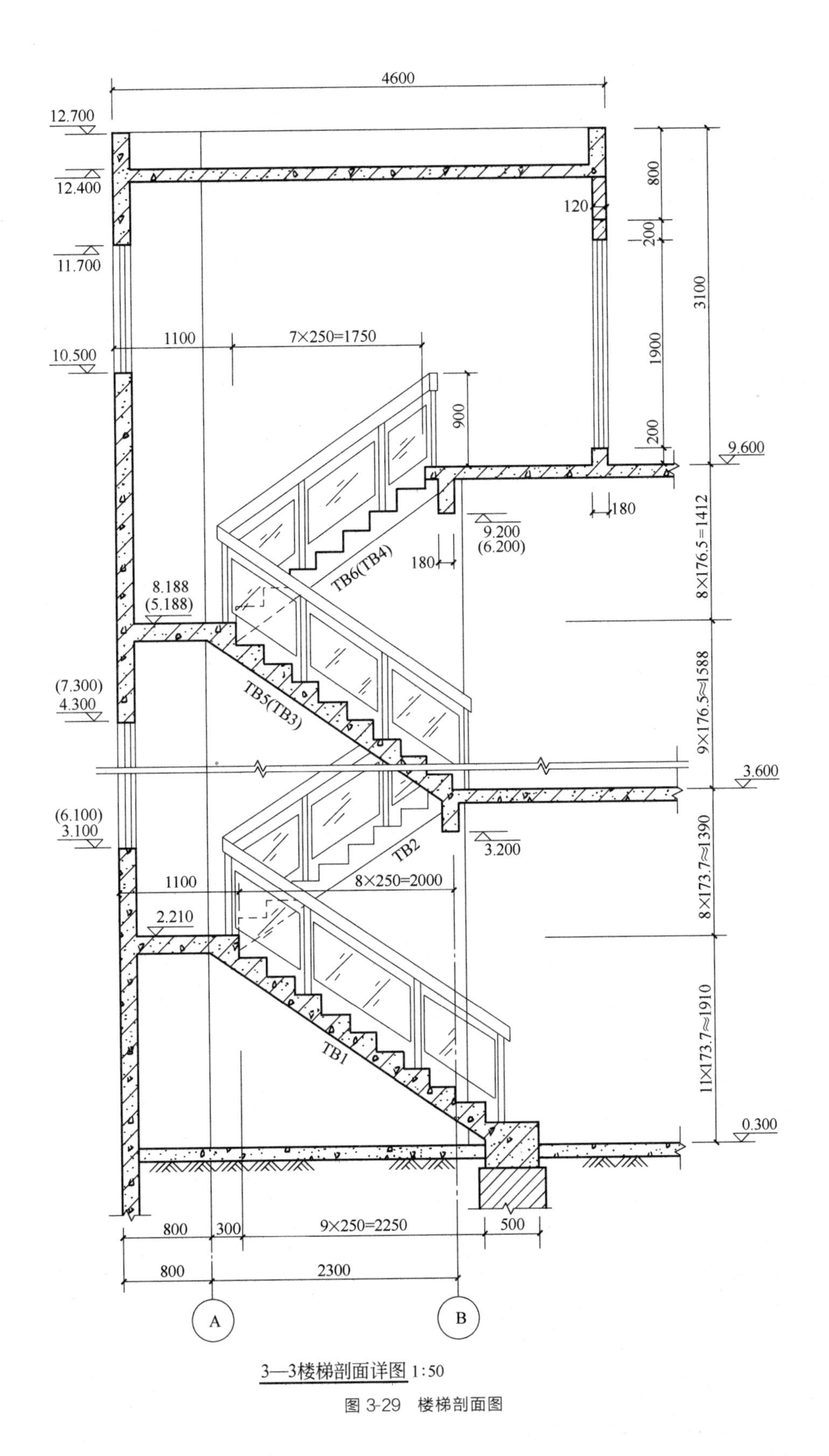

3—3楼梯剖面详图 1:50

图 3-29 楼梯剖面图

a. 了解楼梯间在建筑中的位置。

b. 了解楼梯间的开间、进深，墙体的厚度，门窗的位置。

c. 了解楼梯段、楼梯井和休息平台的平面形式、位置，踏步的宽度和数量。

d. 了解楼梯的走向以及上下行的起步位置。

e. 了解楼梯段各层平台的标高。

f. 在平面图中了解楼梯剖面图的剖切位置及剖视方向。

③ 楼梯剖面图（见图 3-29）。

a. 了解楼梯的构造形式。

b. 了解楼梯在竖向和进深方向的有关尺寸。

c. 了解楼梯段、平台、栏杆、扶手等的构造和用料说明。

d. 了解被剖切梯段的踏步级数。

e. 了解图中的索引符号。

实训三　建筑的平面图抄绘训练

1. 实训项目任务书

(1) 实训任务

在 A3 图纸中抄绘教材中图 3-18 建筑平面图。

(2) 绘图工具

图板、绘图纸、丁字尺、绘图铅笔、橡皮、墨线笔、胶带等。

(3) 绘制步骤

① 用铅笔画出图框线和标题栏；

② 选取合适比例，构图；

③ 画出定位轴线；

④ 画墙、柱轮廓线；

⑤ 确定门窗洞口的位置；

⑥ 画楼梯、台阶、卫生间、散水；

⑦ 检查信息是否完整，擦去多余的图线；

⑧ 按制图标准加粗线型；

⑨ 标注轴线编号、标高尺寸、内外部尺寸、门窗编号、索引符号、剖切符号、文字说明和指北针；

⑩ 标注图名及比例；

⑪ 上墨线；

⑫ 擦除铅笔痕迹。

(4) 任务描述

任务描述如下表所示。

(5) 实训重难点

① 房屋建筑平面施工图的绘图步骤；

② 建筑平面图整体图纸表现；

③ 整体图纸的把控能力；

④ 图线和建筑平面图符号的表达。

序号	任务分解	任务要求	技能要求	态度要求
1	图框线绘制	横式图幅,图框线宽度参考表1-5	能够正确使用绘图工具和仪器,能够按照绘图步骤绘制建筑平面施工图纸,绘制图纸准确,做到图面整洁、美观	认真、严谨、精益求精的工作态度
2	标题栏绘制	绘制图1-18标题栏,标题里要有相应信息:姓名、专业、班级、学号、日期。用工程字体。标题栏线宽要求,参考表1-5		
3	建筑平面图形	建筑平面图形抄绘规范		
4	定位轴线	单点长画线、轴线圆、轴线标号绘制规范,规范参考图3-2		
5	工程字绘制	工程字体大小规范,整体均匀,书写规范,参考表1-6		
6	尺寸标注绘制	尺寸界线、尺寸线、尺寸起止符号和尺寸数字绘制规范,参考图1-24		
7	索引符号	索引线、圆、符号绘制规范,参考图3-5、图3-6		
8	引出线	引出线绘制规范,参考图3-8～图3-10		
9	标高符号	标高三角、直线、数字绘制规范,参考教材图3-11～图3-13		
10	剖切符号	剖切符号绘制规范		
11	指北针	指北针圆、三角、文字绘制规范		
12	图名、比例	图名、比例绘制规范		
13	图纸结构	图纸构图美观,结构合理		
14	图纸整洁度	图纸保持干净、整洁		
15	上墨线	绘制线型粗细得当,有节奏;线条流畅、匀称、平滑、美观;线和线的交接处干净、利索		

2．平面图的绘图步骤

（1）绘制建筑施工图的目的和要求

只有掌握了建筑施工图的内容、图示原理与方法并学会绘制施工图，才能把设计意图和内容正确地表达出来。同时，通过施工图的绘制，可以进一步认识房屋的构造，提高读图能力，熟练绘图技能。

绘制的施工图，要求投影正确、技术合理、表达清楚、尺寸齐全、线型粗细分明、字体工整以及图样布置紧凑、图面整洁等，这样才能满足施工的需要。

（2）绘制建筑施工图的步骤与方法

① 确定绘制图样的数量。根据房屋的外形、层数、每层的平面布置和内部构造的复杂程度以及施工的具体要求，来决定绘图的内容和图样的种类，并对各种图样及数量做全面规划、安排，防止重复和遗漏，便于前后对照查阅和方便施工。

② 选择合适的比例。在保证图样能清晰表达其内容的情况下，根据各图样的具体要求和作用，选用常用的比例。

③ 合理组合与布置。在确定各种图样和数量之后，应考虑把哪几个图安排在一张图上。在图幅大小许可的情况下，尽量保持各投影图之间的三等关系（如将同比例的平、立、剖面图

绘在同一张图纸上，保持长对正、高平齐、宽相等的投影关系）。或将同类型的、内容关系密切的图样，集中在一张或顺序连接的图纸上，以便对照查阅。

④ 绘制图样。绘制施工图的顺序，一般是按平面—立面—剖面—详图的顺序来进行的。但也可以在画完平面图后，再画剖面图（或侧立面图），然后根据投影关系再画出正立面（背立面）图，这时正立面图上的屋脊线可由剖面图（或侧立面图）投影而得。

⑤ 为保证图样整洁、清晰，可先用 H 或 2H 型号的绘图铅笔绘制出轻、淡、细的底稿线，在全部打好各图样的底稿线经检查无误后再按“国标”要求用 B 或 HB 型号的绘图铅笔加粗、加深线型或上墨线。在打底稿线时注意同一方向或相等的尺寸一次量出，以提高绘图的速度。铅笔加深、加粗或上墨线时，要注意线型粗细分明、浓淡一致，一张图上同一比例的同类型线型要同粗，数字大小要一致，中文字要按字号打好格子书写。一般先画好图，后再注写尺寸和文字说明。

（3）平面图画法（以标准层平面图为例）

平面图画法如图 3-18 所示。

① 画出定位轴线。根据开间和进深尺寸定出各轴线［图 3-30（a）］。

② 画墙身厚度及柱的轮廓线，定门窗洞口位置。定门窗洞口位置时，应从轴线往两边定窗间墙宽，这样门窗洞口的宽自然就定出了［图 3-30（b）］。

③ 画楼梯细部、简单家具、洁具等细部，画出窗的图例及门的开启线［图 3-30（c）］。

④ 经检查无误后，擦去多余的作图线，按线型要求加深或加粗图线，或上墨线。并注上或画上轴线的编号、尺寸线等，如图 3-30（d）所示。标注尺寸、剖切位置线、门窗编号，注写图名、比例及其他文字说明，最后完成平面图。

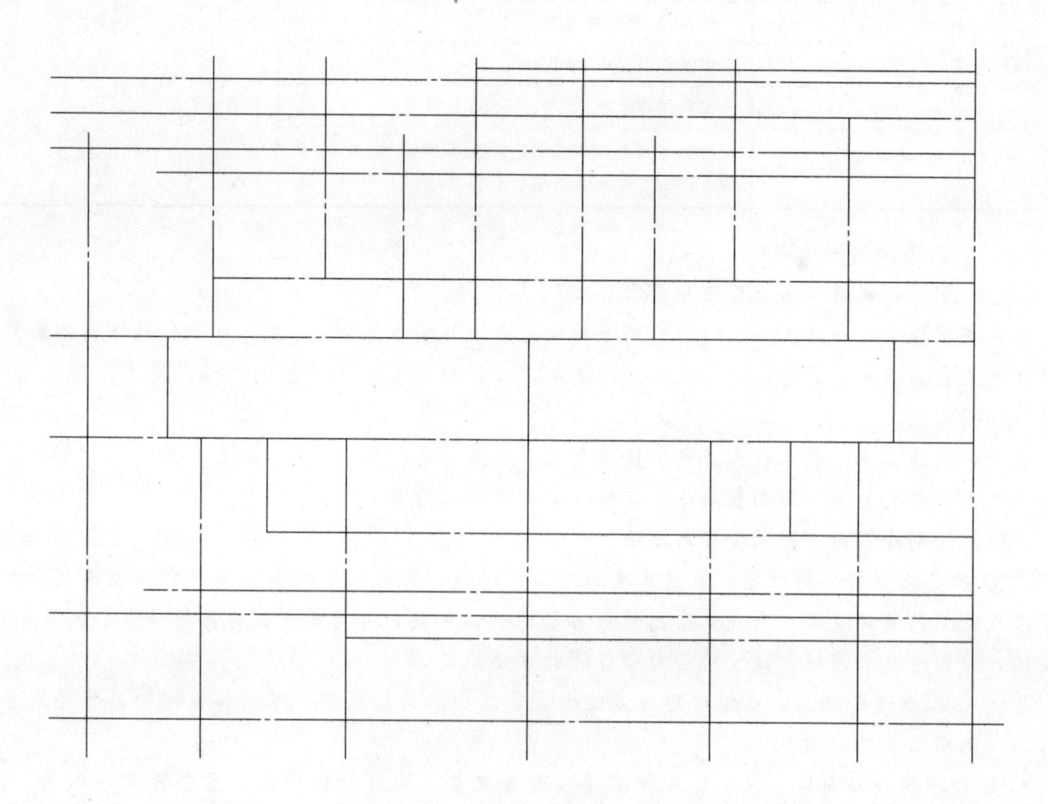

(a)

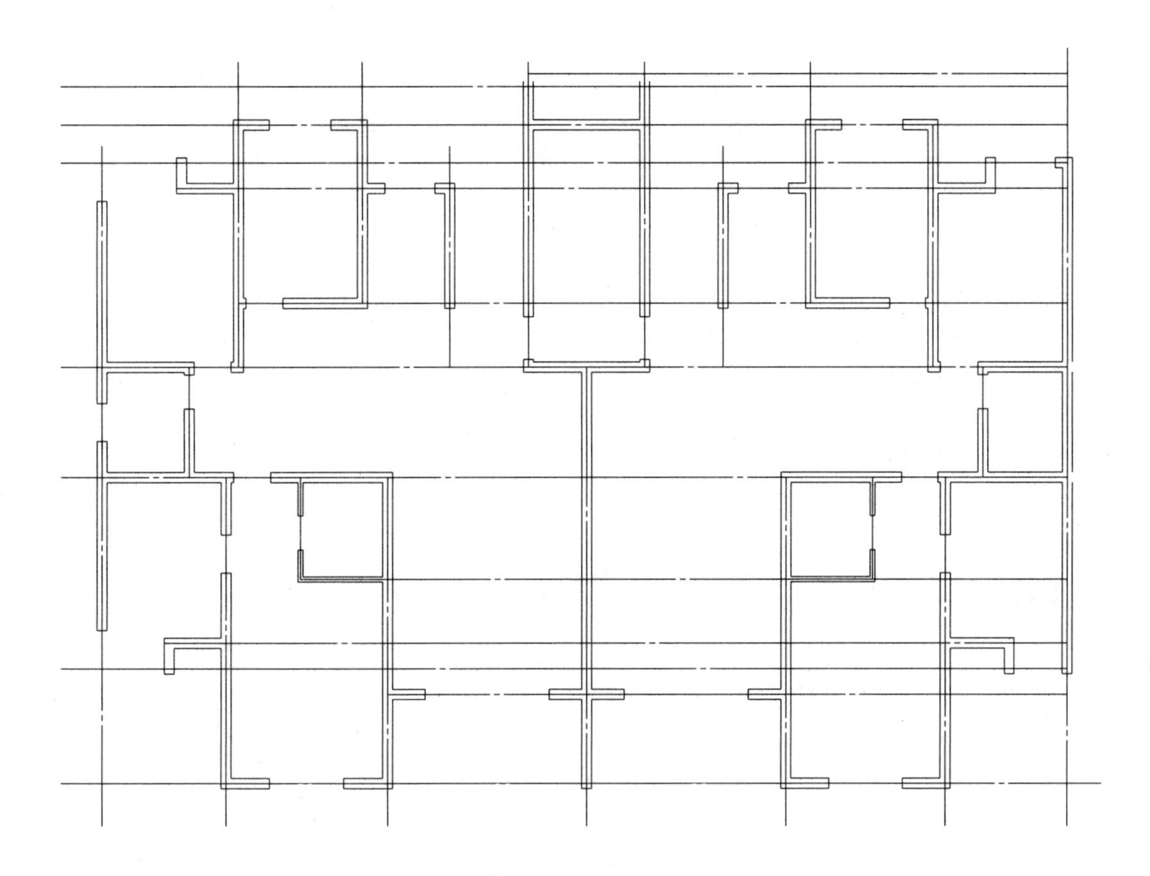

(b)

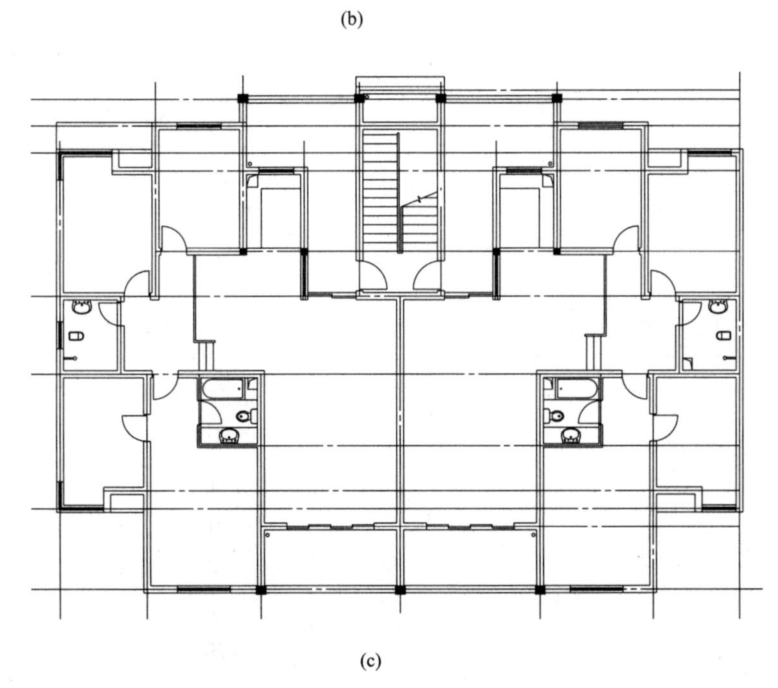

(c)

图 3-30

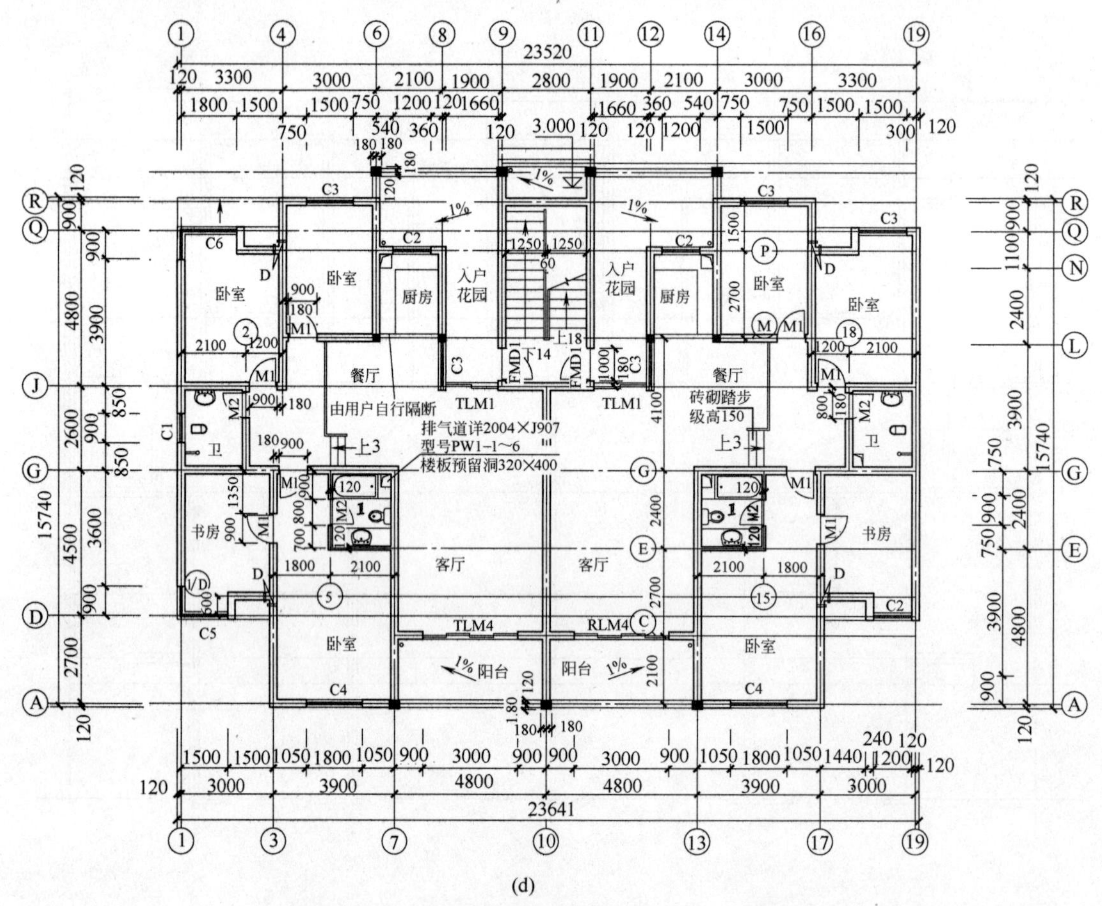

(d)

图 3-30 建筑平面图绘图步骤

Environmental Art Design Drawing and Recognization

环境艺术设计制图与识图

项目四 建筑装饰施工图的制图与识图训练

主要内容

1. 装饰工程施工图的组成、有关规定及其识读
2. 装饰工程平面图、顶棚平面图、立面图、详图的表达及要求

学习目标

知识目标
1. 室内装饰施工图的规定
2. 装饰平面图内容的表达及要求
3. 装饰顶棚平面图内容的表达及要求
4. 装饰立面图内容的表达及要求
5. 装饰详图内容的表达及要求

能力目标 能准确识读装饰施工图，并能按要求进行绘制

素养目标 严谨、认真、负责的学习态度

重点

装饰平面图、顶棚平面图、立面图、详图的识读与表达

难点

装饰详图的表达

制图基本工具

2B 绘图铅笔、直尺、三角板、橡皮、A3 绘图纸、墨线笔、胶带

建筑装饰装修施工图是表达设计者设计空间尺度、构造做法、材料选用、施工工艺等，是设计意图的重要表达手段之一，是与各相关专业之间交流的标准化语言，是衡量一个设计团队的设计管理水平专业与否的一个重要标准。专业化、标准化的施工图操作流程不但可以帮助设计者深化设计内容，完善构思想法，同时面对大型公共设计项目及大量的设计订单，行之有效的施工图的规范与管理，亦可帮助设计团队保持设计品质，提高工作效率。

一、建筑装饰工程施工图概述

1. 建筑装饰施工图的特点

虽然建筑装饰施工图在绘图原理和形式上与建筑施工图一样符合正投影制图规律，但由于专业和图示内容不同，两者还是存在一定的差异。其差异主要反映在图示方法上，大体包括以下几个方面。

① 装饰施工图所要表达的内容繁多，为了突出装饰装修，在建筑装饰施工图中一般采用简化建筑结构、突出装饰做法的图示方法。为了表达翔实，符合施工要求，一般都是将建筑图的一部分放大后进行图示。

② 室内装饰施工图图样绘制应该细腻、生动。

③ 装饰施工图中平、立面布置施工图中允许加画阴影和配景。

④ 标准定型化设计少，装修施工图可采用的标准图较少，大多数装修节点需要单独画详图说明。

⑤ 装饰施工图中的尺寸标注比较灵活。

⑥ 装饰施工图中家具等陈设内容具有不确定性。

⑦ 装饰施工图有时需采用较大比例绘制。

⑧ 装饰施工图中可以附有方案效果图、直观大样图进行辅助说明。

2. 室内装饰施工图的组成

(1) 图纸目录

一套完整的图纸应该有目录，装饰施工图也不例外。封面后第一页应该编排本套图纸的目录，以便查阅。图纸目录包括图别、图号、图纸内容、采用标准图集代号、备注等。

(2) 设计说明

设计说明应该包括工程概况、设计依据、施工图设计说明、施工工艺说明等。

(3) 主要材料表

装饰施工图应把工程中用到的材料进行编号，方便图中材料的标注。

(4) 平面布置图

(5) 地面铺装图

(6) 顶棚平面图

(7) 立面图

(8) 剖面图及装饰详图

(9) 给排水、暖、电等专业的施工说明图

3. 环境艺术工程制图基本标准规范三

针对环境艺术工程制图基本标准规范在项目一　环境艺术制图达标训练和项目三　房屋建筑工程施工图的制图与识图训练已经学习了一部分，下面为基本标准规范的第三部分内容。

(1) 索引符号的作用及表示方法

索引符号表示被引出位置的指示符号。图样中的某一局部或构件，如需另见详图，应以索引符号索引。索引符号是由直径为 8～10mm 的圆和水平直径组成，圆及水平直径应以细实线绘制。索引符号应按下列规定编写。

根据用途的不同可以分为立面索引符号、剖切索引符号、详图索引符号、设备索引符号等。

① 表示室内立面在平面图上的位置及立面图所在的图纸编号，应在平面图上使用立面索引符号，如图 4-1 所示。

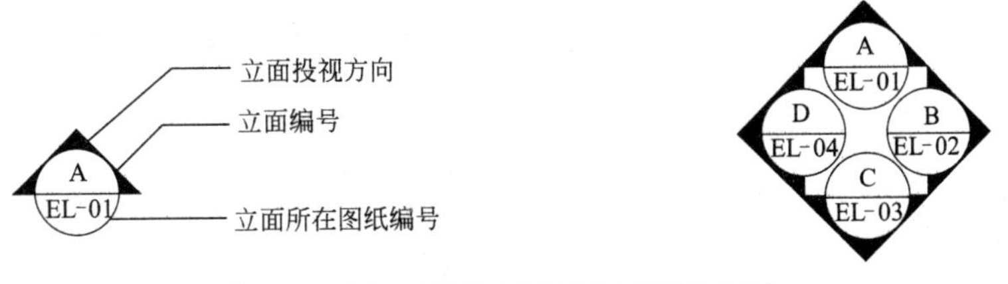

图 4-1 立面索引符号（在平面图中索引立面）

② 表示剖切面在界面上的位置或图样所在图纸编号，应在被索引的界面或图样上使用剖切索引符号，如图 4-2 所示。

图 4-2 剖切索引符号

③ 表示局部放大图样在原图上的位置及本图样所在页码，应在被索引图样上使用详图索引符号，如图 4-3 所示。

图 4-3 详图索引符号

④ 表示各类设备（含设备、设施、家具、灯具等）的品种及对应的编号，应在图样上使用设备索引符号，如图 4-4 所示。

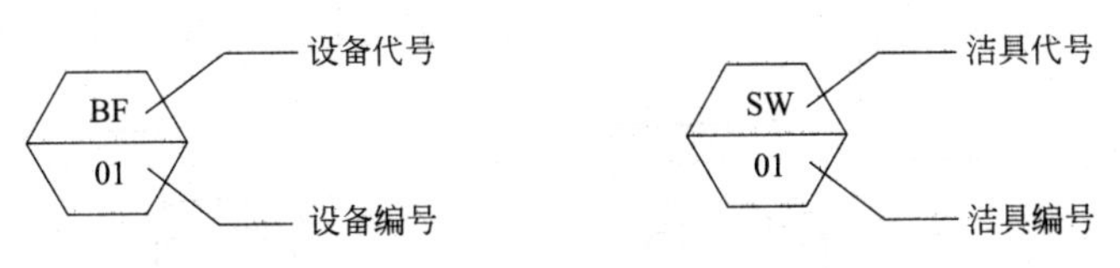

图 4-4 设备索引符号

（2）详图符号的作用及表示方法

用放大比例的方法绘制出的详图图形，称作详图。详图的位置和编号，应以详图符号表示。详图符号由详图编号、标准图册代号和详图所在图纸序号组成。详图符号的圆应以直径为 14mm 粗实线绘制。详图应按下列规定编号：

① 详图与被索引的图样同在一张图纸上时，应在详图符号上半圆内用阿拉伯数字标明详图的编号，下半圆内用短横线表示，如图 4-5（a）所示；

② 详图与被索引的图样不在同一张图纸上时，在上半圆中标明详图编号，在下半圆中标明被索引图纸的编号，如图 4-5（b）所示；

③ 索引出的详图，如采用标准图，应在索引符号水平直径的延长线上加注该标准图册的编号，如图 4-5（c）所示。

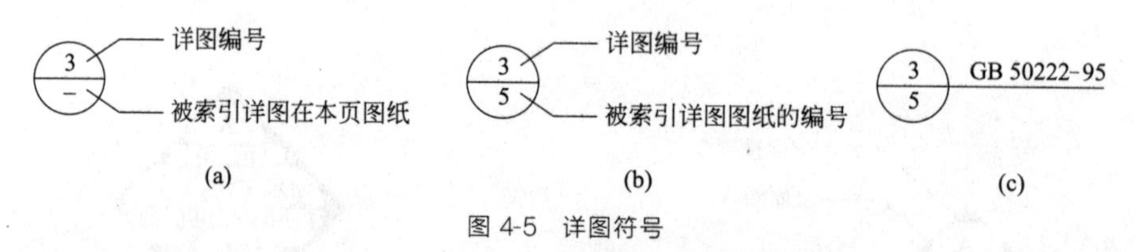

图 4-5 详图符号

新建、改建、扩建的房屋建筑室内装饰装修各阶段的设计图、竣工图均应符合《房屋建筑室内装饰装修制图标准》（JGJ/T 244—2011）标准，同时也应符合国家现行其他有关标准的规定。

4. 室内装饰施工图常用图例

室内装饰施工图常用图例见表 4-1～表 4-4（其他房屋建筑室内装饰装修制图图例详见附录 C）。

表 4-1 常用家具图例

序号	名称		图例	备注
1	沙发	单人沙发		
		双人沙发		
		三人沙发		
2	办公桌			1. 立面样式根据设计自定 2. 其他家具图例根据设计自定
3	椅	办公椅		
		休闲椅		

续表

序号	名称		图例	备注
3	椅	躺椅	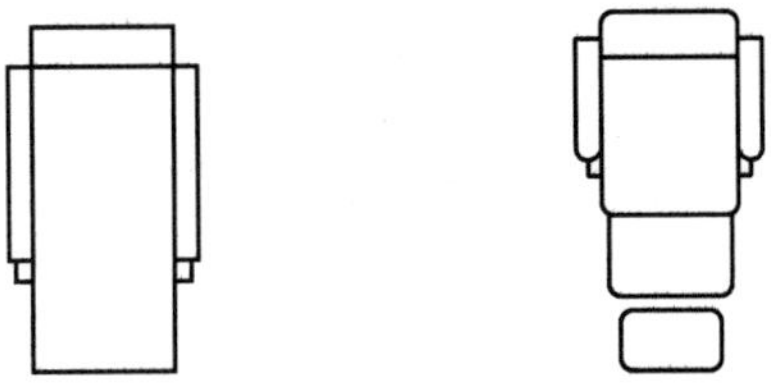	1. 立面样式根据设计自定 2. 其他家具图例根据设计自定
4	床	单人床	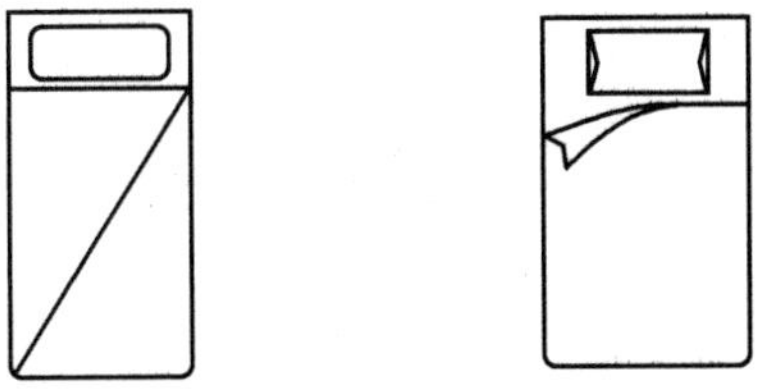	
		双人床		
5	橱柜	衣柜	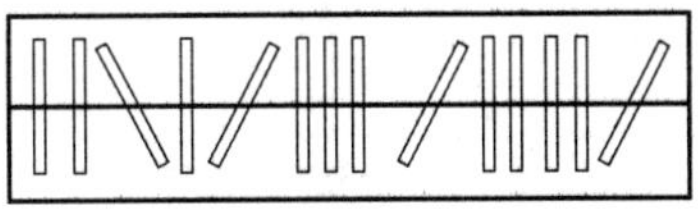	1. 柜体的长度及里面样式根据设计自定 2. 其他家具图例根据设计自定
		低柜	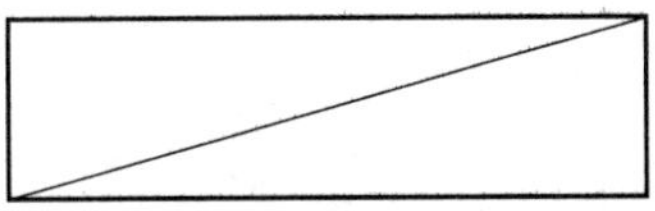	
		高柜	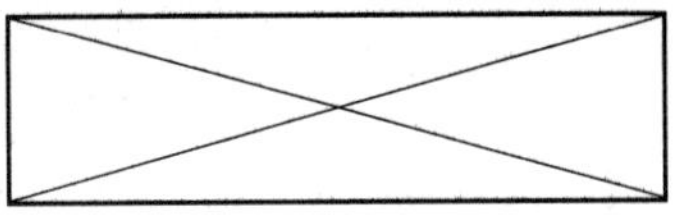	

表 4-2　常用电器图例

序号	名称	图例	备注
1	电视	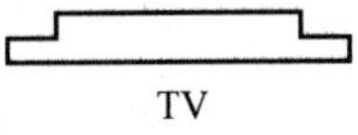 TV	1. 立面样式根据设计自定 2. 其他电器图例根据设计自定
2	冰箱	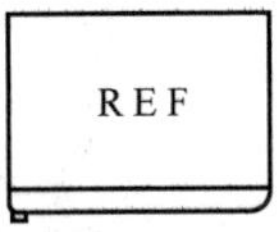 REF	
3	空调	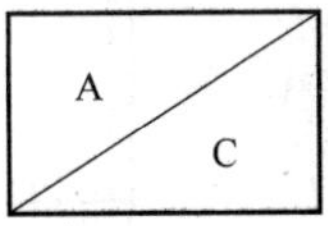 A C	

续表

序号	名　称	图　例	备注
4	洗衣机	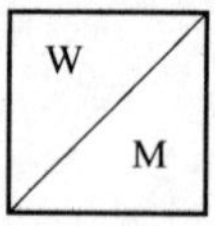 W M	1. 立面样式根据设计自定 2. 其他电器图例根据设计自定
5	饮水机	 W D	
6	电器	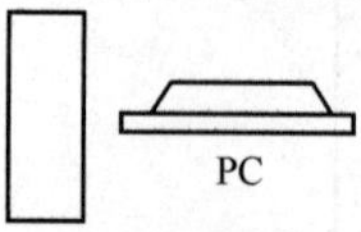 PC	
7	电话	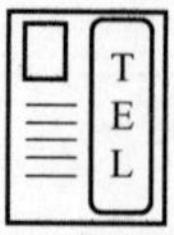 TEL	

表 4-3　常用厨洁具图例

序号	名　称		图　例	备注
1	灶具	单头灶		1. 立面样式根据设计自定 2. 其他厨具图例根据设计自定
		双头灶	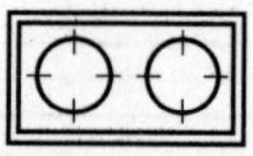	
		三头灶	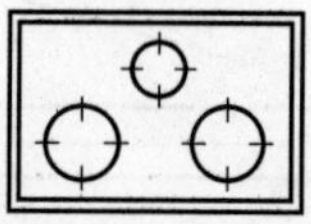	
2	水槽	单盆	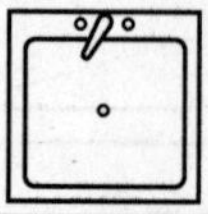 	
		双盆	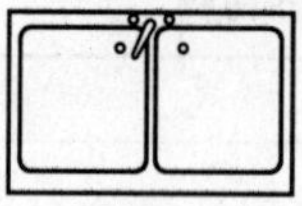 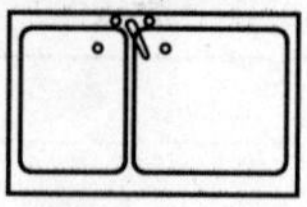	
3	大便器	坐式	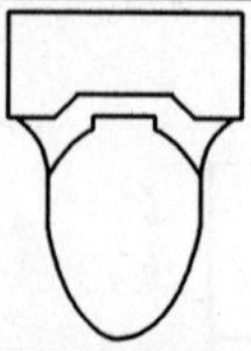 	1. 立面样式根据设计自定 2. 其他洁具图例根据设计自定
		蹲式	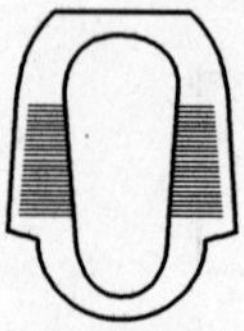 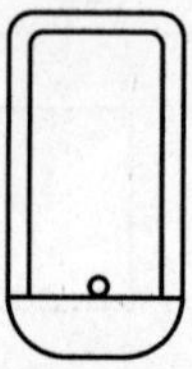	

续表

序号	名称		图例	备注
4	小便器		 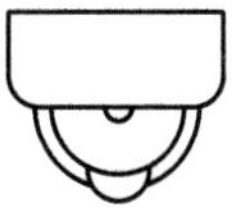	1. 立面样式根据设计自定 2. 其他洁具图例根据设计自定
5	台盆	立式	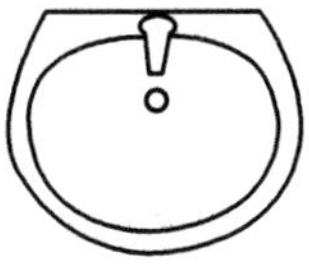 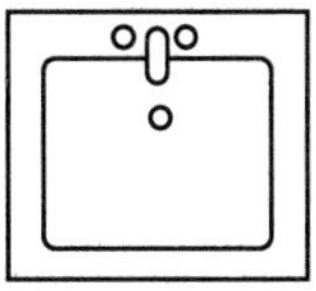	
		台式	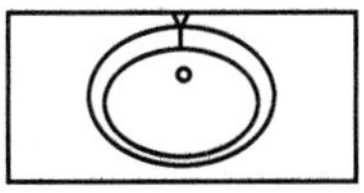 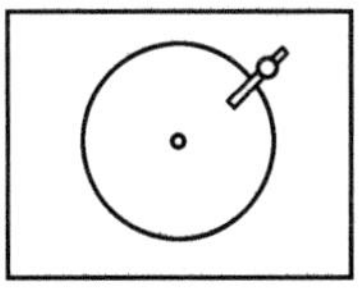	
		挂式	 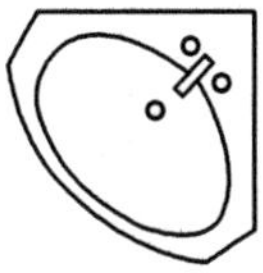	
6	污水池		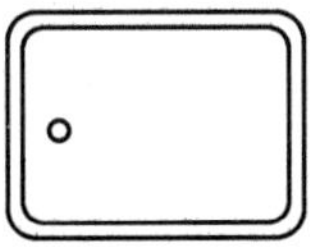 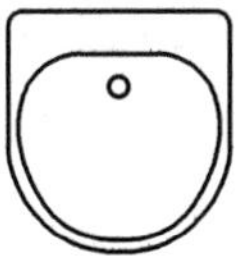	
7	浴缸	长方形	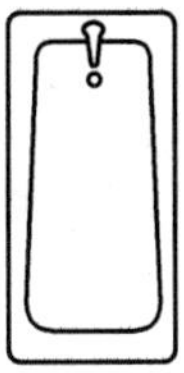 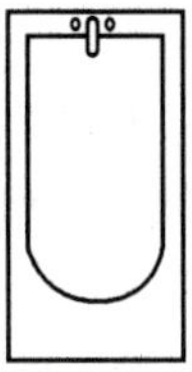	
		三角形	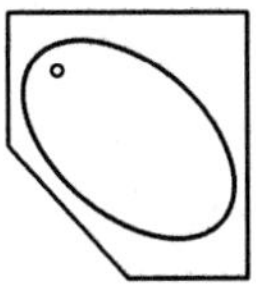 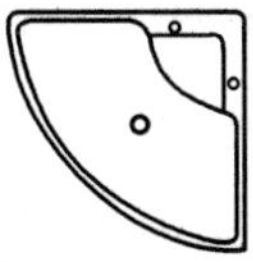	
		圆形	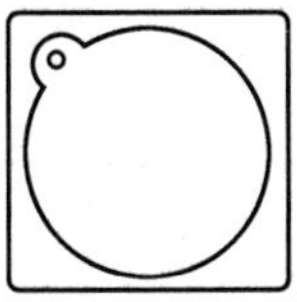 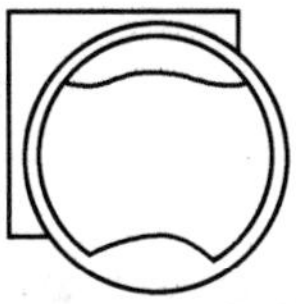	
8	淋浴房		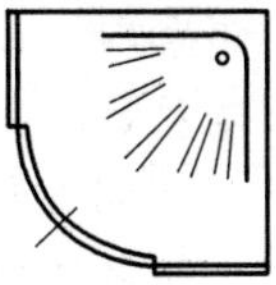 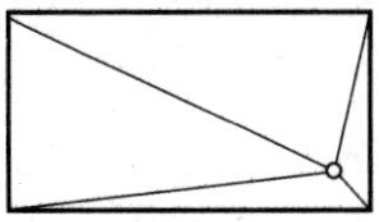	

表 4-4　常用灯光照明设备图例

序号	名　　称	图　　例	序号	名　　称	图　　例
1	艺术吊灯		11	水下灯	
2	吸顶灯		12	踏步灯	
3	筒灯		13	送风口	(条形)
4	射灯				(方形)
5	轨道射灯		14	回风口	(条形)
					(方形)
6	格栅灯	(正方形) (长方形)	15	排气扇	
			16	安全出口	EXIT
			17	防火卷帘	F
7	暗藏灯带		18	消防自动喷头	
8	壁灯		19	室内消火栓	(单口)
9	台灯		20	植物	
10	落地灯				

二、室内装饰平面布置图的识读与抄绘训练

平面布置图是室内装饰装修施工图的主要图样，主要用于表达室内空间布局、功能区域划分、家具布置、人流动线等，是确定装饰空间平面尺度及装饰形体定位的主要依据，可进行家具、设备购置单的编制工作，结合尺寸标注和文字说明，可制作材料计划和施工安排计划等。同时也能让客户了解整个室内空间的平面构思意图。如何将各类图线、符号、文字标记组合运

用，使平面图清晰、明确，充分反映设计者意图，是每一位设计师必须掌握的绘图能力。

1. 室内装饰平面布置图的形成

室内装饰平面布置图的形成与建筑平面图的形成方法相同，即假想一个水平剖切平面沿着略高于窗台的位置进行剖切，移去剖切平面上半部分，对下半部分所作水平正投影图就是平面图。平面布置图中剖切到的墙、柱等建筑结构的轮廓线用粗实线表示；未剖切到但能看到的内容用细实线表示，如家具、设备的平面形状、楼梯台阶等。门和窗虽然被剖切，但是在绘制装饰施工图时和建筑施工图一样，门窗线都用细实线绘制。

2. 室内装饰平面布置图的识读

① 先读其图名、比例、标题栏；

② 读建筑平面的基本结构和尺寸，了解各房间的名称、功能、面积，以及门窗、走廊、楼梯等的主要位置和尺寸；

③ 读装饰结构和装饰设置的平面布置内容，了解各房间内的设备、家具安放位置、数量、规格和要求；

④ 理解平面布置图中的内饰投影编号，明确投影面编号和投影方向，并进一步查出各投影方向的立面图；

⑤ 通过平面布置图上的索引符号，明确被索引部位及详图所在位置。

平面布置图决定室内空间的功能及布局，是顶棚设计、墙体设计的基本依据和条件，平面布置图确定后再设计顶棚平面图、墙（柱）面装饰立面图等图样。由于室内家具、设备数量较多，地面装饰也较为复杂，可以单独绘制地面铺装图。

3. 室内装饰平面布置图的表达内容

平面布置图需依据原有建筑平面图，故在绘制之前需详细了解建筑空间及结构的各部分尺寸，其内容比建筑平面图复杂。

平面布置图主要表达以下内容：

① 标明原有建筑平面图中的柱网、承重墙、主要轴线和编号等；

② 装饰设计变更后的所有室内外墙体、门窗、阳台、楼梯、管井等位置，标注开间、进深、总长、总宽等各种必要的尺寸；

③ 各房间的分布及形状大小，各功能空间的名称及楼梯的上下方向；

④ 固定和不固定的装饰造型、隔断、构件、家具、陈设、卫生洁具及其他配置的位置、尺寸等；

⑤ 标明门窗、橱柜或其他构件的开启方向和方式；

⑥ 标明装饰材料的品种及规格，以及材料的拼接线和分界线；

⑦ 为表示室内立面图在平面图上的位置，应在平面图上用内视符号注明视点位置、方向及详图索引符号等；

⑧ 标明饰面的材料和装修工艺，要用文字说明；

⑨ 图样名称和制图比例。如图 4-6 所示。

4. 室内装饰平面布置图的表达方法及要求

① 平面布置图应采用正投影法按比例绘制。

② 平面布置图中的定位轴线编号应与建筑平面图的轴线编号相一致。

③ 注明地面铺装材料的名称、规格、颜色等。

④ 平面布置图中的陈设品及用品（如：卫生洁具、家具、家用电器、绿化等）应用图例

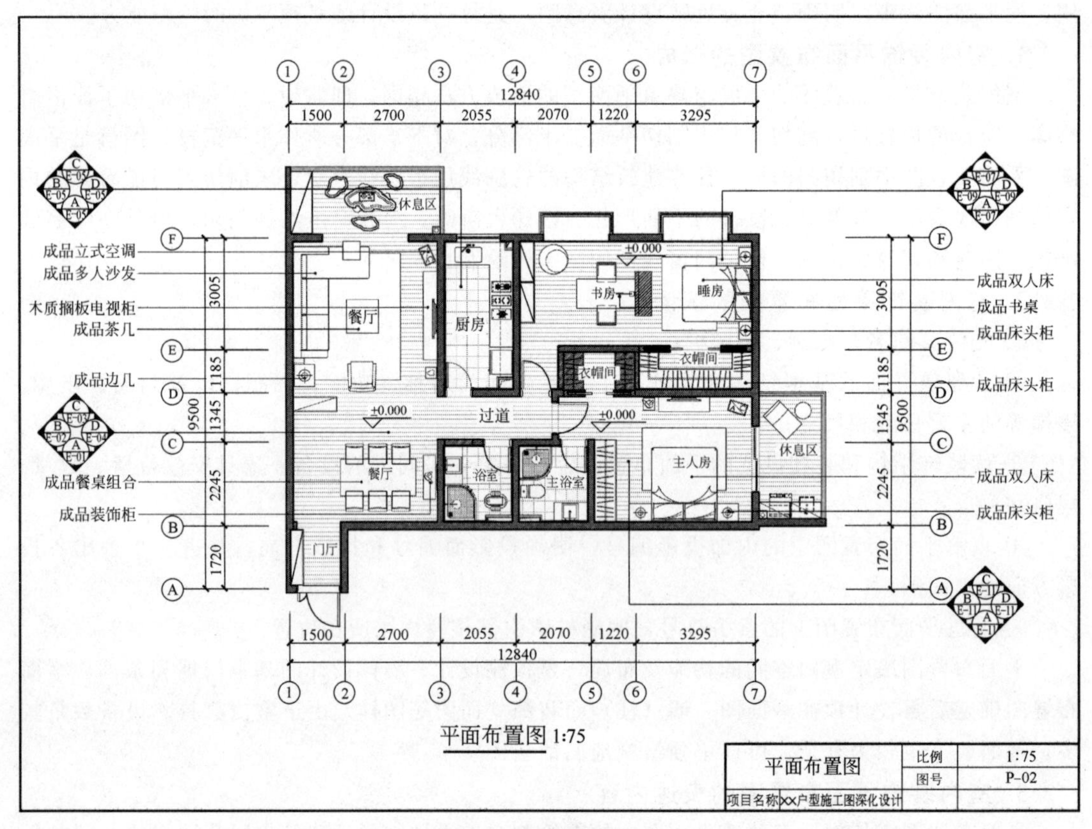

图 4-6　平面布置图（一）

（或轮廓简图）表示，图例宜采用通用图例。图例大小与所用比例大致相符。

⑤ 用于指导施工的室内平面图，非固定的家具、设施、绿化等可不必画出。固定设施以图例或简图表示。

⑥ 要详细表达的部分应画出详图。

⑦ 区分线条等级，被剖切到的墙、柱轮廓线应用粗实线表示，家具陈设、固定设备的轮廓线用中实线表示，其余投形线用细实线表示。

⑧ 详图应画出相应的索引符号。如图 4-7 所示。

5. 室内装饰地面铺装图的形成

地面铺装图又称地面装修图、地面材质图等，地面铺装图是地面（地坪）装修完成后的水平投影图，用于表达楼地面铺装方式、铺装选材等。

6. 室内装饰地面铺装图的识读

地面铺装图要求标明地面铺装材料品种、规格及图案拼花的布置图，其识读原理同平面布置图。

① 与室内平面图的识读方法一样，首先了解图名、比例、房间名称及大小；

② 了解各房间地面的材料；

③ 了解地面拼花造型、铺贴方向及尺寸；

④ 了解各房间地面标高；

⑤ 了解图中索引符号及文字说明。如图 4-8 所示。

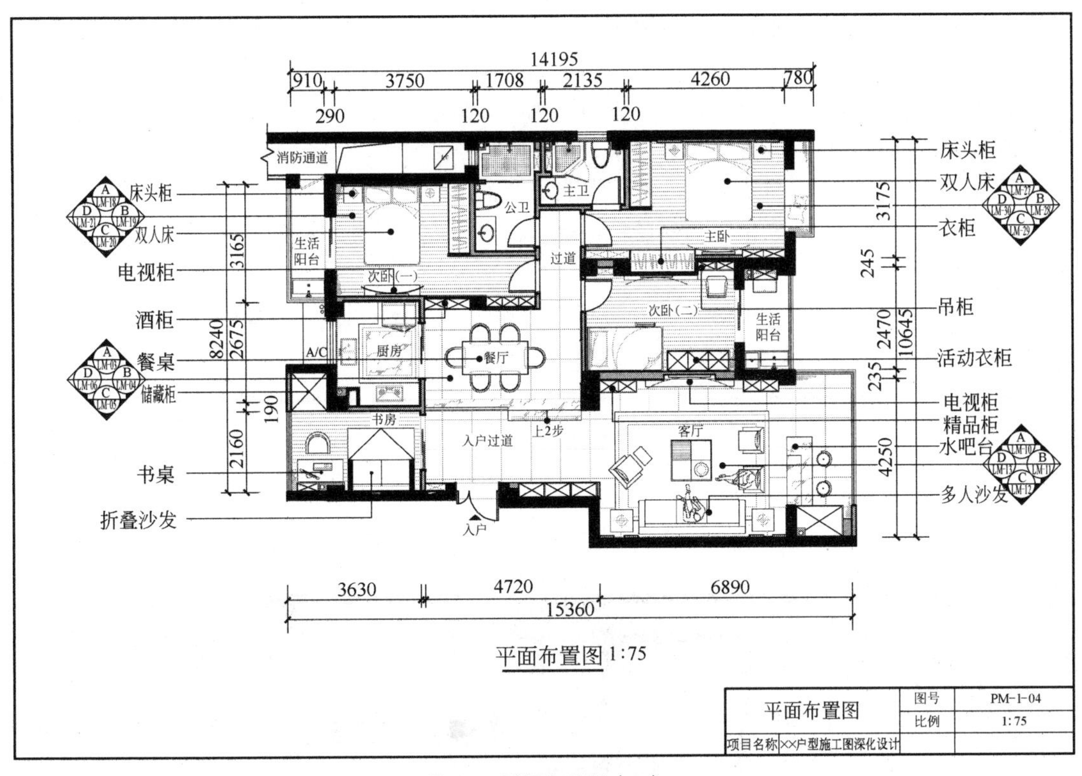

图 4-7　平面布置图（二）

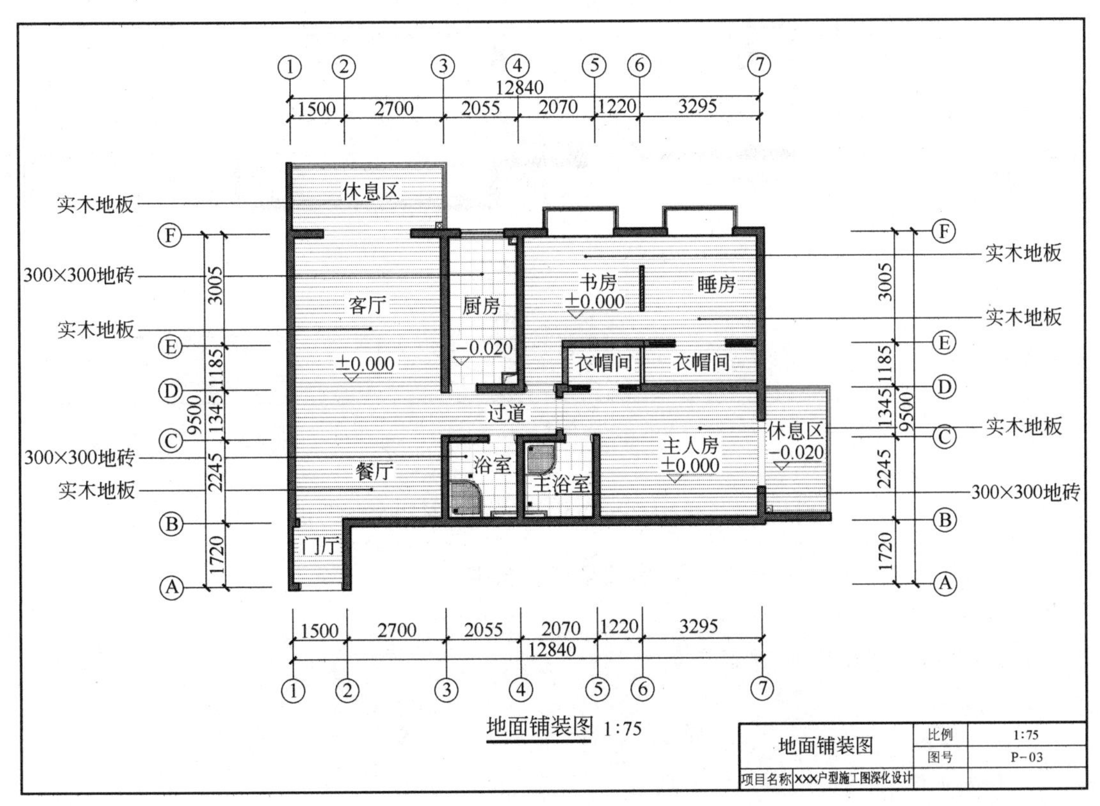

图 4-8　地面铺装图（一）

7. 室内装饰地面铺装图的表达内容

地面铺装图主要表达以下内容：

① 地面装饰材料的铺贴范围及铺装方向、规格、型号；

② 地面装饰材料色彩及施工工艺要求；

③ 地面装饰材料的分格线和拼花造型以及必要的尺寸标注和标高；

④ 需要用详图说明地面做法的地面构造处应标注出剖切符号、细部做法的详图索引符号、图名、比例；

⑤ 当地面材料的种类、规格等较为简单时，地面铺贴图可以合并到平面布置图中绘制。如图 4-9 所示。

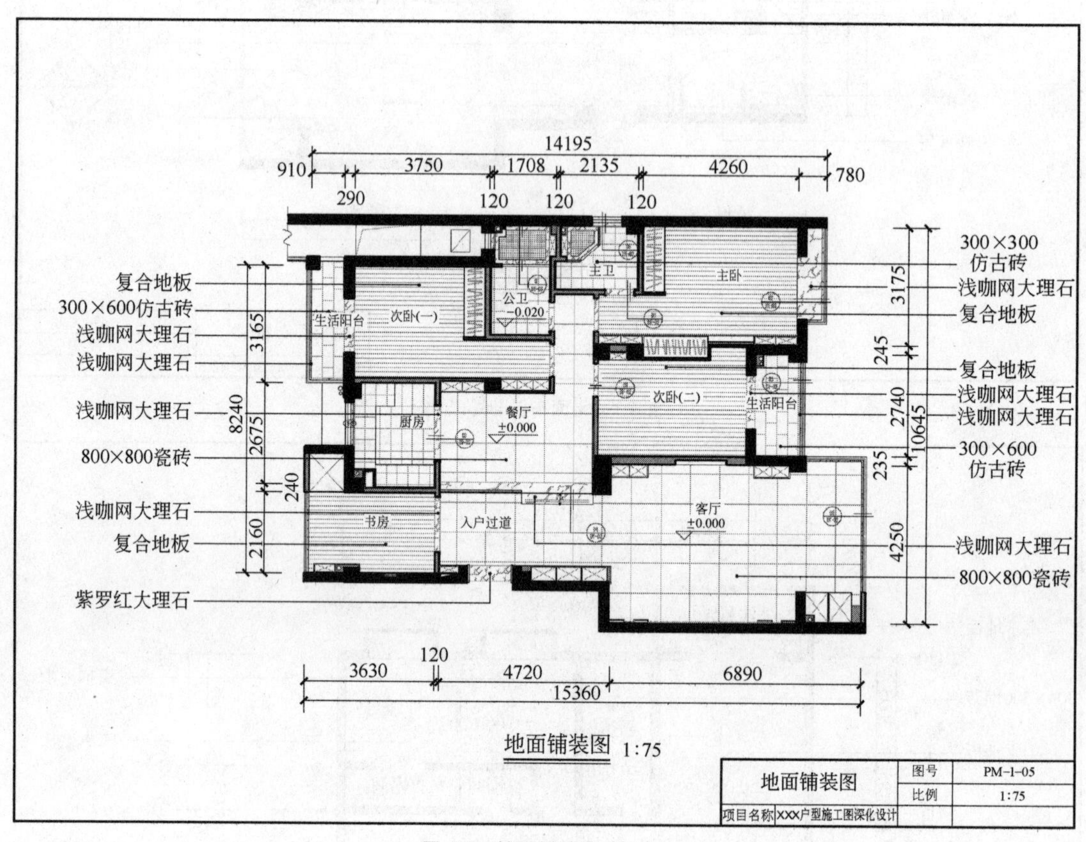

图 4-9 地面铺装图（二）

实训四 室内装饰平面布置图抄绘实训

实训项目任务书

1. 实训任务

在 A3 图纸中抄绘图 4-7 平面布置图。

2. 绘图工具

图板、绘图纸、丁字尺、绘图铅笔、橡皮、墨线笔、胶带等。

3. 绘制步骤

(1) 铅笔画出图框线和标题栏；

(2) 选取合适比例，构图；
(3) 画出定位轴线；
(4) 画墙、柱轮廓线；
(5) 定门窗洞口的位置；
(6) 标注轴线编号，标高尺寸，开间、进深、门窗洞口等尺寸，指北针；
(7) 画出各功能空间的家具、陈设、隔断、绿化等的形状、位置；
(8) 检查信息是否完整，擦去多余的图线；
(9) 标注装饰尺寸；
(10) 绘制内视投影符号、详图索引符号等；
(11) 绘制图名及比例；
(12) 检查图纸信息，按制图标准上墨线，加深、加粗线型；
(13) 擦除铅笔痕迹。

4. 任务描述

任务描述如下表所示。

序号	任务分解	任务要求	技能要求	态度要求
1	图框线绘制	横式图幅，图框线宽度参考表1-5	能够正确使用绘图工具和仪器，能够按照绘图步骤绘制建筑装饰平面布置图纸，绘制图纸准确，做到图面整洁、美观	认真、严谨、精益求精，具有一丝不苟的制图态度
2	标题栏绘制	绘制图1-18标题栏，标题里要有相应信息：姓名、专业、班级、学号、日期。用工程字体。标题栏线宽要求，参考表1-5		
3	平面布置图形	平面布置图中各功能空间的家具、陈设、隔断、绿化等的形状、位置，平面图形抄绘规范		
4	定位轴线	单点长画线、轴线圆、轴线标号绘制规范，参考图3-2		
5	工程字绘制	工程字体大小规范，整体均匀，书写规范，参考表1-6		
6	尺寸标注绘制	尺寸界线、尺寸线、尺寸起止符号和尺寸数字绘制规范，参考图1-24		
7	详图索引符号	索引线、符号绘制规范，参考图4-1～图4-4		
8	引出线	引出线绘制规范，参考图3-8～图3-10		
9	标高符号	标高三角、直线、数字绘制规范，参考图3-11～图3-13		
10	剖切符号	剖切符号绘制规范		
11	指北针	指北针圆、三角、文字绘制规范		
12	图名、比例	图名、比例绘制规范		
13	图纸结构	图纸构图美观，结构合理		
14	图纸整洁度	图纸保持干净、整洁		
15	上墨线	绘制线型粗细得当，有节奏；线条流畅、匀称、平滑、美观；线和线的交接处干净、利索		

5. 实训重难点

(1) 掌握室内装饰平面布置图的内容、绘制方法和步骤；

(2) 能正确绘制室内装饰平面布置图（包括符合专业制图有关规定的图示特点和表达方法、视图名称和配置、比例、图线、尺寸标注、材料符号、详图符号、详图索引符号、图例等）。

三、室内装饰顶棚平面图的识读与抄绘训练

1. 室内装饰顶棚平面图的形成

室内装饰顶棚平面图（又称天花图）与平面图基本相同，不同之处是投射方向恰好相反，用假想的水平剖切面从窗台上方把房屋剖开，移去下面的部分，向顶棚方向投射，即得到顶棚平面图。室内装饰顶棚平面图通常是采用镜面投影法获得的镜像图。

2. 室内装饰顶棚平面图的识读

① 识读图名、比例，了解该图纸的基本信息；

② 弄清顶棚平面图与平面布置图的对应关系，核对顶棚平面图与平面布置图在基本结构和尺寸上是否相符；

③ 房间顶棚的装饰造型式样和尺寸、标高、房间内吊顶的叠级层数；

④ 根据文字说明，了解顶棚所用的装饰材料及规格做法；

⑤ 了解灯具式样、规格及位置；

⑥ 了解设置在顶棚的其他设备的规格和位置，有无与顶面相接的吊柜及家具；

⑦ 通过顶棚平面图中的索引符号，找出详图对照阅读，弄清顶棚的详细构造；

⑧ 注意图中细节部位：有无窗帘盒、有无顶角线等细节构造；

⑨ 顶棚灯具设备图例表。

3. 室内装饰顶棚平面图的表达内容

顶棚与建筑结构关系密切，装饰顶棚平面图需要完整表达顶棚造型、空间层次、材料要求、电气设备、灯具及装饰材料、尺寸等。根据室内装饰顶棚平面图可以进行顶棚材料准备和施工，购置顶棚灯具和其他设备以及灯具、设备的安装等工作。

顶棚平面图主要表达以下内容：

① 剖切线以上的建筑与室内空间的造型及其关系；

② 门、窗、洞口的位置：门画出门洞边线即可，不画门扇及开启线；

③ 标注开间、进深、总长、总宽等尺寸；

④ 室内各房间顶棚造型，包括浮雕、线角等及定位尺寸；

⑤ 顶棚上设置的灯具位置及定位尺寸、规格等；

⑥ 空调送风口位置，烟感、喷淋等设备位置，与吊顶有关的音视频设备的平面布置形式与安装位置及顶棚上设置的其他设备内容；

⑦ 窗帘及窗帘盒、窗帘帷幕板等；

⑧ 与顶棚相接的家具、设备位置及尺寸；

⑨ 室内各种顶棚的完成面标高，细部做法的索引和剖切符号；

⑩ 各顶面的标高关系；

⑪ 顶棚装饰面层材料名称及规格、施工工艺要求等，图名、比例。如图 4-10 所示。

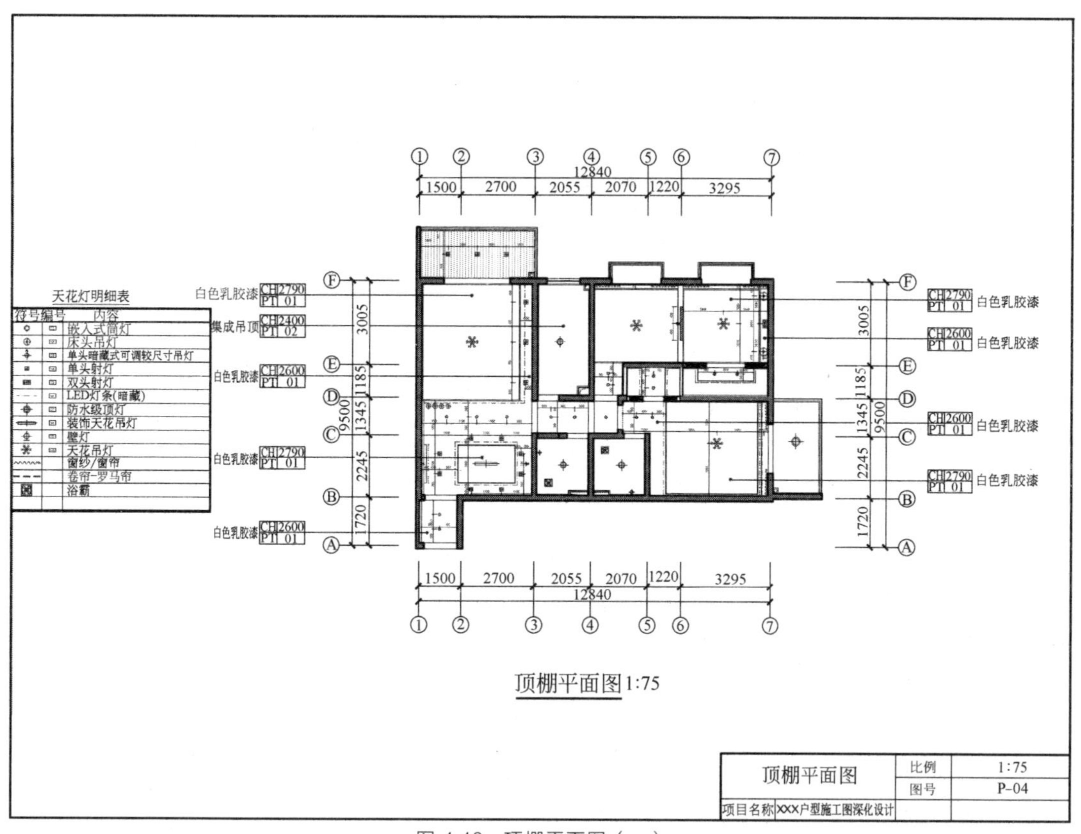

图 4-10　顶棚平面图（一）

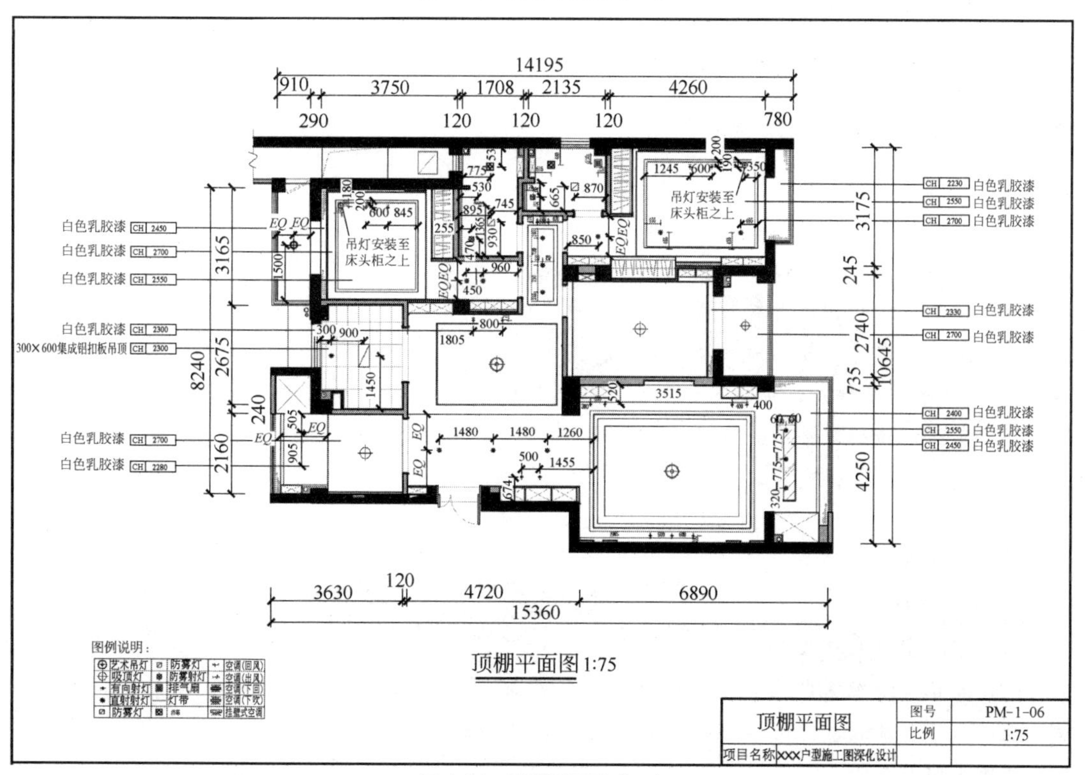

图 4-11　顶棚平面图（二）

4. 室内装饰顶棚平面图的表达方法及要求

① 室内装饰顶棚平面图一般采用与平面布置图相同的比例绘制，以便于对照看图；

② 室内装饰顶棚平面图的定位轴线位置及编号应与平面布置图相同；

③ 室内装饰顶棚平面图不同层次的标高，一般标注该层距本层楼面的高度；

④ 室内装饰顶棚平面图线宽的选用与建筑平面图相同；

⑤ 室内装饰顶棚平面图一般只画出墙厚，不画门窗图例及位置；

⑥ 室内装饰顶棚平面图中的附加物品（如各种灯具等）应采用通用图例或投影轮廓简图表示；

⑦ 需要详细表达的部位，应画出详图；

⑧ 区分线条等级，顶棚平面图上凡是剖到的墙、柱轮廓线用粗实线表示，吊顶造型的投影线用中实线表示，顶棚中暗藏的灯带用细虚线表示，其余设备投形线用细实线表示。如图 4-11 所示。

实训五　室内装饰顶棚平面图抄绘实训

实训项目任务书

1. 实训任务

在 A3 图纸中抄绘教材中图 4-11 顶棚平面图。

2. 绘图工具

图板、绘图纸、丁字尺、绘图铅笔、橡皮、墨线笔、胶带等。

3. 绘制步骤

(1) 铅笔画出图框线和标题栏；

(2) 选取合适比例，构图；

(3) 画出定位轴线；

(4) 画墙、柱轮廓线；

(5) 定门窗洞的位置；

(6) 标注轴线编号，标高尺寸，开间、进深、门窗洞口等尺寸；

(7) 画出顶棚的造型轮廓线、灯饰、空调风口等设备；

(8) 标注尺寸和相对于本层楼地面的顶棚底面标高；

(9) 画详图索引符号，标注说明文字、图名、比例；

(10) 检查图纸信息，按制图标准上墨线，其中墙柱轮廓线用粗实线，顶棚及灯饰等造型轮廓用中实线，顶棚装饰及分格线用细实线；

(11) 擦除铅笔痕迹。

4. 任务描述

任务描述如下表所示。

5. 实训重难点

(1) 掌握室内装饰顶棚平面图的内容和特点；

(2) 能正确绘制室内装饰顶棚平面图（包括符合专业制图有关规定的图示特点和表达方法、视图名称和配置、比例、图线、尺寸标注、顶棚造型轮廓线、顶面灯饰、空调风口等设施、详图索引符号等）。

序号	任务分解	任务要求	技能要求	态度要求
1	图框线绘制	横式图幅，图框线宽度参考表1-5	能够正确使用绘图工具和仪器，能够按照绘图步骤绘制建筑装饰顶棚平面图纸，绘制图纸准确，做到图面整洁、美观	认真、严谨、精益求精，具有一丝不苟的制图态度
2	标题栏绘制	绘制图1-18标题栏，标题里要有相应信息：姓名、专业、班级、学号、日期。用工程字体。标题栏线宽要求，参考表1-5		
3	建筑主体图形	建筑主体图形抄绘规范		
4	顶棚的造型轮廓线	绘制规范		
5	灯饰	绘制规范		
6	定位轴线	单点长画线、轴线圆、轴线标号绘制规范，规范参考图3-2		
7	工程字绘制	工程字体大小规范，整体均匀，书写规范，参考表1-6		
8	尺寸标注绘制	尺寸标注绘制规范，第一道尺寸线和第二道、第三道尺寸线间距绘制规范，参考图1-29		
9	索引符号	索引线、圆、符号绘制规范，参考图3-5、图3-6		
10	引出线	引出线绘制规范，参考图3-8～图3-10		
11	标高符号	标高三角、直线、数字绘制规范，参考图3-11～图3-13		
12	图名、比例	图名、比例绘制规范		
13	图纸结构	图纸构图美观，结构合理		
14	图纸整洁度	图纸保持干净、整洁		
15	上墨线	绘制线型粗细得当，有节奏；线条流畅、匀称、平滑、美观；线和线的交接处干净、利索		

四、室内装饰立面图的识读与抄绘训练

1. 室内装饰立面图的形成

室内装饰立面图是表现室内墙面、柱面、隔断、家具等垂直面的装饰图样。立面图的形成方法有以下两种：

一种是依照建筑剖面图的形成方法：假想平行于某空间立面方向有一个竖直平面从空间顶面到底面将该空间剖切，移去剖切面近处部分，对剩余部分作正投影图，即得到该墙面的正视图。正视图中将剖切到的地面、顶棚、墙体、门窗及地面陈设等的位置、形状表示出来，所以也称剖立面图。这种方法，能看出房间内部及剖切部分的全部内容，缺点是表达的内容太多，会出现主次不清的结果，如家具部分把墙面装饰造型挡住等。

另一种形成方法是：依照人站在室内向各个方向内墙观看而作出的正投影图，即对地面以上，吊顶以下墙面以内的墙、柱面部分作正投影，这样形成的立面图不出现剖面图形，图中不表达两侧墙体、楼板和顶棚内容，只表达墙面上所能看到的内容。用这种方法绘制的图纸简洁明了，可以表达装饰内容复杂的墙面，是室内装饰制图中普遍应用的立面图的表示方法。

它用于反映室内空间垂直方向的装饰设计形式、尺寸与做法、材料与色彩的选用等内容，

是装饰施工图的主要图样之一，是确定墙面做法的主要依据。

2. 室内装饰立面图的识读

读室内装饰立面图时，要综合平面布置图、顶棚平面图和其他立面图对照识读，明确该室内的整体做法与要求。具体包括以下几点：

① 确定立面图所在的房间位置，看清图名、比例及剖视方向；

② 在平面布置图中按照内视符号的指向，明确立面方向有哪些家具及陈设；

③ 看清楚所读立面的装饰造型式样、装饰材料品种、规格及施工工艺要求；

④ 查看该空间地面标高、吊顶顶棚完成面的高度尺寸，找到与之相对应的图纸，检查空间高度及其他尺寸是否相符；

⑤ 立面上各种不同材料饰面之间的接口较多，看清收口方式、工艺，相关部位的节点构造详图要找出一起识读；

⑥ 要注意设施的安装位置、规格尺寸、电源开关、插座的安装位置及安装方式，便于施工中预留位置；

⑦ 读准门、窗、隔墙、装饰隔断等设施的高度尺寸和安装尺寸，门、窗的开启方向不能搞错；

⑧ 在条件允许的情况下，最好结合施工现场看立面图，及时发现立面图与现场实际情况不符的地方。如图 4-12 所示。

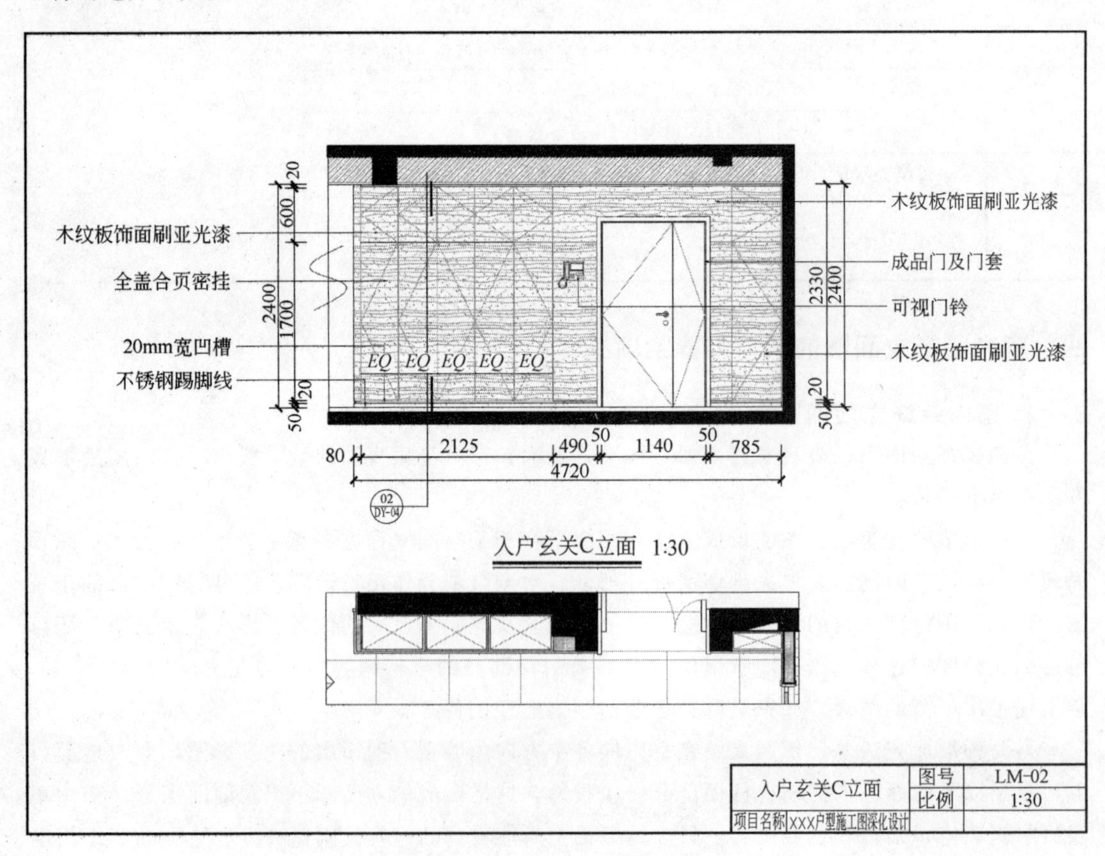

图 4-12 立面图（一）

3. 室内装饰立面图的表达

① 表达墙面的结构和造型，以及墙体和顶面、地面的关系；

② 表达立面的高度和宽度；

③ 表达需要放大的局部和剖面的符号等；

④ 表达装饰造型的名称、内容、大小、工艺、颜色等；

⑤ 如果没有单独的陈设立面图，则在装饰立面图上表示出活动家具、陈设品的立面造型（以虚线绘制主要可见轮廓线，并表示出这些内容的索引编号）；

⑥ 表达该立面图号和图名等。如图 4-13 所示。

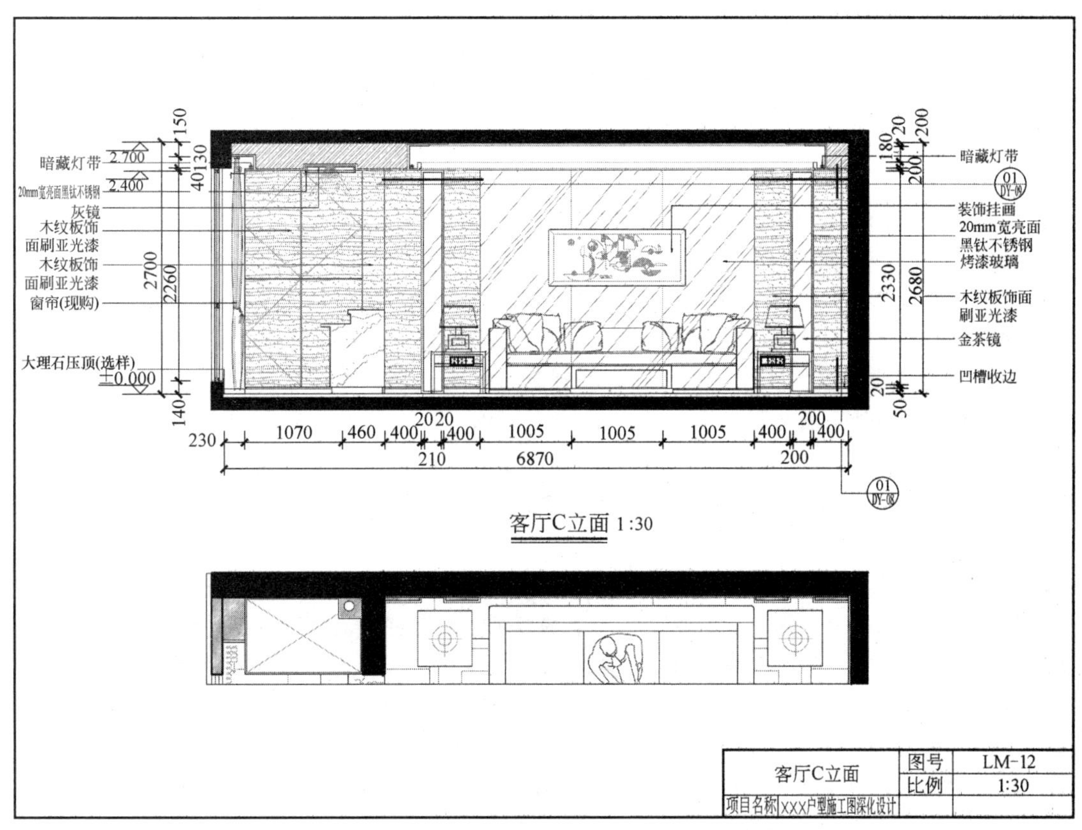

图 4-13 立面图（二）

4. 室内装饰立面图的表达方法及要求

① 室内装饰立面图应按比例绘制；

② 室内装饰立面图的顶棚轮廓线，可根据具体情况只表达吊平顶或同时表达吊平顶和结构顶棚；

③ 室内装饰立面图应选取具有代表性的墙面，按一定方向依顺序绘制，通常无造型仅涂刷涂料的墙面不需要画出立面图；

④ 当某个空间中的两个立面相同时，一般画出一个立面图，但需要在图中用文字说明；

⑤ 当墙面较长时，某部分用处又不大时，可以截取其中一段，并在截断处画折断符号；

⑥ 当墙面上有洞口，并且后面有能看到的物体时，立面图只画该墙面上的内容，后面能看到的物体不必画出；

⑦ 当平面呈弧形或异型的室内空间时，立面图可以将连续立面展开成一个立面绘制，但应在立面图后面加注“展开”二字。

五、室内装饰详图的识读与抄绘训练

1. 室内装饰详图的形成

为了装饰施工的需要，施工图中应表示一些细部做法，而在平面布置图、立面图、顶棚平面图中因图幅、比例的限制，很多装饰造型、构造做法、材料选用、细部尺寸等无法反映或反映不清晰，为此必须将这些细部引出，并将比例放大，绘制出内容详细、构造清楚的图样，即详图。

详图一般有局部大样图和节点详图两种。局部大样图是指把平面图、立面图、剖面图中某些需要详细表达设计的部位，单独进行放大比例绘制的图样；节点详图是将两个或两个以上装饰面的交汇点按垂直或水平方向剖开，进行放大比例绘制的图样，节点详图需清楚地反映节点处的连接方法、材料品种、施工工艺和安装方法等。

2. 室内装饰详图的识读

(1) 墙（柱）面装饰详图

① 墙（柱）面装饰详图的形成。它是用于表示装饰墙（柱）面从本层楼（地）面到本层顶棚的竖向构造、尺寸与做法的详图图样。它是假想用竖向剖切平面，沿着需要表达的墙（柱）面进行剖切，移去介于剖切平面和观察者之间的墙（柱）体，对剩下部分所作的竖向剖面图。通常由楼（地）面与踢脚线节点、墙（柱）面节点、墙（柱）顶部节点等组成，反映墙（柱）面造型沿竖向的变化、材料选用、工艺要求、色彩设计、尺寸标高等。墙（柱）面装饰详图通常选用1∶10、1∶15、1∶20等比例绘制。墙（柱）面装饰详图的剖切符号应绘制在室内立面图的相应位置上。

② 墙（柱）面装饰详图的识读。墙（柱）面装饰详图主要用于表达室内立面的构造，着重反映墙（柱）面在分层做法、选材、色彩上的要求。墙（柱）面装饰详图还应反映装饰基层的做法、选材等内容，如墙面防潮处理、木龙骨架、基层板等。当构造层次复杂、凹凸变化及线脚较多时，还应配置分层构造说明，画出详图索引，另配详图加以表达。识读时应注意墙（柱）面各节点的凹凸变化、竖向设计尺寸与各部位标高。

a. 在室内立面图上看清墙（柱）面装饰详图剖切符号的位置、编号与投影方向；

b. 浏览墙（柱）面装饰详图所在轴线、竖向节点组成，注意凹凸变化、尺寸范围及高度；

c. 识读各节点构造做法及尺寸。墙（柱）面做法采用分层引出标注的方法，识读时注意：自上而下的每行文字，表示的是墙（柱）面装饰自左向右的构造层次。如图4-14所示。

(2) 顶棚详图

顶棚详图的识读方法如下：

① 在室内顶面图上看清顶棚详图符号的位置、编号；

② 确定详图尺寸是否与顶平面及立面高度一致；

③ 识读各节点构造做法及尺寸。如图4-15所示。

(3) 装饰造型详图

装饰造型详图的识读方法如下：

① 识读立面图，明确装饰形式、用料、尺寸等内容；

② 识读侧面图，明确竖直方向的装饰构造、做法、尺寸等内容；

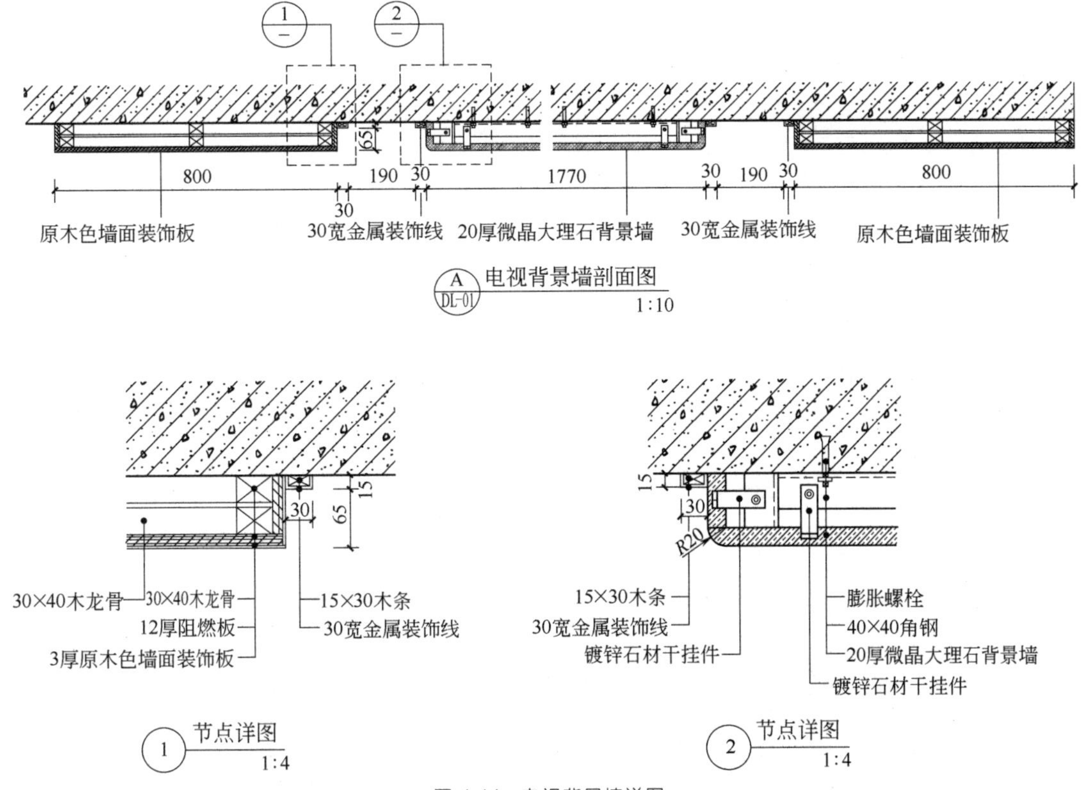

图 4-14　电视背景墙详图

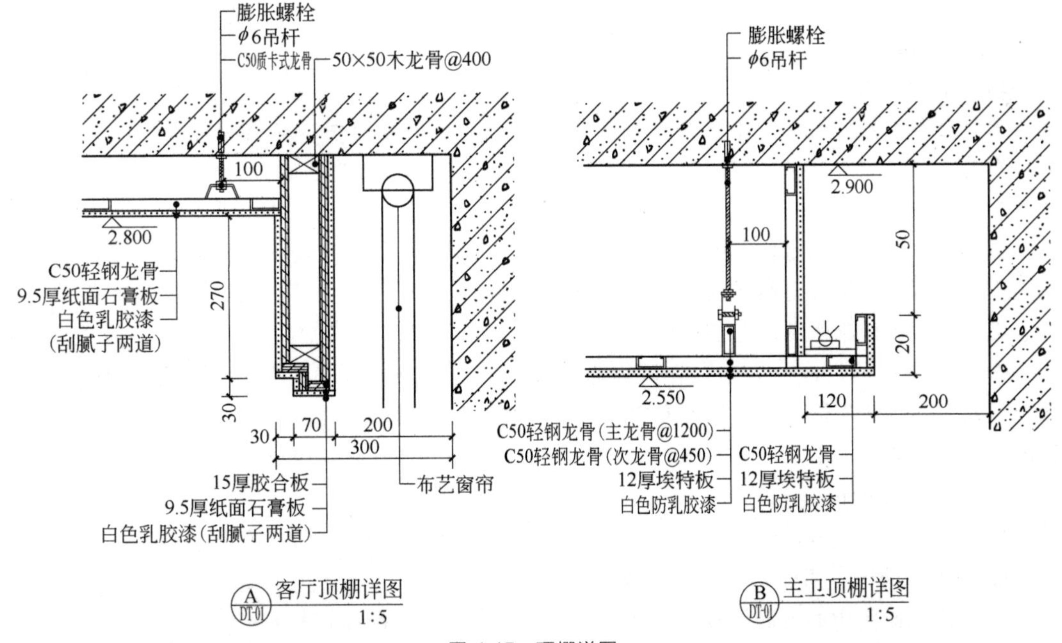

图 4-15　顶棚详图

③ 识读平面图；

④ 识读详图，注意各节点做法、线脚形式及尺寸，掌握细部内容。如图 4-16 所示。

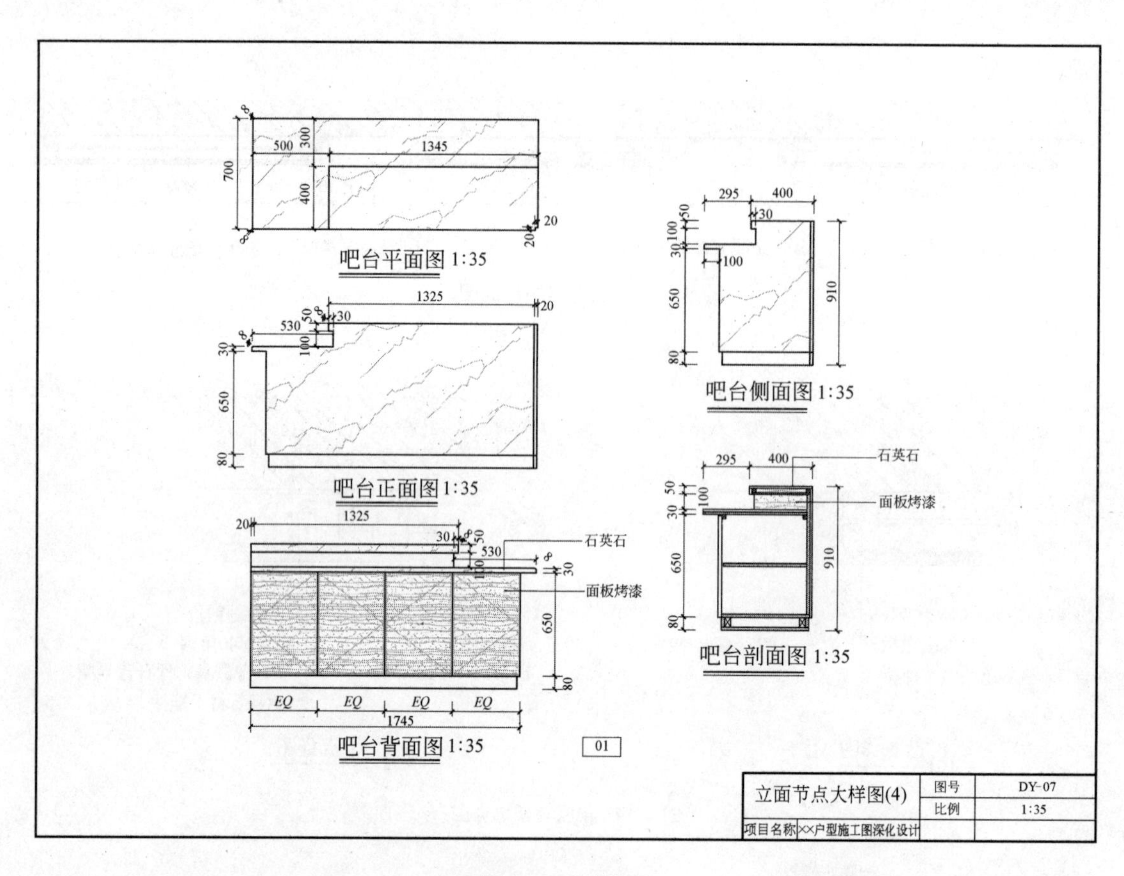

图 4-16 吧台详图

（4）家具详图

家具是室内环境设计中不可缺少的组成部分。家具具有使用、观赏和分割空间关系的功能，有着特定的空间含义。它们与其他装饰形体一起，构成室内装饰的风格，表达出特有的艺术效果和提供相应的使用功能，而这些都需要通过设计加以反映。因势利导地制作适宜的家具，辅以精心的设计和制作，可以起到既利用空间、减少用地，又增加装饰效果、提高服务效能的作用。所以，结合空间室内尺度，现场制作实用的固定（或活动）式家具，具有非常实用的意义，它的设计制作图也是装饰施工图的组成部分。

① 家具详图的组成与表达。在平面布置图中已经绘制有家具、陈设、绿化等水平投影，如现场制作家具还应标注它的线形和定位尺寸，并标注其名称或详图索引，以便对照识读家具详图。家具详图通常由家具立面图、平面图、剖面图和节点详图等组成。

② 家具详图的识读。

a. 了解所要识读家具的平面位置和形状；

b. 识读立面图，明确其立面形式和饰面材料（图 4-17）；

c. 识读立面图中的开启符号、尺寸和索引符号（或剖、断面符号）；

d. 识读平面图，了解平面形状和结构，明确其尺寸和构造做法；

e. 识读侧面图，了解其纵向构造、做法和尺寸；

f. 识读家具节点详图。

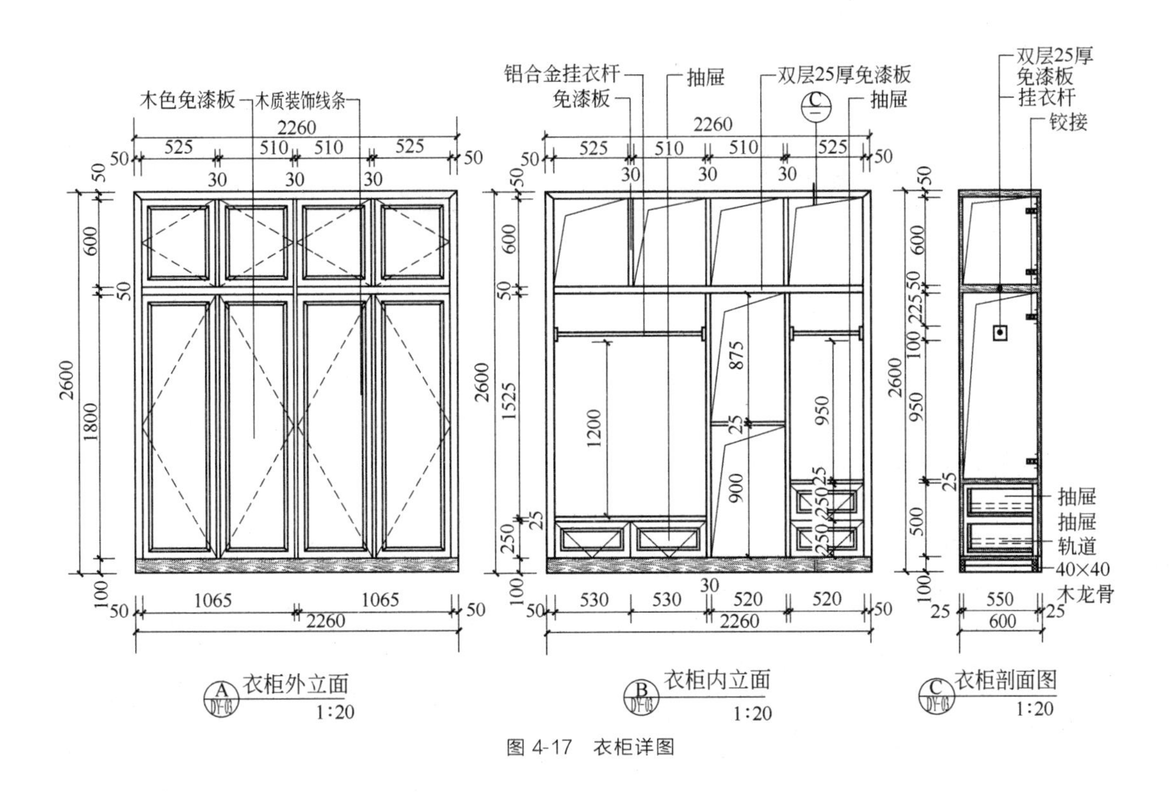

图 4-17　衣柜详图

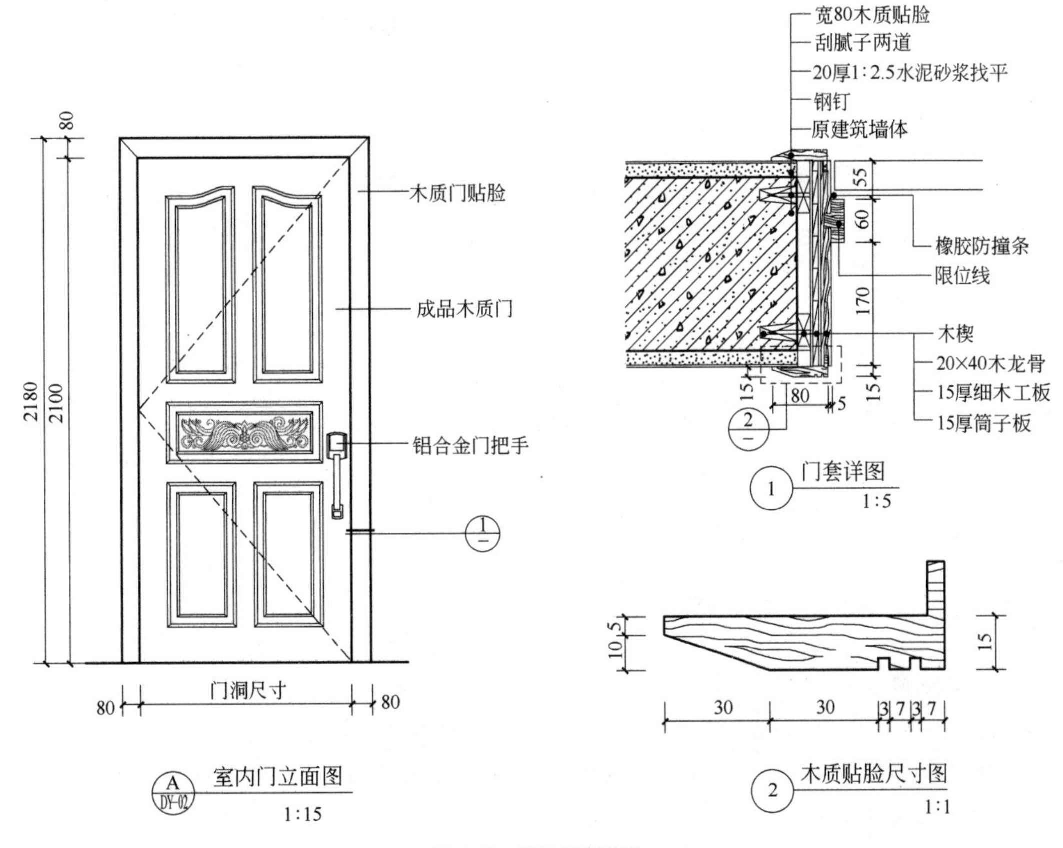

图 4-18　门及门套详图

(5) 装饰门窗及门窗套详图

门窗是装饰工程的重要内容之一。门窗既要符合使用要求又要符合美观要求，同时还需符合防火、人员疏散等特殊要求。

① 在对应图纸中熟悉门的平面图；

② 在对应图纸中熟悉门的立面图，明确立面造型、饰面材料及尺寸等；

③ 识读节点详图。门的详图如图 4-18 所示；

④ 在识读门及门套详图时，应注意门的开启方向（通常由平面布置图确定其开启方向）。

(6) 楼地面详图

楼地面在装饰空间中是一个很重要的基面，要求其表面平整、美观，并且强度和耐磨性要好，同时兼顾室内保温、隔声等要求，做法、选材、样式多种多样。

楼地面详图一般由局部平面图和断面图组成。

① 局部平面图。识读局部平面图时，应先了解其所在地面平面图中的位置，当图形不在正中时应注意其定位尺寸。图形中的材料品种较多时可自定图例，但必须用文字加以说明。

② 断面图。当装饰详图所反映的形体的体量和面积较大以及造型变化较多时，通常先画出平、立、剖面图来反映装饰造型的基本内容。如准确的外部形状、凹凸变化、与结构体的连接方式，标高、尺寸等。选用比例一般为 1∶10～1∶50，有条件时平、立、剖面图应画在一张图纸上。当该形体按上述比例画出的图样不够清晰时，需要选择 1∶1～1∶10 的大比例绘制。当装饰详图较简单时，可只画其平面图、断面图即可。

实训六　室内装饰立面图和详图抄绘实训

实训项目任务书

1. 实训任务

在 A3 图纸中抄绘图 4-12、图 4-13 立面图，图 4-15 顶棚详图。

2. 绘图工具

图板、绘图纸、丁字尺、绘图铅笔、橡皮、墨线笔、胶带等。

3. 绘制步骤

(1) 铅笔画出图框线和标题栏；

(2) 选取合适比例，构图；

(3) 画出楼地面、楼盖结构、墙柱面的轮廓线；

(4) 画出墙柱面的主要轮廓造型；

(5) 画出上方顶棚的剖面线和可见轮廓；

(6) 画出相应材质图案；

(7) 在相应位置画出节点详图；

(8) 标注尺寸标注、文字标注、标高尺寸、索引符号、剖切符号、文字说明；

(9) 绘制图名及比例；

(10) 检查图纸是否完善，上墨线，其中地面线和墙柱轮廓线用粗实线，立面图中造型用中粗实线，装饰图案纹理线用细实线，详图中被剖切着的线用粗实线，没被剖切着的轮廓线用中粗实线，图案纹理用细实线；

(11) 擦除铅笔痕迹。

4. 任务描述

任务描述如下表所示。

序号	任务分解	任务要求	技能要求	态度要求
1	图框线绘制	横式图幅,图框线宽度参考表 1-5	能够正确使用绘图工具和仪器,能够按照绘图步骤绘制建筑装饰顶棚平面图纸,绘制图纸准确,做到图面整洁、美观	认真、严谨、精益求精,具有一丝不苟的制图态度
2	标题栏绘制	绘制图 1-18 标题栏,标题里要有相应信息:姓名、专业、班级、学号、日期。用工程字体。标题栏线宽要求,参考表 1-5		
3	立面图形	建筑主体图形抄绘规范		
4	立面图装饰图形	抄绘规范、整洁、美观		
5	详图图形	绘制规范		
6	工程字绘制	工程字体大小规范,整体均匀,书写规范,参考表 1-6		
7	尺寸标注绘制	尺寸标注绘制规范,尺寸线间距绘制规范,参考图 1-29		
8	索引符号	索引线、圆、符号绘制规范,参考图 3-5、图 3-6		
9	引出线	引出线绘制规范,参考图 3-8～图 3-10		
10	图名、比例	图名、比例绘制规范		
11	图纸结构	图纸构图美观,结构合理		
12	图纸整洁度	图纸保持干净、整洁		
13	上墨线	绘制线型粗细得当,有节奏;线条流畅、匀称、平滑、美观;线和线的交接处干净、利索		

5. 实训重难点

(1) 掌握室内装饰立面图、详图的内容和特点;

(2) 能正确绘制室内装饰立面图和详图(包括标高尺寸、墙柱轮廓线、详图索引符号、剖切符号、说明文字、图名、比例)。

Environmental Art Design Drawing and Recognization

环境艺术设计制图与识图

项目五 景观设计制图与识图训练

主要内容

1. 景观设计施工图的基本知识
2. 景观设计图纸的识读与绘制方法

学习目标

知识目标

1. 知道景观设计施工图的组成、作用以及特点
2. 了解各景观组成要素的特点，掌握在施工图上的表示方法
3. 掌握景观总平面图、立面图、详图的形成与识读方法

能力目标　掌握景观设计施工图制图与识读的方法

素养目标　严谨、认真、负责的学习态度

重点

1. 景观设计施工图组成要素的表示方法
2. 景观设计总平面图、立面图、详图的形成与识读方法

难点

景观设计施工图制图与识读的方法

制图基本工具

2B 绘图铅笔、直尺、三角板、曲线板、橡皮、 A4 和 A3 绘图纸、墨线笔、胶带

一、景观设计施工图概述

（一）景观设计施工图的组成及其作用

景观设计施工图是指设计师将脑海中的设计构思、方案转化成图形，落实到可供施工单位施工的图纸上，在整个景观的施工过程中起着承上启下的重要作用。它是施工的前提，也是施工所需要遵循的图纸。景观设计施工图由总平面图、立面图、剖面图和详图四大部分组成。

景观设计施工图的主要作用是将整体设计方案细化，表达成准确、具体的施工方案，是施工单位需要进行参考与遵照的样本。它直接面对施工人员，所以图面必须完整而精确，表达简洁而清晰，并且易于识读，保证施工人员能够按照图纸正确施工，保证园林景观工程能够顺利进行，减少施工的错误，节约人力、物力。

（二）景观设计施工图的特点

景观设计施工图的各图样和房屋建筑施工图和室内装饰施工图一样，是根据正投影法绘制的，所绘图样都应符合正投影的投影规律。

景观设计包含的设计对象丰富，形式灵活多变。现代设计师在传统工艺的基础上，越来越多地使用新材料、新技术，充分发挥自己的想象力与创造力，进行属于自己的设计。但是，标准的制定具有滞后性，对于建筑工程和装饰工程图纸的绘制，可以按照国家的相关标准和要求进行绘制，而对于景观设计，不同设计师绘制出来的图纸有很大的区别，导致标准难以统一，这是景观设计施工图的又一个特点。

所需知识复杂也是景观设计施工图的一大特点，在面对具体项目时往往需要运用到许多其他学科的专业知识。景观的设计要考虑到历史、经济、文化、环境、艺术等多方面的因素，才能使设计更好的呈现。而在施工图的设计中，一个典型的园林设计项目，需要运用到建筑学、建筑结构学、土木工程、给排水、强弱电、灯光与照明、植物学等专业知识，在某些特殊的项目中，设计者还需要了解水利工程、水土保持、道路设计等方面的知识。设计师需要具备广阔的知识面才能设计出完整、科学并合理的图纸，保证园林景观施工后能够达到理想设计效果。

（三）景观设计施工图的图例

1. 景观植物的表现方法

植物是景观设计中重要的构成要素之一。景观环境中种植的植物品种繁多，形态各异，在景观设计图纸中无法详尽地表达，需要用图例表示，见表5-1～表5-3（其他相关景观图例详见附录D）。

表5-1　植物平面图例

序号	名称	图例	说明
1	落叶阔叶乔木		落叶乔、灌木均不填斜线 常绿乔、灌木加画45°细斜线 阔叶树的外围线用弧裂形或圆形线 针叶树的外围线用锯齿形或斜刺形线 乔木外形呈圆形 灌木外形呈不规则形，乔木图例中粗线小圆表示现有乔木，细线小十字表示设计乔木 灌木图例中黑点表示种植位置 凡大片树林可省略图例中的小圆、小十字及黑点
2	常绿阔叶乔木		
3	落叶针叶乔木		

续表

序号	名称	图例	说明
4	常绿针叶乔木		落叶乔、灌木均不填斜线 常绿乔、灌木加画45°细斜线 阔叶树的外围线用弧裂形或圆形线 针叶树的外围线用锯齿形或斜刺形线 乔木外形呈圆形 灌木外形呈不规则形，乔木图例中粗线小圆表示现有乔木，细线小十字表示设计乔木 灌木图例中黑点表示种植位置 凡大片树林可省略图例中的小圆、小十字及黑点
5	落叶灌木		
6	常绿灌木		
7	阔叶乔木疏林		常绿林或落叶林根据图面表现的需要加或不加45°细斜线
8	针叶乔木疏林		
9	阔叶乔木密林		
10	针叶乔木密林		
11	落叶灌木疏林		

续表

序号	名称	图例	说明
12	落叶花灌木疏林	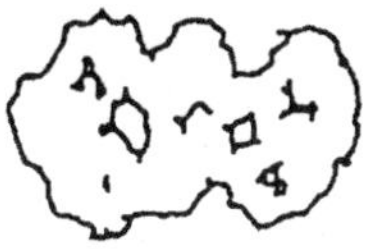	
13	常绿灌木密林	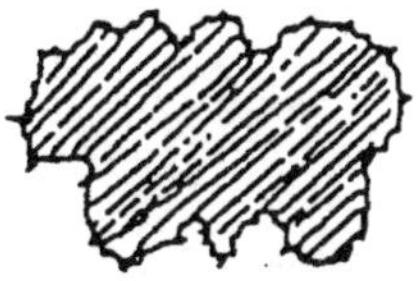	
14	常绿花灌木密林		
15	自然式绿篱	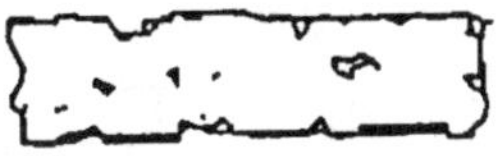	
16	整形绿篱		
17	镶边植物	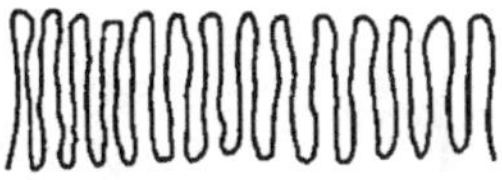	泛指装饰路边或花坛边缘的带状花卉
18	一、二年生草本花卉	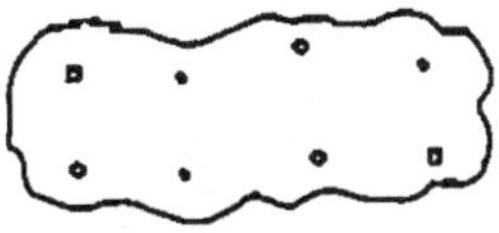	
19	多年生及宿根花卉		

续表

序号	名称	图例	说明
20	一般草皮		
21	缀花草皮		
22	整型树木		
23	竹丛		
24	棕榈植物		
25	仙人掌植物		曲线带刺符号
26	藤本植物		卷曲线符号
27	水生植物		漂浮形式符号

表 5-2　树木形态图例

序号	名称	图例	说明	序号	名称	图例	说明
1	主轴干侧分枝式			4	无主轴干垂枝式		
2	主轴干无分枝式			5	无主轴干丛生式	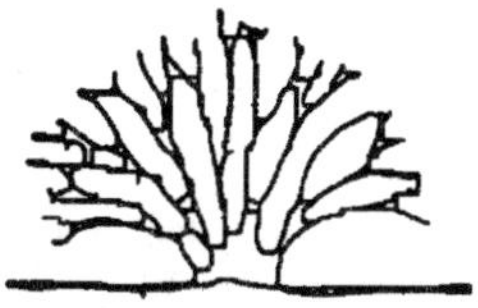	
3	无主轴干多枝式	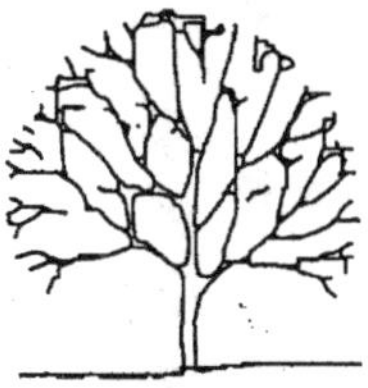		6	无主轴干匍匐式		

表 5-3　树冠形态图例

序号	名称	图例	说明	序号	名称	图例	说明
1	圆锥式		树冠轮廓线，凡针叶树用锯齿形，凡阔叶树用弧裂形线表示	3	圆球式	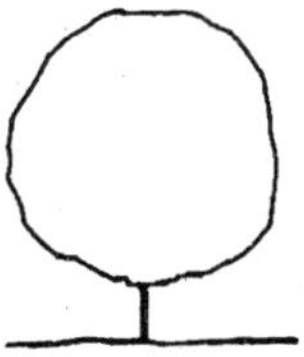	
2	椭圆式	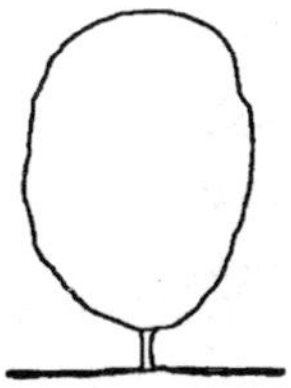		4	垂枝式	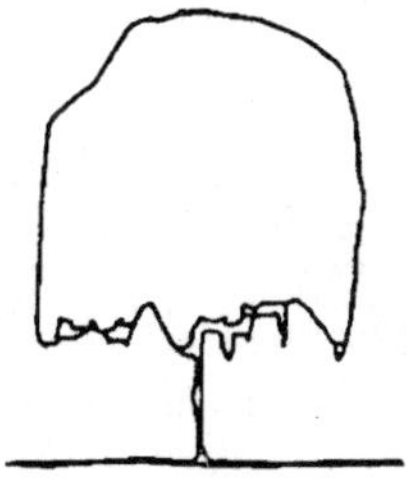	

续表

序号	名称	图例	说明	序号	名称	图例	说明
5	伞式			6	匍匐式		

（1）植物的平面画法

平面图中的树，先用大小不同的“黑点”表示种植位置及树干的粗细，再画一个不规则的圆圈表示树冠的形状和大小，树的平面符号要能区分原有树和新植树，还要区分出不同的植物种类，如乔木和灌木、常绿树和落叶树、针叶树和阔叶树，因此树的平面符号要以不同的树冠线型来表示。

① 树木平面的表现类型（图 5-1）。

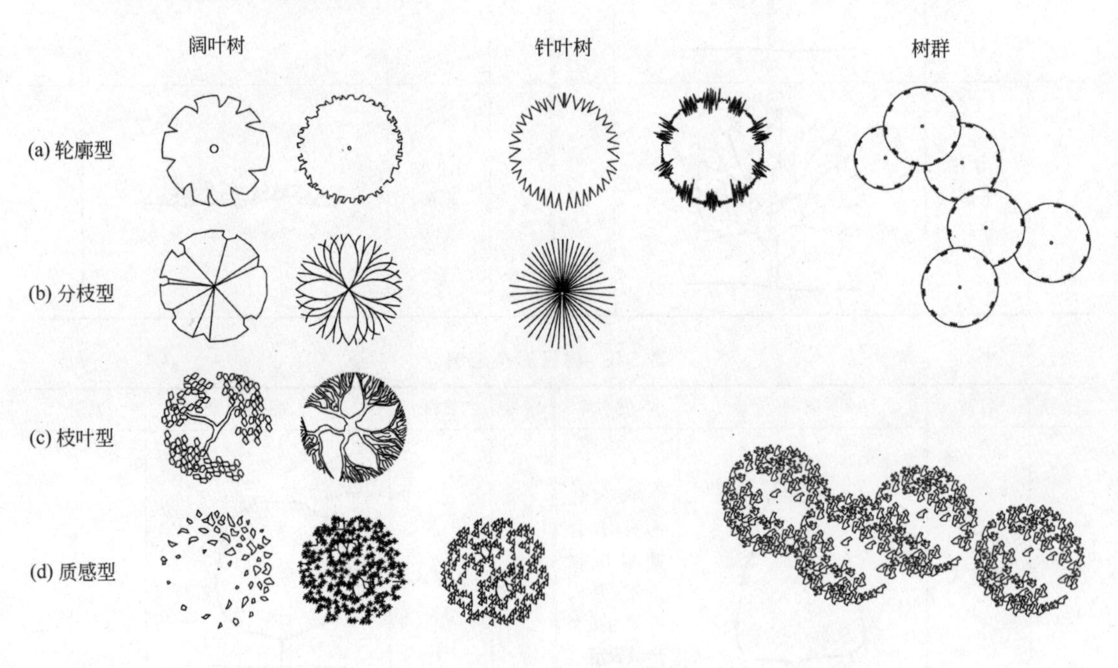

图 5-1　树木平面的表现类型

a. 轮廓型。指用线条勾勒出轮廓，线条可粗可细，也可带缺口或尖突，多用于表现常绿树。

b. 分枝型。指根据树木的生长习性，用丰富多变的线条组合，画树枝、枝干的分叉，多用于表现落叶树。

c. 枝叶型。指树木平面中既表示分枝又表示树冠，树冠可用轮廓表示，也可用质感表示。

d. 质感型。指用线条的组合或排列根据对象叶型、体量等表示树冠的质感，能比较真实的反映对象，精致美化图面。

当遇到几株相连树木的组合时，画法是用林缘线界定空间，粗线标出林缘，再用细线标出个体树木的位置。常用质感法和分枝法表现，大小植株相互覆盖时，可用“大盖小”，即用大的图例覆盖部分小的图例，可使画面整洁、生动（图 5-2）。成群树木的平面可连成一片，也可只勾勒林缘，如图 5-3 所示。

图 5-2　几株相连树木的组合画法

图 5-3　成群树木的画法

树木平面画法不是刻板的，可在绘制过程中灵活发挥，根据构图的需要创作出不同的画法。

② 树冠的避让。为使图面简洁清楚、避免遮挡，在施工图中，树木平面可用简单的轮廓线表示，有时甚至只用小圆圈标出树干位置。当树冠下有花台、花坛、花境或水面、石块或竹丛等较低矮的设计内容时，树木平面不宜太复杂，应注意避让，以免挡住下面的内容。但若只是为了表示整个树木群体的平面布置，则可不考虑避让，应以强调树冠平面为主，如图 5-4 所示。

③ 树木的平面落影。树木的平面落影是表现平面树木重要的一部分，它可以增加图面的对比效果，使图面明快、有生气。平面落影与树冠形状、光线的角度和地面条件有关，常用落影圆表示。有时也可根据树形稍做变化。

绘制树木平面落影的具体方法是先选定平面光线的方向，定出落影距离，以等圆作树冠圆和落影圆，然后擦去树冠下的落影，将其余的落影涂黑，并加以表现（图 5-5）。对不同质感的

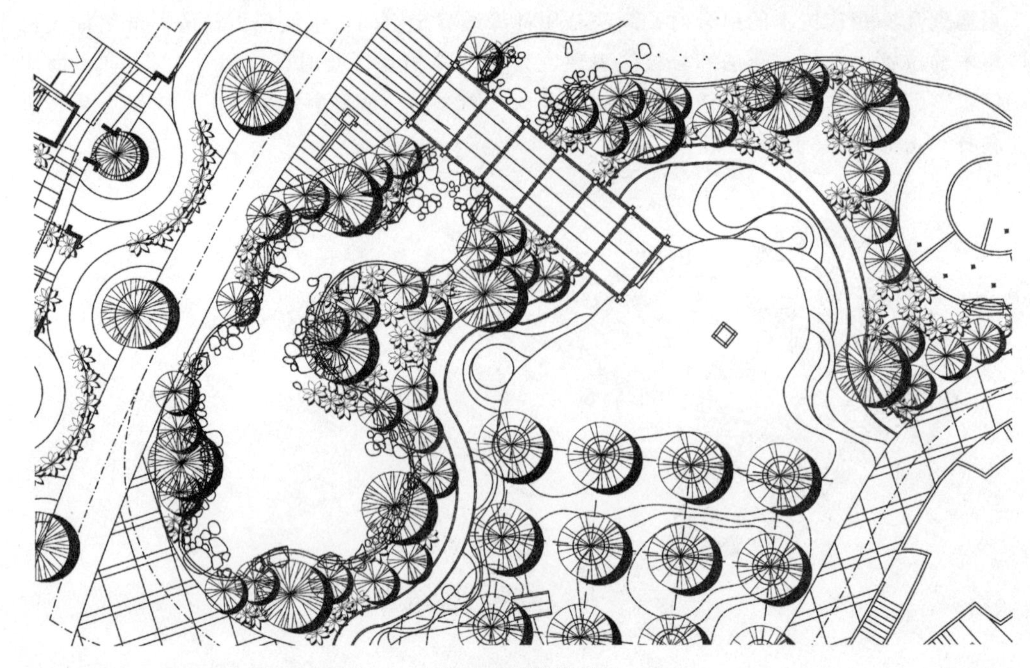
图 5-4　树冠避让

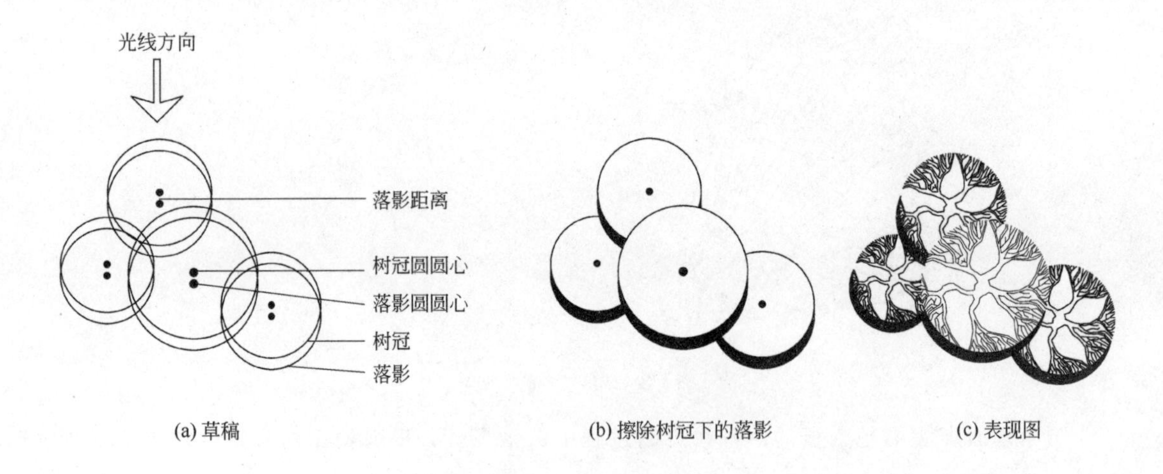

图 5-5　树木平面落影的作图步骤

地面可采用不同的树冠平面落影表现（图 5-6）。

④ 灌木和地被植物的表示方法。灌木没有明显的主干，平面形状有曲有直。自然式栽植灌木丛的平面形状多不规则，修剪的灌木和绿篱的平面形状多为规则的或不规则但平滑的。灌木的平面表示方法与树木类似，通常修剪规整的灌木可用轮廓型、分枝型或枝叶型表示，不规则形状的灌木平面宜用轮廓型和质感型表示，表示时以栽植范围为准。由于灌木通常丛生、没有明显的主干，因此灌木平面很少会与树木平面相混淆。地被植物宜采用轮廓勾勒和质感表现的形式。作图时应以地被栽植的范围线为依据，用不规则的细线勾勒出地被植物的范围轮廓，如图 5-7 所示。

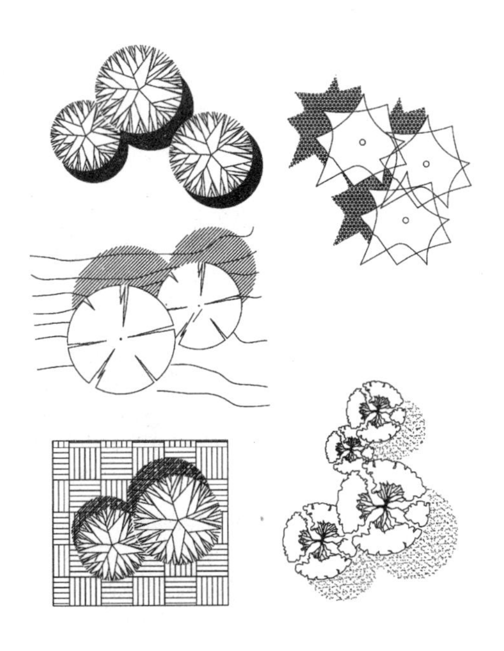

图 5-6　不同质感的地面的树木平面落影

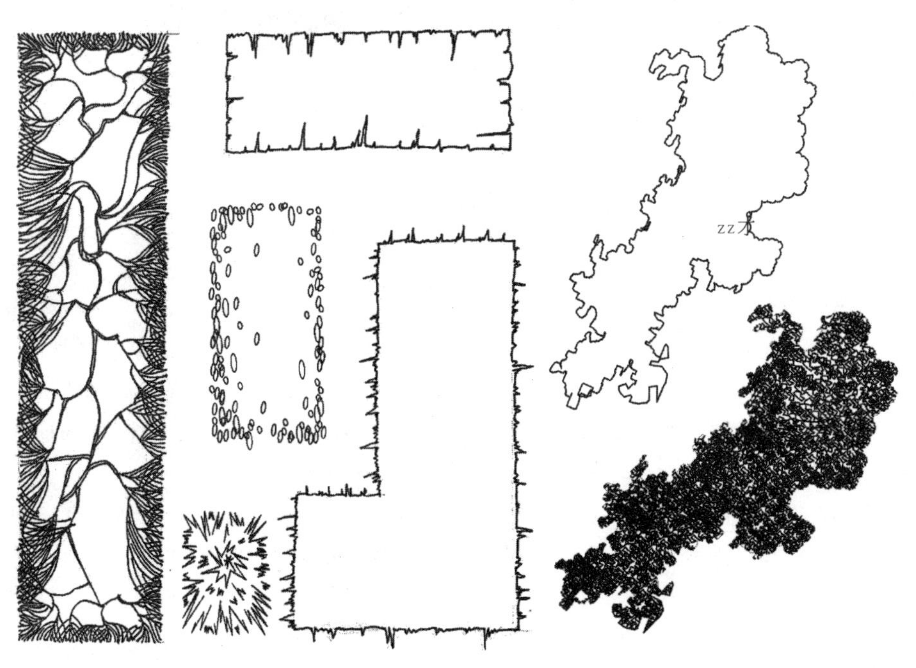

图 5-7　灌木和地被植物的画法

⑤ 草坪和草地的表示方法。草坪和草地的表示方法很多，主要有以下几种（图 5-8）。

a. 打点法。图 5-8（a）打点法是较简单的一种表示方法。用打点法画草坪时所打的点的大小应基本一致，无论疏密，点都要打得相对均匀。

b. 小短线法。图 5-8（c）、图 5-8（e）将小短线排列成行，每行之间的间距相近，排列整齐的可用来表示草坪，排列不规整的可用来表示草地或管理粗放的草坪。

c. 线段排列法。线段排列法是最常用的方法，要求线段排列整齐，行间有断断续续的重叠，如图 5-8（f）所示，也可稍许留些空白或行间留白，如图 5-8（g）所示。另外，也可用斜线排列表示草坪，排列方式可规则，也可以重叠，如图 5-8（b）、图 5-8（h）所示。

d. 乱线法或“m”形线条排列法。可以用没有规则的乱线，或“m”形线条形成特殊的面，来表示草地，如图 5-8（d）所示。

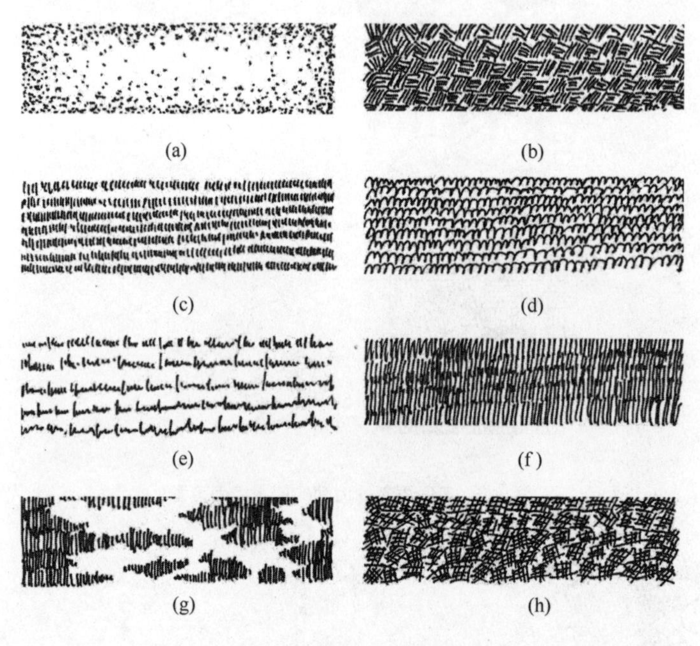

图 5-8　草坪的不同画法

（2）植物的立面画法

大自然中的树木千姿百态，有的颀长秀丽，有的伟岸挺拔，各具特色。各种树木的枝、干、冠构成以及分枝习性决定了各自的形态和特征。想要画好植物立面图需要注重两方面：多看、多练。

关于多看，一方面是多观察自然界的树木。学会观察树木的形态、特征及各部分的关系，了解树木的外轮廓形状，整株树木的高宽比和干冠比，树冠的形状、疏密和质感。另一方面是看些优秀的图例，施工图中的树木不能如实描绘，需要进行概括和加工，看图例如何在树木原型的基础上概括表现。

关于多练，初学者可从临摹各种树木的图例开始，在临摹过程中要做到手到、眼到、心到，学习和揣摩别人在树形概括、质感表现和光线处理等方面的方法和技巧。之后将已学到的手法进行应用，进行图片、照片改绘和写生练习，通过反复实践，学会自己进行合理的取舍、概括和处理。

临摹或写生树木的步骤，如图 5-9 所示。

① 确定树木的长宽比，画出四边形的外框；

② 目测并画出树干和树冠的比例关系；

③ 忽略所有细节，绘制分枝点和轮廓；

④ 抓主要特征修改轮廓，明确树木的枝干结构；

⑤ 进一步刻画，分析树木的受光情况；

⑥ 用线条去体现树冠的质感和体积感，枝干的质感和明暗；

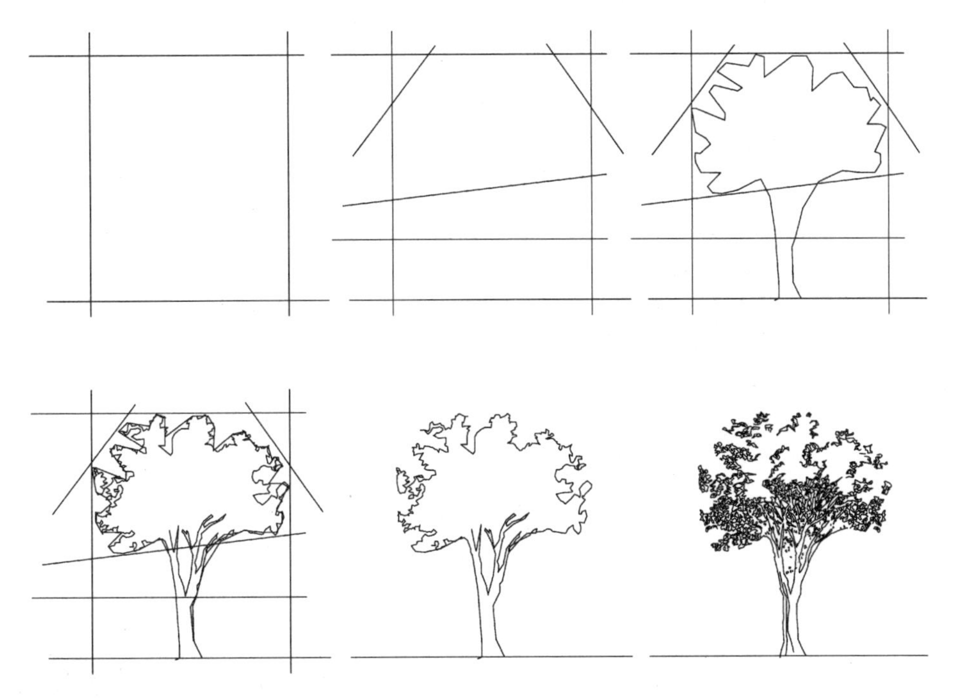

图 5-9　树木临摹或写生的步骤

⑦ 用不同的笔法去表现近、中、远景的树木。

树木的表现形式有写实的，有图案式的，也有稍加变形抽象式的，其风格的选择，应注意与平面图和整体图面相一致。写实的表现形式主要是呈现树木自然的形态和枝干结构，对冠叶进行细致的刻画，力求自然逼真的效果，如图 5-10 所示。图案式的表现形式是抓住树木的某些特征，对自然形态的树木进行艺术加工，以概括和夸张的手法形成比较工整的样式，如图 5-11 所示。变形抽象式这种风格是对自然形态的树木进行高度的简化、扭曲，用点、线、面这些抽象元素造型，使画面简洁而富有个性，如图 5-12 所示。

图 5-10　树木的写实画法

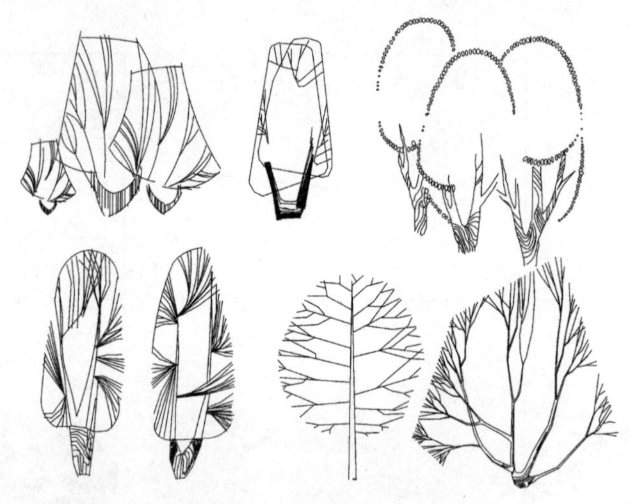

图 5-11　树木的图案式画法

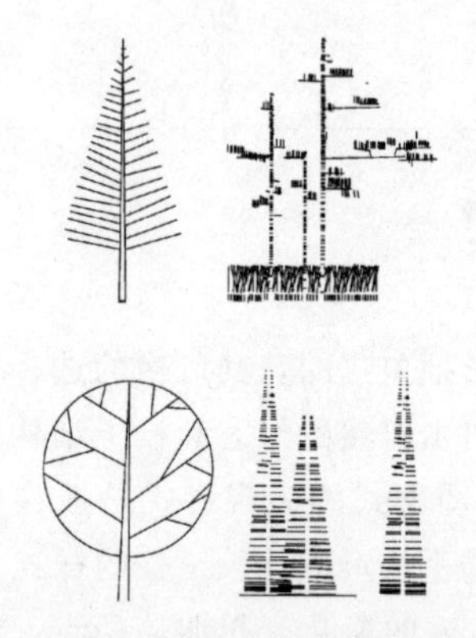

图 5-12　树木的变形抽象式画法

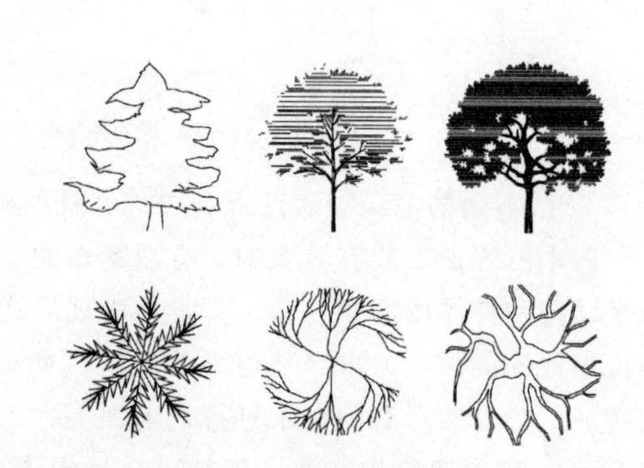

图 5-13　树木平、立面图的一致

平、立面图要保证树木的平面冠径与立面冠幅相等，平面与立面对应，树干的位置处于树冠圆的圆心。这样绘制出的平、立面图才能和谐，如图 5-13 所示。

2. 景观山石的表现方法

景观山石是指景观中人工堆砌的观赏性的置石和假山。平、立面图中的山石通常只用线条勾勒轮廓，较少采用光影、质感的表现方法。

绘制平、立面图中的山石，首先要根据山石的形状特点，绘制出其几何体形状，再用细实线切割或累叠出山石的基本轮廓，然后针对不同山石材料质地、纹理特征，用细实线画出石块的块面、纹理等细部特征，最后用粗实线勾勒山石的外轮廓线。不同的石块，有着不同的纹理，有的浑圆，有的棱角分明，在表现时应采用不同的笔触和线条，如图 5-14 所示。

假山和置石常用的石材有湖石、黄石、青石、石笋、卵石等，由于山石材料的质地和纹理不同，其表现手法也不同。

湖石又名太湖石、洞庭石，是一种石灰岩，其质地坚硬，玲珑剔透，形态各异。绘制太湖石时多用曲线表现外轮廓的自然曲折，以及内部纹理的起伏变化和洞穴。

黄石材质较硬，小块石料常因自然岩石风化冲刷而崩落后沿解理面分解而成，形成许多不规则多面体，石面轮廓分明，锋芒毕露。多用直线和折线表现外轮廓，内部纹理应以平直为主。

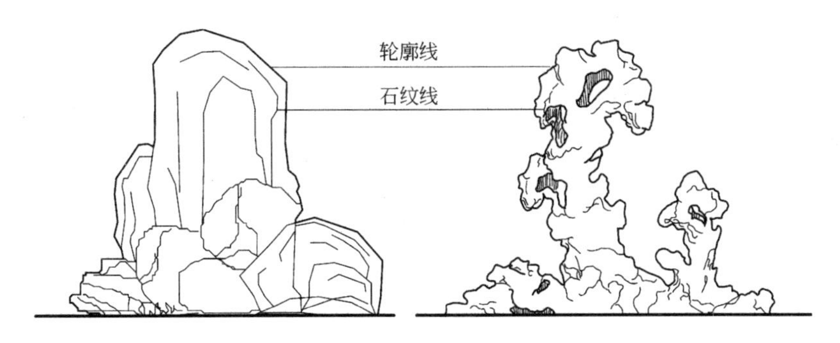

(a) 立面石块的画法

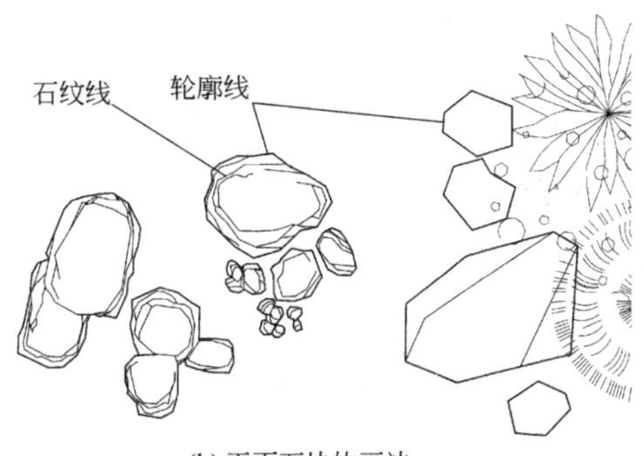

(b) 平面石块的画法

图 5-14　石块平、立面图的表现方法

青石形体多呈片状，纹理纵横交错，不像黄石解理面规整方正。绘制时多用直线和折线表现。

石笋为外形修长如竹笋的碳酸钙石灰岩，绘制时应以表现垂直纹理为主，可用直线，也可用曲线。

卵石是自然形成的无棱角岩石颗粒，体态圆润，表面光滑。绘制时多以曲线表现外轮廓，内部用少量曲线稍加修饰。

3. 景观地形、道路、水体的表现方法

（1）地形表现方法

① 地形的平面表现法。地形的高低变化及其分布情况通常用图示和标注的方法表现，等高线法是地形最基本的图示表现方法，在此基础上可获得地形的其他直观表现方法。标注法则主要用来标注地形上某些特殊点的高程。

等高线法是假想用一系列等距离的水平面切割地形，得到地形与水平切面的交线的水平正投影图，并用该水平正投影图来表示地形的方法，如图 5-15 所示。两相邻等高线切面之间的垂直距离 h 称为等高距，水平投影图中两相邻等高线之间的垂直距离称为等高线平距，平距与所选位置有关，是个变值。地形等高线图上只有标注比例尺和等高距后才能解释地形。

② 地形立面图的画法。地形立面图绘制原理与房屋建筑施工图、室内装饰施工图的立面图一样，假设空间中有一个与景观平面垂直的剖切面，将景观平面剖切为两部分，移去一部分，在剖切面所在的方向向景观图形对面的与剖切面平行的投影面作投影，便可得到较完整的地形立面图。地形立面图的绘制应选取一定的比例，剖切的位置用粗实线表示，没有剖切到的轮廓线或其他位置根据图纸表现情况用粗实线或细线来绘制。只是景观的地形有时起伏不定，被剖切面的地形会出现不在一个高度的情况，没被剖切到的地形投在投影面上也会出现高低错

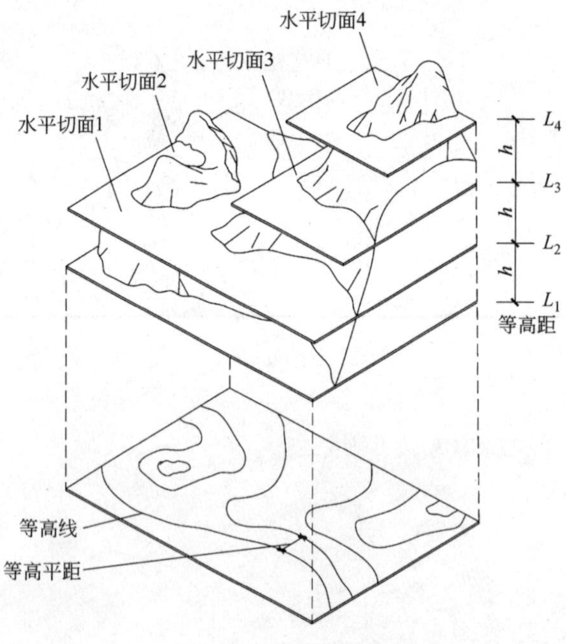

图 5-15　等高线法示意

落的现象，如图 5-16、图 5-17。

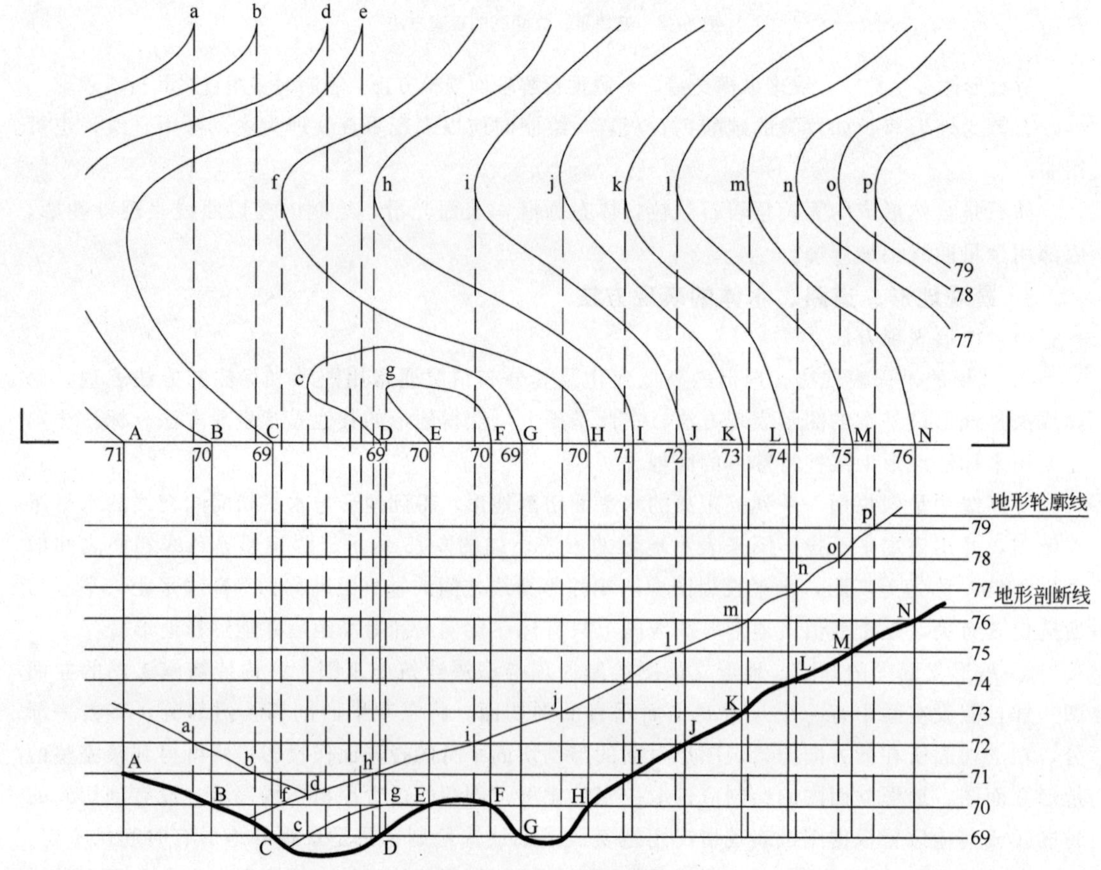

图 5-16　地形立面图的画法

图 5-17　地形立面图

（2）道路表现方法

① 道路的平面表现方法。在规划设计阶段，道路设计的主要任务是与地形、水体、植物、建筑物、铺装场地及其他设施合理结合，形成完整的景观构图，连续展示园林景观的空间，并使路的转折、衔接通顺，符合游人的行为规律。规划设计阶段道路的平面表示以图形表示为主，基本不涉及数据的标注。

② 绘制道路平面图的基本步骤如下（图 5-18）：

a. 确立道路中线；

b. 根据设计路宽确定道路边线；

c. 确定转角处的转弯半径或其他衔接方式，并可酌情表示路面材料。

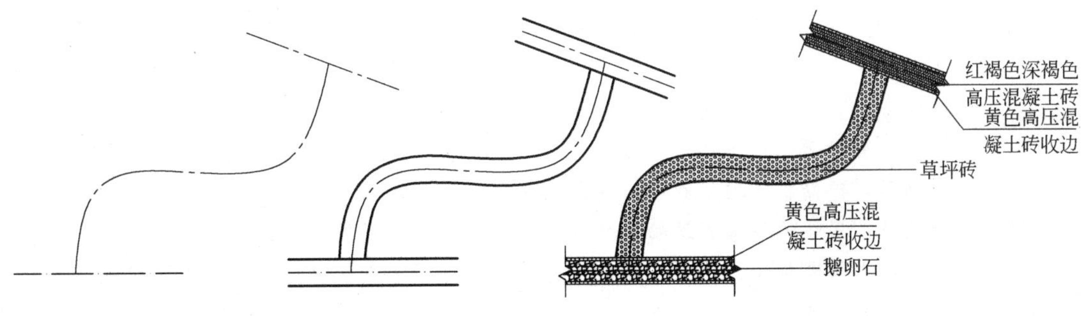

图 5-18　道路平面图的绘制步骤

（3）水面表现方法

水面可采用线条法、等深线法、平涂法和添景物法来表现，前三种为直接的水面表现方法，最后一种为间接表现方法，如图 5-19 所示。

① 线条法。用工具或徒手排列的平行线条表现水面的方法称线条法。水面可分为静水和动水：为表达水之平静，常用拉长的平行线画水，平行线可以断续并留以空白表示受光部分；动水常用曲线表示，运笔时有规则的扭曲，形成网状，也可用波形短线条来表示动水面。

② 等深线法。在靠近岸线的水面中，依岸线的曲折作二三根曲线，这种类似等高线的闭

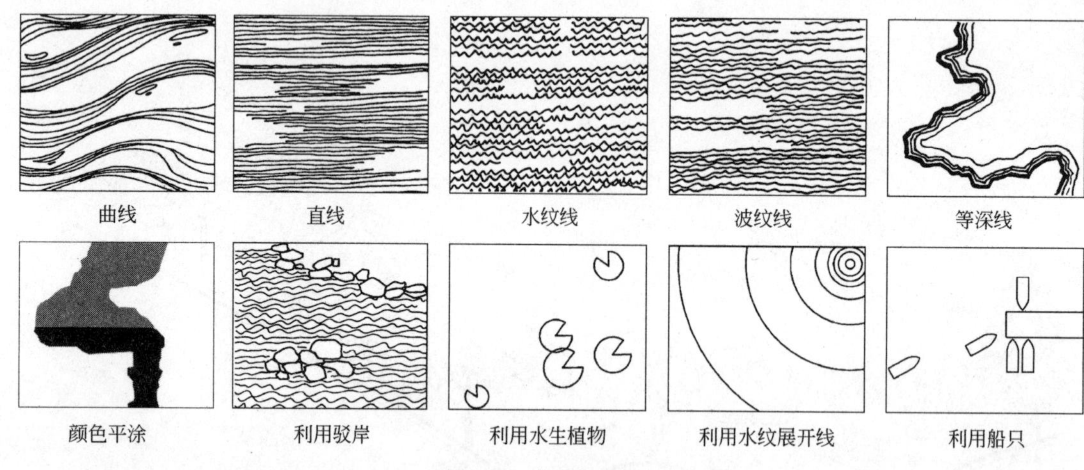

图 5-19　水面表现方法

合曲线称为等深线。通常形状不规则的水面用等深线表现。

③ 平涂法。用水彩或墨水平涂表现水面的方法称平涂法。用水彩平涂时，可将水面渲染成类似等深线的效果。先用淡铅绘制线稿，然后再一层层地渲染，使离岸较远的水面颜色较深。

④ 添景物法。添景物法是利用与水面有关的一些内容表示水面的一种方法。与水面有关的内容包括：一些水生植物（如荷花）、水上活动工具（湖中的船只、游艇）、码头和驳岸、露出水面的石块及其周围的水纹线、石块落入湖中产生的水纹等。

实训七　景观要素的平面图图例抄绘训练

1. 实训任务

抄绘图 5-1～图 5-3。

2. 绘图工具

2B 铅笔、橡皮、A4 绘图纸、墨线笔、胶带。

3. 绘图步骤

（1）资料准备，整理绘图环境，准备好绘图工具，固定纸张；

（2）画图框线和标题栏；

（3）布置画面，根据收集的资料，选取合适比例，合理布局；

（4）绘制图纸，用铅笔勾出大致轮廓，简单地画线确定出图例特征；

（5）用针管笔上墨并细化。根据不同要素的特点，如树形等，结合绘画技法进行线条的勾画，要注意粗细线条的使用；

（6）擦除铅笔痕迹。

4. 抄绘要求

（1）线型、线条流畅自然，能勾画出园林要素的形态特点，能区分出外轮廓线、细部线；

（2）画面布置合理，图纸整洁。

二、景观设计总平面图的识读与抄绘训练

1. 景观设计总平面图的形成与表达

景观设计总平面图是表现规划范围内的各种要素（如地形、山石、水体、建筑及植物等）

布局位置的水平投影图。在施工图中，总平面图最有用、最重要，因为它是反映景观工程总体设计意图的主要图纸，能反映整个景观设计的布局和结构、景观和空间构成以及诸设计要素间的关系，也是绘制其他图纸及施工的依据，如图 5-20 所示。

景观设计总平面图通常包括如下内容。

（1）地形

在总平面图中要表明设计地形和原有地形的状态。地形的高低变化及其分布情况通常用等高线表示。设计地形等高线用细实线绘制，原有地形等高线用细虚线绘制，等高线的高程可以标注，也可以不标注。

（2）景观建筑

在总平面图中一般要表现建筑工程的形状、位置、朝向以及建筑的附属设施等。依据建筑工程的图示方法，遵守图例要求绘制。在大比例尺图纸中，对有门窗的主要建筑，可采用通过窗台以上部位的水平剖面图来表现，对没有门窗的建筑，采用通过支撑柱部位的水平剖面图来表现，用粗实线画断面轮廓，用中实线画出其他可见轮廓。也可采用屋顶平面图来表现（仅适用于坡屋顶和曲面屋顶），用粗实线画出外轮廓，用细实线画出屋面。对建筑的附属部分，如散水、台阶、花池、景墙等，用细实线绘制投影轮廓，也可不画。在小比例图中的园林建筑及园林小品（1∶1000 以上），只需用粗实线画出水平投影外轮廓线。

景观工程中，如果有较详细的建筑平面图，则景观设计总平面图中的建筑物可简单表示。

（3）植物

植物品类繁多，一般用平面符号和图例表示。绘制图例时要注意曲线过渡自然，图形应形象、概括。

（4）山石

山石在总平面图中均采用其水平投影轮廓概括表示，以粗实线绘出边缘轮廓，以细实线概括绘制出皴纹。

（5）水体

观察总平面中水体的结构轮廓和所在位置，及水体和周围景观的关系。

（6）园路

总平面图中的园路用细实线画出路缘，对铺装路面也可按设计图案简略画出。

（7）编制图例说明

《风景园林制图标准》中的图例是常用的植物平面图图例，如果再使用其他图例，可依据编制图例的原则和规律进行派生，同时应在图纸上适当的位置画出并注明其含义。为了使图面清晰，便于阅读，对图中的建筑应予以编号，然后再注明相应的名称。

（8）标注定位尺寸和坐标网

定位方式有两种，一种是根据原有景物定位，标注新设计主要景物与原有景物之间的相对距离。另一种是采用直角坐标网定位。直角坐标网有建筑坐标网和测量坐标网两种标注方式。建筑坐标网是以工程范围内的某一点为“O”点，再按一定距离画出网格，水平方向为 B 轴，垂直方向为 A 轴，便可确定网格坐标。测量坐标网是根据景观所在地的测量基准点的坐标，确定网格的坐标，水平方向为 Y 轴，垂直方向为 X 轴。坐标格用细实线绘制。

（9）绘制比例、风向频率玫瑰图或指北针，注写标题栏

为了便于阅读，总平面图宜采用线段比例尺，标题栏要根据国标中标题栏的格式来注写。

（10）文字说明

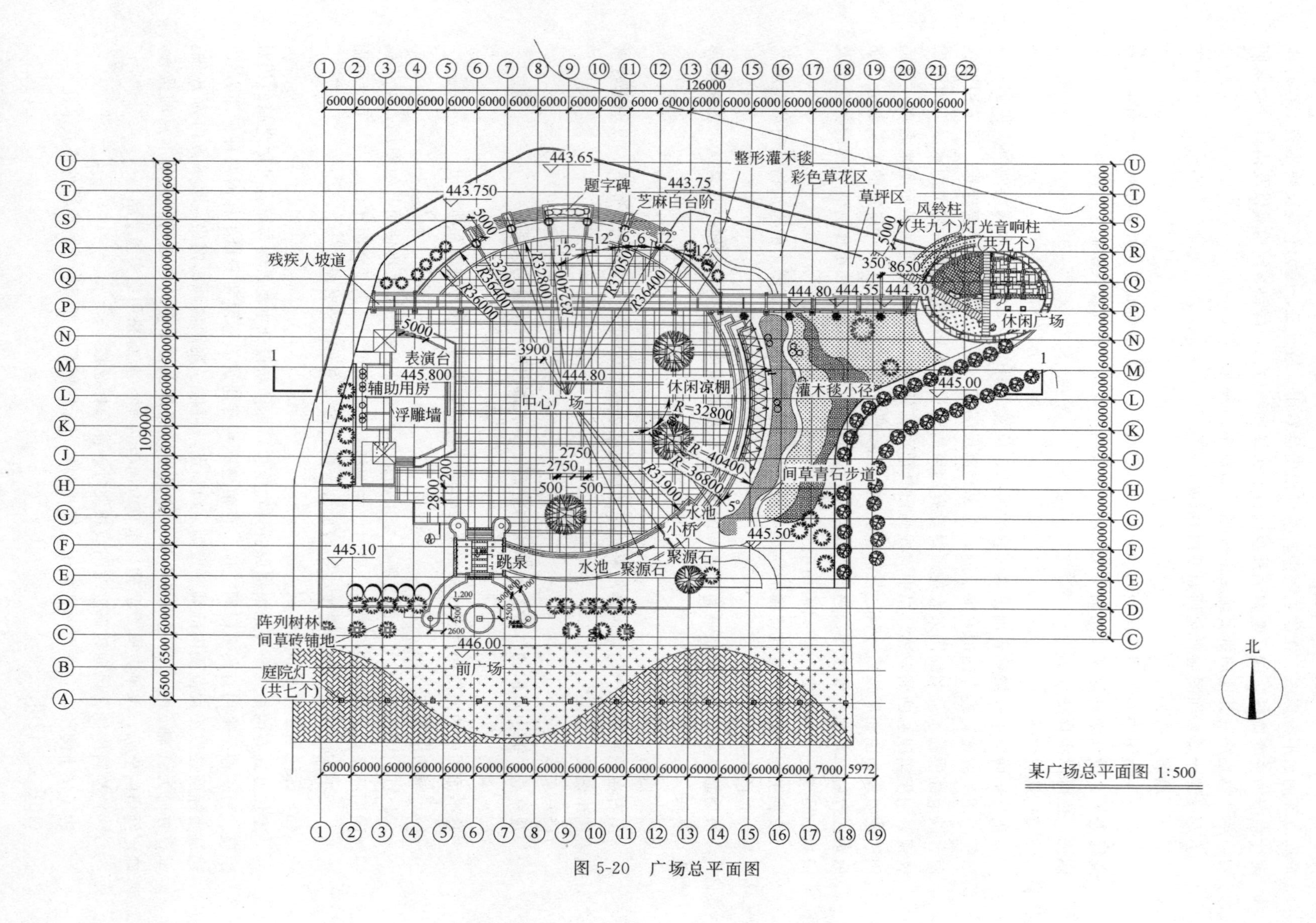
整形灌木毯
彩色草花区
草坪区
风铃柱
(共九个)灯光音响柱
(共九个)
题字碑
芝麻白台阶
残疾人坡道
休闲广场
表演台
辅助用房
浮雕墙
中心广场
休闲凉棚
灌木毯小径
间草青石步道
水池
小桥
聚源石
跳泉
阵列树林
间草砖铺地
前广场
庭院灯
(共七个)
北
某广场总平面图 1:500

图 5-20 广场总平面图

必要时总平面图上可书写说明性文字，如：图例说明、公园的方位、朝向、占地范围，地形，地貌，周围环境及建筑物室内外绝对标高等。

2. 景观设计总平面图的识读

① 读图名、比例、设计说明及风玫瑰图或指北针。了解设计意图和工程性质、设计范围及朝向等项目概括。

② 读等高线和水位线。了解景观区内的地形和水体布置情况，着重注意用地范围内地形最低点、最高点，水底等特征地形的标高，从而大致了解地形走势、特征。

③ 读图例和文字说明。明确新建景物的平面位置，了解总体布局情况。

④ 读坐标或尺寸。根据坐标或尺寸查找施工放线的依据。

实训八　广场设计总平面图抄绘训练

广场设计总平面图实训项目任务书

1. 实训任务

在 A3 图纸中抄绘图 5-20 广场总平面图。

2. 绘图工具

2B 铅笔、直尺、三角板、曲线板、橡皮、A3 绘图纸、墨线笔、胶带。

3. 绘图步骤

(1) 准备工作。准备好所有制图工具，读懂原总平面图。包括图名、比例、坐标、尺寸、文字说明等。读懂设计思想、各要素的总体布局、景观的组织及表示方法等所有内容。结合游览景观的感受，在平面上进行阅读浏览，为绘图打好基础。

(2) 图框绘制。画好图框、标题栏和会签的外框线。

(3) 选取合适比例，构图。

(4) 铅笔绘制稿线。整体构图，考虑图面所有内容，使画面整齐、美观。在此基础上画坐标网格或定位轴线、中心线；接着画图中的道路、水面轮廓、地形等高线等，再画园林植物的图例符号，最后进行图面标注，绘制比例尺、指北针，填写标题栏、会签栏等。

(5) 进行图面检查。核对抄绘后的底图和抄绘原图，发现错误应立即修改，以免遗忘。

(6) 上墨。先将抄绘后的底图固定在图板上，再把描图纸覆盖在底图上，用墨线描绘。墨线的绘制顺序是先画景观各要素，再画坐标网格或定位轴线和中心线。然后进行图面标注，最后画图框和标题栏等。

(7) 擦除铅笔痕迹。

4. 任务描述

任务描述如下表所示。

序号	任务分解	任务要求	技能要求	态度要求
1	图框线绘制	横式图幅，图框线宽度参考表 1-5	能够按照绘图步骤绘制广场总平面图纸，绘制图纸准确，做到图面整洁、美观，尽可能地提高绘图速度	认真、严谨、精益求精的工作态度
2	标题栏绘制	绘制图 1-18 标题栏，标题里要有相应信息：姓名、专业、班级、学号、日期。用工程字体。标题栏线宽要求，参考表 1-5		
3	景观要素绘制	符合《风景园林制图标准》的要求，绘制简洁、美观、清晰		
4	工程字绘制	工程字体大小规范，整体均匀，书写规范，参考表 1-6		

续表

序号	任务分解	任务要求	技能要求	态度要求
5	尺寸标注和坐标网绘制	尺寸界线、尺寸线、尺寸起止符号和尺寸数字绘制规范，坐标网绘制规范	能够按照绘图步骤绘制广场总平面图纸，绘制图纸准确，做到图面整洁、美观，尽可能地提高绘图速度	认真、严谨、精益求精的工作态度
6	索引符号	索引线、圆、符号绘制规范		
7	引出线	引出线绘制规范		
8	标高符号	标高三角、直线、数字绘制规范		
9	图名、比例	图名、比例绘制规范		
10	图纸结构	图纸构图美观，结构合理		
11	图纸整洁度	图纸保持干净、整洁		
12	上墨线	绘制线型粗细得当，有节奏；线条流畅、匀称、平滑、美观；线和线的交接处干净、利索		

5．实训重难点

（1）图面整洁、字体端正、标注清晰；

（2）图例符号符合《风景园林制图标准》的要求，图例简洁、美观、清晰；

（3）图面上各要素之间的关系清晰，表示正确；

（4）在保证画面质量的前提下，尽可能地提高绘图速度。

三、景观设计立面图的识读与抄绘训练

1. 景观设计立面图的形成与表达

表现设计环境空间垂直面的正投影图被称为景观设计立面图，简称立面图。在进行景观设计时，除了平面以外，还需要通过立面图进行场景的高低错落的表现，使景观设计更加丰富。因此它主要表达了景观水平方向的延伸、设计所用树木的形状和大小、建筑小品的垂直关系，是景观施工中的重要图样。

根据景观设计范围的复杂程度，所需绘制的立面图的数量也有所不同。主要由各个景观元素的立面造型形态、尺寸标注和文字标注等组成。根据在景观设计平面图中的剖切位置，将剖切线经过的所有景观元素的立面造型按照比例绘制清楚。

立面图所采用的比例常用的有 1∶50、1∶100、1∶200。

为了使立面图外形更加清晰、层次感更强，立面图需要采用多种线型画出。一般景观立面图的地坪线用粗实线表示。

2. 景观立面图的识读

现以图 5-21、图 5-22 的立面图为例，说明其图示内容和识读步骤。

① 读图名和比例，了解设计的位置和比例。从图纸名称可知，图 5-21、图 5-22 表现的是广场的立面图一和二，比例为 1∶50。

② 读立面图的地坪线的形态和特征。按照景观设计平面图的剖切位置，将等高线延伸到立面图上，通过标高符号来了解地形状态的变化以及山体、水体的变化。如图 5-21 所示，地形的每个凹凸位置都会标有地形的高度标识，以此体现地形的特征。

③ 读立面图与平面图的对应关系，确定各个景观元素在立面图中的位置及布局情况。如图 5-21 所示，景观中的植物、儿童娱乐设施、廊架、花池等元素在立面图中的具体位置。

④ 读各个景观元素的宽度和高度。如图 5-22 所示，该广场中通过标注尺度画出公共绿化

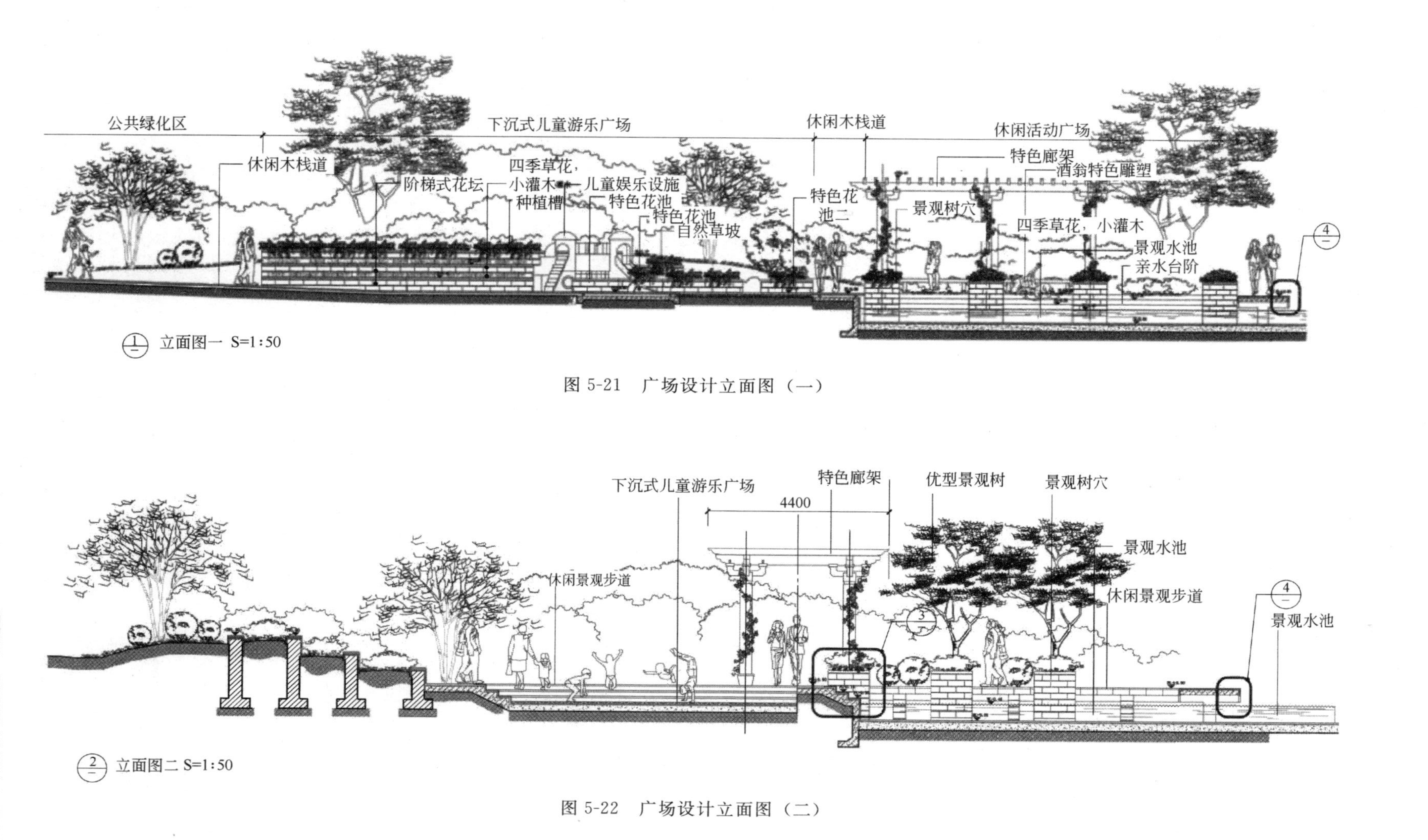

图 5-21 广场设计立面图（一）

图 5-22 广场设计立面图（二）

区、下沉式儿童游乐广场、休闲木栈道、休闲活动广场的宽度。在阶梯花坛处进行标高，并沿着高度方向标注每个台阶的高度尺寸。

⑤ 读各景观元素的细部造型。

实训九　广场设计立面设计图抄绘训练

1. 实训任务

在A3图纸中抄绘图5-22广场设计立面图（二）。

2. 绘图工具

2B铅笔、直尺、三角板、云板、橡皮、A3绘图纸、墨线笔、胶带。

3. 绘图步骤

(1) 准备好所有制图工具，读懂广场设计立面图。

(2) 画好图框、标题栏和会签的外框线。

(3) 选取合适比例，构图。

(4) 铅笔绘制稿线。整体构图，确定各设计元素的宽度和高度，地坪线、水体、绿植、建筑小品图形绘制准确，使画面整齐、美观。

(5) 进行图面检查。根据设计意图描绘各设计元素的细部造型，按照前挡后的原则，擦去被遮挡的部分，核对抄绘后的底图和抄绘原图，发现错误应立即修改，以免遗忘。

(6) 上墨。用墨线描绘。加深地坪线，建筑物或构筑物轮廓线次之，其余最细墨线的绘制顺序是先画景观各要素，然后进行图面标注，最后画图框和标题栏等，对于主要建筑物或构筑物及地形显著变化处应注写标高。

(7) 擦除铅笔痕迹。

4. 任务描述

序号	任务分解	任务要求	技能要求	态度要求
1	图框线绘制	横式图幅，图框线宽度参考表1-5	能够按照绘图步骤绘制广场立面图纸，绘制图纸准确，做到图面整洁、美观，尽可能地提高绘图速度	认真、严谨、精益求精的工作态度
2	标题栏绘制	绘制图1-18标题栏，标题里要有相应信息：姓名、专业、班级、学号、日期。用工程字体。标题栏线宽要求，参考表1-5		
3	景观要素绘制	符合《风景园林制图标准》的要求，各个要素之间的关系要清晰、有条理，表达清楚，图线绘制粗细得当		
4	工程字绘制	工程字体大小规范，整体均匀，书写规范		
5	尺寸标注绘制	尺寸界线、尺寸线、尺寸起止符号和尺寸数字绘制规范		
6	索引符号	索引线、圆、符号绘制规范		
7	引出线	引出线绘制规范		
8	图名、比例	图名、比例绘制规范		
9	图纸结构	图纸构图美观，结构合理		
10	图纸整洁度	图纸保持干净、整洁		
11	上墨线	绘制线型粗细得当，有节奏；线条流畅、匀称、平滑、美观；线和线的交接处干净、利索		

5. 实训重难点

(1) 掌握广场设计立面图的内容、绘制方法和步骤；

（2）图纸的图框、标题栏、图样的尺寸标注、材料符号要规范；

（3）具有细致、严谨、负责的制图态度、图纸布局合理、整洁。

四、景观设计详图的识读训练

1. 景观设计详图的形成与表达

由于景观设计内容繁多，应采用 1∶50 等较小的比例进行绘制，因此景观的一些细部（节点）的详细构造，如植物、地面、楼梯、廊架等的尺寸和层次以及材料和施工手法都是无法表现出来的。为了满足施工方的需求，必须分别将这些内容用比较大的比例进行详细的绘制，这种图纸被称为景观设计详图。

它是景观设计细部构造的施工图，是对平面、立面、剖面图等图样一个深度的补充，同时也是细节配件制作及预算的依据。

详图要求的图示内容应详尽清楚，尺寸标准，文字说明详细。一般应表达出细部的连接及相对应的位置，材料的使用及规格，构造的层次和操作手法等。同时必须加注详图符号，在详图符号后面写上比例，详图的绘制比例通常采用 1∶20、1∶10、1∶5 等。

景观设计中由于涉及的元素不同。需要对平面详图、立面详图（如台阶详图等）或者种植详图进行详细的表示。比如，地面详图，是对地平面的重点位置或地面铺装纹路的设计的表达。

种植详图，主要反映重点树丛、各树之间的关系，树木周围处理和复层混交林种植的详细材质和尺寸。种植某一种植物时挖坑、覆土、施肥、支撑等种植施工要求会根据不同地区、不同土壤条件、不同植物品种的种植措施不同，因此对主要树种或种植难度较大的植物需画植物种植详图。

2. 景观设计详图的识读

下面介绍一般的景观设计详图识读步骤。

（1）地面详图

① 读图名和比例。由图 5-23 可知这是立面图中卵石道路详图，比例为 1∶20。

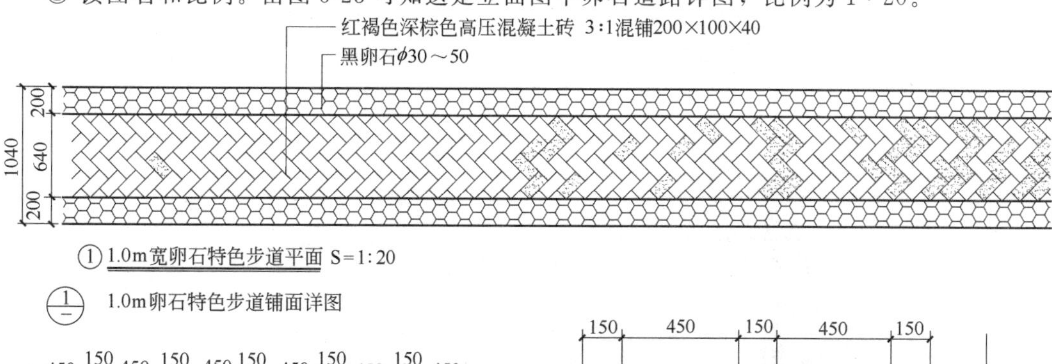

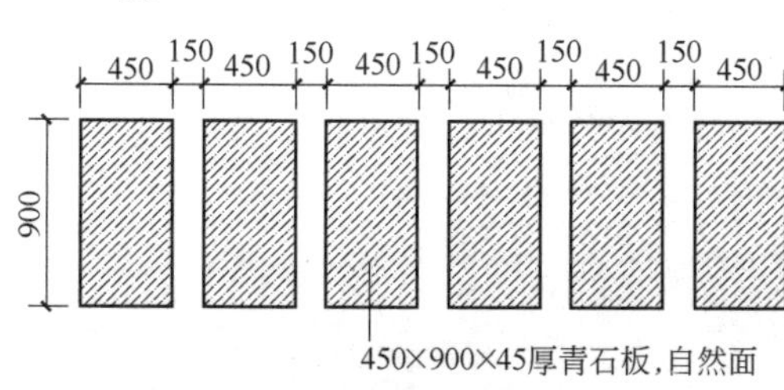

150 450 150 450 150

50

100

种 植 土

450×900×45厚青石板,自然面

50厚砂垫层

100厚砂石级配垫层

素土夯实

② 横向人行汀步剖面S=1:10

图 5-23　广场设计道路结构详图

② 读地形底部的构造层次、材料名称，如图 5-23 所示，从下往上进行层次上的制作，先素土夯实，再砂石垫层，进行种土，然后植草的格栅，最后铺草皮。

③ 读材料的具体做法、施工工艺要求的文字说明。

④ 读路牙与路面结合部分的高度方向的尺寸和细部尺寸。如图 5-24，用 40mm 厚的白色花岗岩收边。

⑤ 读异型铺装块与路牙的衔接处理。

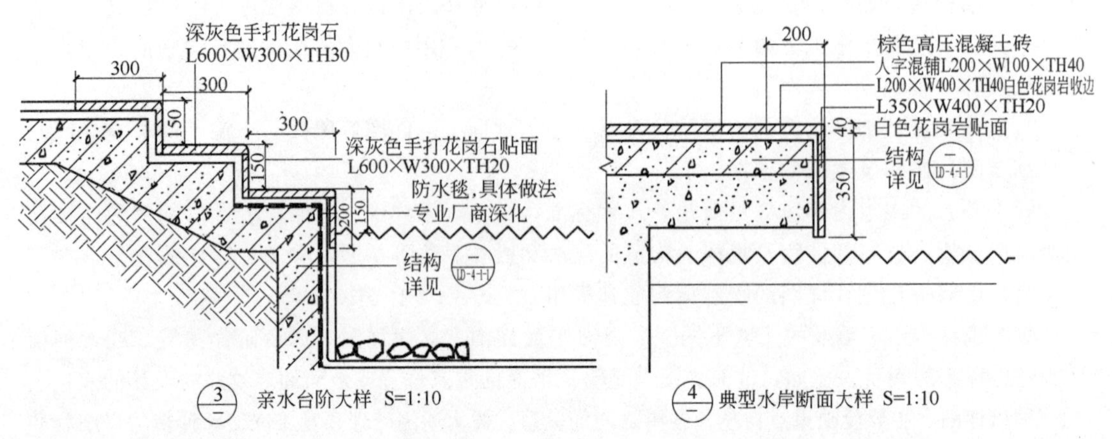

图 5-24 广场设计亲水台阶详图

（2）种植详图

① 读图名、比例及设计说明，明确工程名称、绿化目的、性质与范围。如图 5-25 所示，

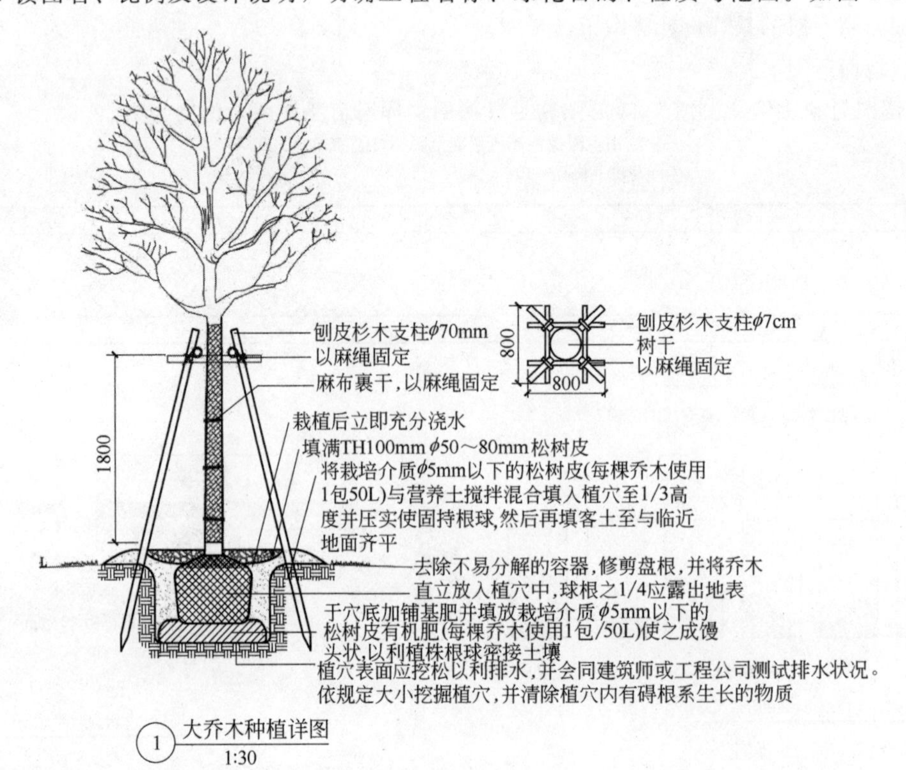

图 5-25 广场设计植物种植详图（一）

设计说明中解释了采用杉树的目的和说明。

② 读图示中植物种植位置及配置方法，分析设计方案是否合理，如图 5-25 所示，使用麻绳固定、用刨皮杉木支柱的方式来固定植物的位置。

③ 读植物的种类、名称、规格和数量，如图 5-26 所示。

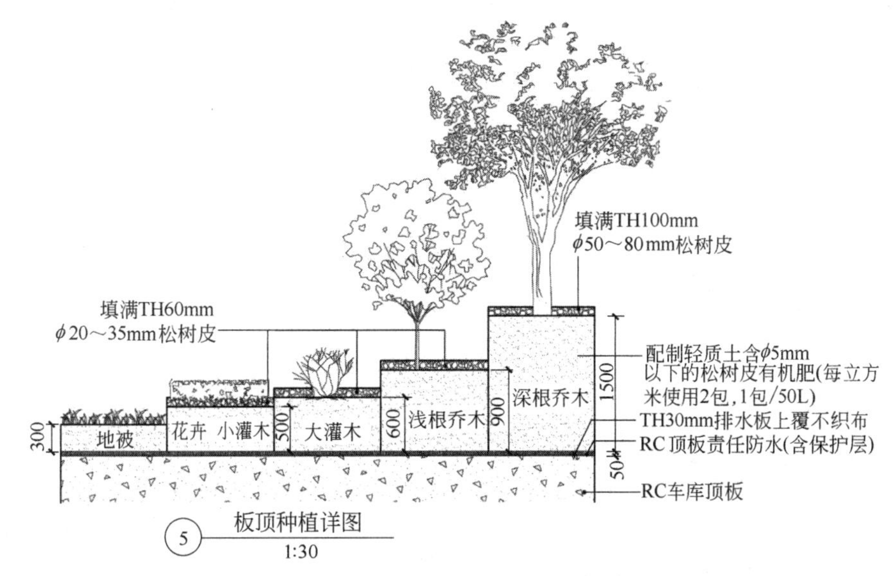

图 5-26　广场设计植物种植详图（二）

（3）假山详图

如图 5-27 所示。

① 读假山、山石某处断面外形轮廓及大小；

② 读假山内部及基础的结构、构造的形式位置关系及造型尺度；

③ 读假山内部有关管线的位置；

④ 读假山种植池的尺寸、位置和做法；

⑤ 读假山、山石各山峰的控制高程；

⑥ 假山的材料、做法和施工要求。

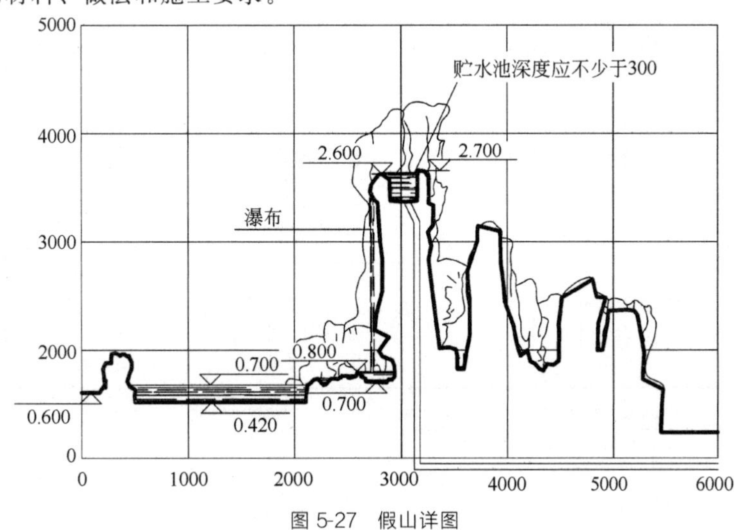

图 5-27　假山详图

附　　录

附录 A　某室内装饰工程施工图

某室内设计施工图纸目录表

序号	图纸编号	图纸内容	备注	序号	图纸编号	图纸内容	备注
1	ML-01	目录		30	LM-14	公卫 A、B 立面图	
2	SM-01	施工图设计说明		31	LM-15	公卫 C、E、D 立面图	
3	SM-02	电气设计说明		32	LM-16	小孩房 A、B 立面图	
4	SM-03	材料表一		33	LM-17	小孩房 C、D 立面图	
5	SM-04	材料表二		34	LM-18	父母房 A、B 立面图	
6	PM-01	原始结构图		35	LM-19	父母房 C、D 立面图	
7	PM-02	墙体定位图		36	LM-20	厨房 A、B 立面图	
8	PM-03	平面布置图		37	LM-21	厨房 C、D 立面图	
9	PM-04	地面材质图		38	TP-01	天花剖面图	
10	PM-05	天花投影图		39	TP-02	天花剖面图	
11	PM-06	天花尺寸图		40	TP-03	天花剖面图	
12	PM-07	照明电路图		41	TP-04	天花剖面图	
13	PM-08	空调布置图		42	TP-05	天花剖面图	
14	PM-09	插座布置图		43	TP-06	天花剖面图	
15	PM-10	给排水布置图		44	P-01	剖面图	
16	PM-11	立面索引图		45	P-02	剖面图	
17	LM-01	客厅立面图		46	P-03	剖面图	
18	LM-02	客餐厅立面图		47	P-04	剖面图	
19	LM-03	客厅立面图、餐厅立面图		48	P-05	剖面图	
20	LM-04	客、餐厅 D 立面图		49	D-01	门大样图	
21	LM-05	餐厅正体、过道 C 立面图		50	D-02	主卧衣柜详图	
22	LM-06	过道展开立面图		51	D-03	小孩房 父母房衣柜详图	
23	LM-07	书房 A、B 立面图		52	D-04	线条大样图	
24	LM-08	书房 C、D 立面图		53	D-05	线条大样图	
25	LM-09	主卧 A、B 立面图		54			
26	LM-10	主卧 C、F 立面图		55			
27	LM-11	主卧 D、E 立面图		56			
28	LM-12	主卫 A、B 立面图		57			
29	LM-13	主卫 C、D 立面图		58			

某室内设计有限公司

建设单位 CLIENT	工程名称 PROJECT TILE　某室内工程图		图纸名称 REVISION　图纸目录表	
说明 DESCRIPTION	打印线型说明 LINE DESCRIPTION	主持 PRESIDE	校对 CHECKED	工程编号 PROJECT NO.
未经建筑师或设计师之书面批准，不得随意将任何部分翻印；切勿以比例量度此图，一切依图内数字所示为准；承建人必须在现场核对图内所示数字之准则，如发现有任何矛盾处，应立即通知建筑师或设计师。	色号 / 图例 / 打印线宽 / 色号 / 图例 / 打印线宽：1 —— 0.1 5 —— 0.12；2 —— 0.2 6 —— 0.25；3 —— 0.15 7 —— 0.30；4 —— 0.18 8 —— 0.02	项目负责人 PROJECT MANAGER；设计 DESIGN BY；绘图 DRAWING BY	审核 APPROVED；图别 CATEGORY　装施；图幅 FRAME　A3	图号 DRAWING NO.　ML-01；比例 SCALE；日期 DATE　2011.07

日期	姓名	专业	修改	电脑文件

施工图设计说明

一、设计依据

1. 由甲方提供的建筑平面布置图；

2. 由国家建设部颁发的《建筑装饰装修工程质量验收标准》(GB 50210—2018)；

3. 由国家建设部、技术监督局联合发布的《建筑内部装修设计防火规范》(GB 50222—2017)；

4.《建设电气安装工程质量检验评定标准》(GB 50303—2015)；

5. 装饰工程施工的标准做法及惯常方式，施工图中未详尽之做法请参照相关标准及工具书；如：中国建筑工业出版社《装饰工程施工手册》等。

二、施工图范围

装修及照明设计。

三、施工图与施工说明

(一) 主材料的说明

1. 大理石：磨光度达到95°以上，厚度要基本一致，在规范公差范围内，最大公差±2mm，产品要选用A级。

国产大理石的产品质量要符合国家A级产品标准。

2. 木夹板：选用进口和国内合资厂生产的AA级木夹板，并且符合AA级产品，油防火涂料。

木方：不管是国产还是进口，要选用与表面饰板相同纹理及相同颜色的A级产品，含水率要控制在15%以内，油防火涂料。

3. 所有布料：是半年内产品，不长霉不老化，并具有一定的防火性能。

4. 装饰墙纸：所有尽量先择自然纤维墙纸，等级为E0级或E1级。

5. 家具油漆，均为进口光面聚安脂漆；ICI乳胶漆均为白色亚光乳胶漆。阳台及洗手间采用进口亚光白色防水乳胶漆。

6. 天花材料，按国家规范选用木龙骨和5mm夹板吊顶，面层封9mm石膏板吊顶，大面积处采用50系列轻钢龙骨，面封9mm石膏板。凡是异型的造型，采用木龙骨夹板天花，油防火涂料。

(二) 施工工艺的要求

1. 大理石的墙面及地面平整度公差2mm（两米直径）。

凡是白色，浅色大理石（如莎安娜米黄、雅仕白、紫云砂岩、白木纹米黄等），在贴以前都要做防浸透处理。

2. 所有木夹板的天花、隔墙、造型底板，都要进行防火处理。

3. 所有外墙内侧的墙面、洗手间、淋浴间、备餐厅等的内墙（批水泥或装饰）均要进行防水处理。

4. 所有天花属大面积的，一般超过200m² 面积的范围就要考虑伸缩缝。

5. 所有镜面与墙面拼接处不能用镜钉安装，要以双面胶及中性玻璃胶贴合。

6. 所有天花石膏板与木夹板拼合处及其他之后会发生开裂处要以绷带做防裂处理。

(三) 图纸说明

1. 家具图，灯饰在选样中，不再画施工图，具体加工时由专业厂家出详图。

2. 工艺品的选择，定做，只做示意并提要求，具体由甲方选购。

3. 墙体及门窗洞口尺寸定位，除标注外，均同原建筑设计。

4. 防火门、防火卷帘、防火墙、消火栓等位置及材料制作，除注明外，均同原建筑设计。

5. 图纸上的比例是相对准确的，如发现个别尺寸未标注，由设计单位出书面通知，所有尺寸必须核对现场，如有不同由设计师现场调整。

6. 图纸上标注的材料与清单有矛盾时，以清单为准。

修改	专业	姓名	日期

电脑文件

某室内设计有限公司

建设单位 CLIENT

说明 DESCRIPTION

未经建筑师或设计师之书面批准，不得随意将任何部分翻印；切勿以比例量度此图，一切依图内数字所示为准；承建人必须在现场核对图内所示数字之准则，如发现有任何矛盾处，应立即通知建筑师或设计师。

工程名称 PROJECT TILE 某室内工程图

打印线型说明 LINE DESCRIPTION

色号	图例	打印线宽	色号	图例	打印线宽
1	——	0.1	5	——	0.12
2	——	0.2	6	——	0.25
3	——	0.15	7	——	0.30
4	——	0.18	8	——	0.02

主持 PRESIDE

项目负责人 PROJECT MANAGER

设计 DESIGN BY

绘图 DRAWING BY

图纸名称 REVISION 施工图设计说明

校对 CHECKED

审核 APPROVED

图别 CATEGORY 装施

图幅 FRAME A3

工程编号 PROJECT NO.

图号 DRAWING NO. SM-01

比例 SCALE

日期 DATE 2011.07

材料表一

序号	代号	名称	规格	型号及明细	应用区域	供应商	修改	备注
01	XT101	欧典米黄大理石	实际尺寸		全屋		△	
02	XT102	杭灰大理石	实际尺寸		全屋		△	
03	XT103	黑金花大理石	实际尺寸		全屋		△	
04	XT104	帕斯高灰大理石	实际尺寸		公卫			
05	XT105	金蜘蛛大理石	实际尺寸		主卫			
06	XT106	雅士白大理石	实际尺寸		全屋			
07	XT107	鹅卵石	实际尺寸		景观阳台			
08	XT108	800mm×400mm 地砖	实际尺寸		景观阳台			
09	ST01						△	
10	ST02						△	
11	ST03						△	
12	ST04						△	
13	ST05						△	
14	ST06							
15								
16	C01	黑色镜面不锈钢	实际尺寸		见图			
17	C02							
18								
19	WC01	墙纸	常规		见图		△	
20	WC02	皮革	常规		见图		△	
21							△	
22	WC04						△	
23	WC04						△	
24								
25	GL01	玻璃	5～12mm	清玻	全屋		△	
26	GL02	银镜	5mm		全屋		△	
27	GL03	灰镜	5mm		全屋			
28	GL04	铁锈镜	5mm		书房			
29								
30	WD01	木饰面		索珠光白	全屋	承包商	△	
31	WD02	实木线条		索珠光白	全屋	承包商	△	
32	WD03	实木地板		选购	房间	承包商	△	
33	WD04	木皮		索珠光白	全屋	承包商		
34	UP01							
35	UP02							
36								
37	PT-1	ICI 乳胶漆	白色	立邦	全屋	ICI	△	
38	PT-2	天花 ICI 防水乳胶漆	白色	立邦	洗手间 厨房 阳台	ICI	△	
39	PT-2							
40								

日期 | 姓名 | 专业 | 修改 | 电脑文件

某室内设计有限公司

建设单位 CLIENT

说明 DESCRIPTION

未经建筑师或设计师之书面批准，不得随意将任何部分翻印；切勿以比例量度此图，一切依图内数字所示为准；承建人必须在现场核对图内所示数字之准则，如发现有任何矛盾处，应立即通知建筑师或设计师。

工程名称 PROJECT TILE 某室内工程图

打印线型说明 LINE DESCRIPTION

色号	图例	打印线宽	色号	图例	打印线宽
1	——	0.1	5	——	0.12
2	——	0.2	6	——	0.25
3	——	0.15	7	——	0.30
4	——	0.18	8	——	0.02

主持 PRESIDE

项目负责人 PROJECT MANAGER

设计 DESIGN BY

绘图 DRAWING BY

图纸名称 REVISION 材料表一

校对 CHECKED

审核 APPROVED

图别 CATEGORY 装施

图幅 FRAME A3

工程编号 PROJECT NO.

图号 DRAWING NO. SM-03

比例 SCALE

日期 DATE 2011.07

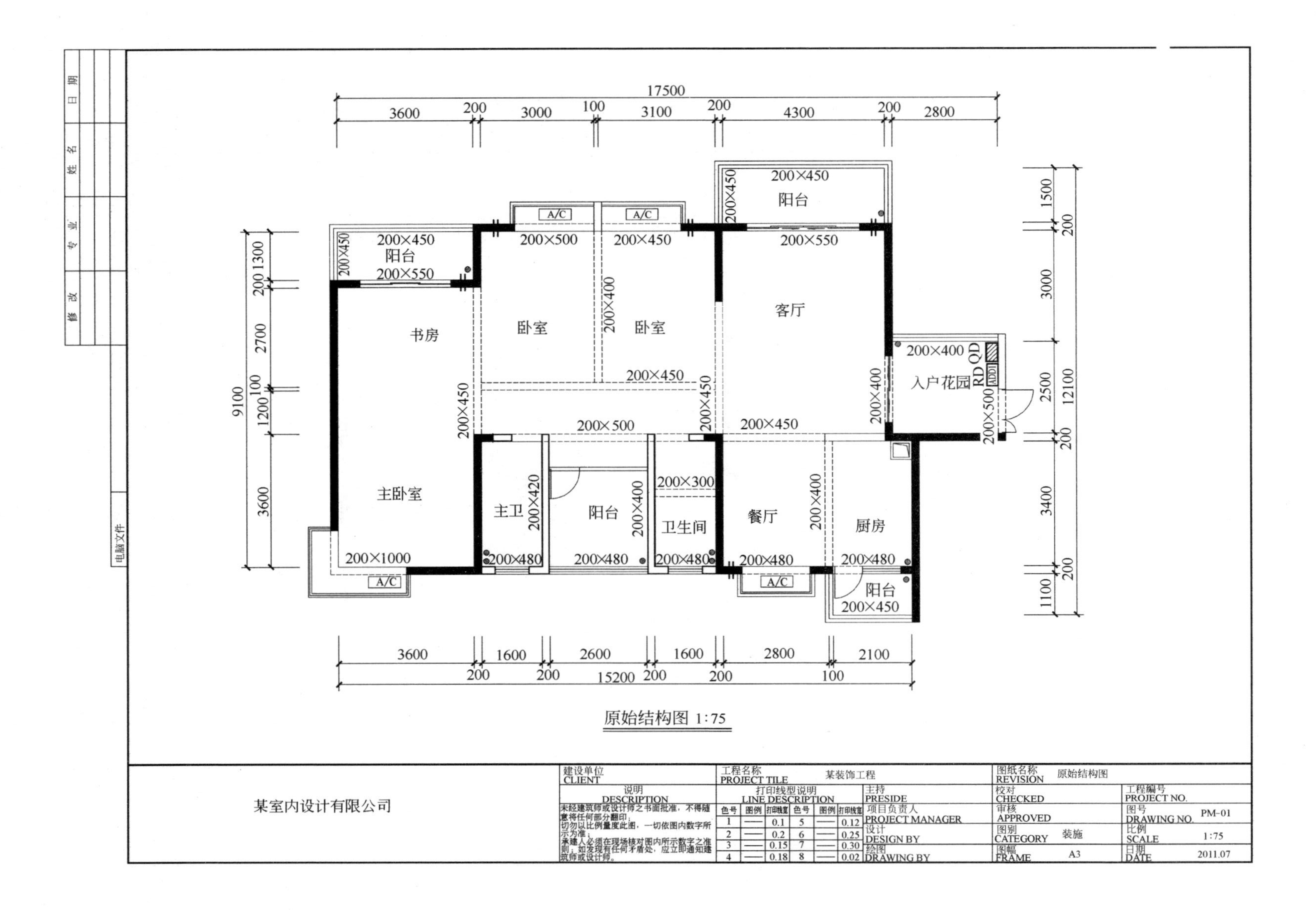

色号	图例	打印线宽	色号	图例	打印线宽
1	—	0.1	5	—	0.12
2	—	0.2	6	—	0.25
3	—	0.15	7	—	0.30
4	—	0.18	8	—	0.02

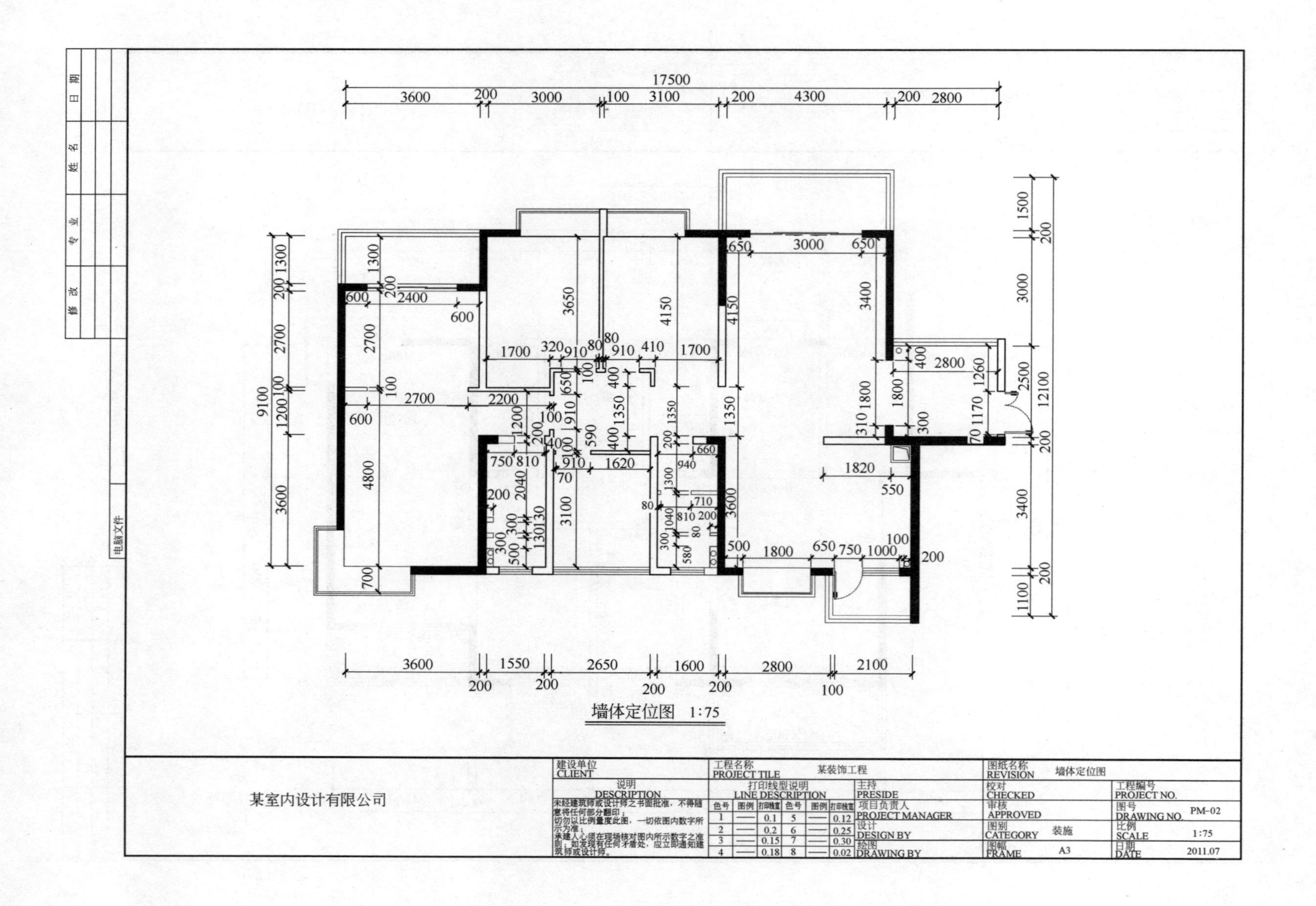
墙体定位图 1:75
某室内设计有限公司
建设单位
CLIENT
说明
DESCRIPTION
工程名称
PROJECT TILE
某装饰工程
打印线型说明
LINE DESCRIPTION
主持
PRESIDE
项目负责人
PROJECT MANAGER
设计
DESIGN BY
绘图
DRAWING BY
图纸名称
REVISION
墙体定位图
校对
CHECKED
审核
APPROVED
图别
CATEGORY
装施
图幅
FRAME
A3
工程编号
PROJECT NO.
图号
DRAWING NO.
PM-02
比例
SCALE
1:75
日期
DATE
2011.07
修改
专业
姓名
日期
电脑文件

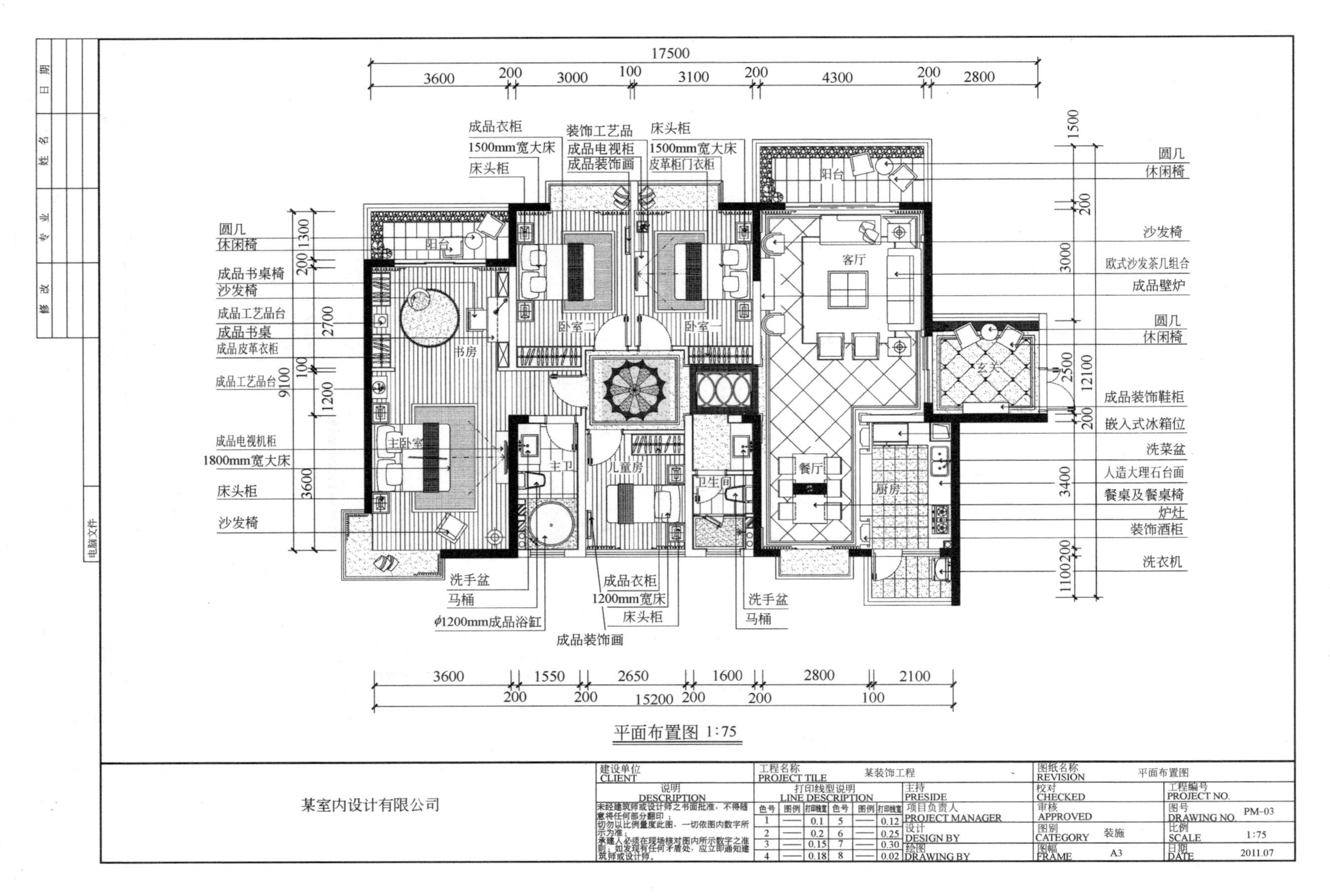
17500
成品衣柜
1500mm宽大床
床头柜
装饰工艺品
成品电视柜
成品装饰画
床头柜
1500mm宽大床
皮革柜门衣柜
圆几
休闲椅
沙发椅
欧式沙发茶几组合
成品壁炉
圆几
休闲椅
成品装饰鞋柜
嵌入式冰箱位
洗菜盆
人造大理石台面
餐桌及餐桌椅
炉灶
装饰酒柜
洗衣机
圆几
休闲椅
成品书桌椅
沙发椅
成品工艺品台
成品书桌
成品皮革衣柜
成品工艺品台
成品电视机柜
1800mm宽大床
床头柜
沙发椅
阳台
客厅
玄关
餐厅
厨房
卧室二
卧室一
书房
主卧室
主卫
儿童房
卫生间
洗手盆
马桶
φ1200mm成品浴缸
成品衣柜
1200mm宽床
床头柜
成品装饰画
洗手盆
马桶
15200
平面布置图 1:75
某室内设计有限公司
建设单位 CLIENT
工程名称 PROJECT TILE 某装饰工程
图纸名称 REVISION 平面布置图
说明 DESCRIPTION
未经建筑师或设计师之书面批准，不得随意将任何部分翻印；
切勿以比例量度此图，一切依图内数字所示为准；
承建人必须在现场核对图内所示数字之准则，如发现有任何矛盾处，应立即通知建筑师或设计师。
打印线型说明 LINE DESCRIPTION
主持 PRESIDE
项目负责人 PROJECT MANAGER
设计 DESIGN BY
绘图 DRAWING BY
校对 CHECKED
审核 APPROVED
图别 CATEGORY 装施
图幅 FRAME A3
工程编号 PROJECT NO.
图号 DRAWING NO. PM-03
比例 SCALE 1:75
日期 DATE 2011.07
电脑文件
修改
专业
姓名
日期

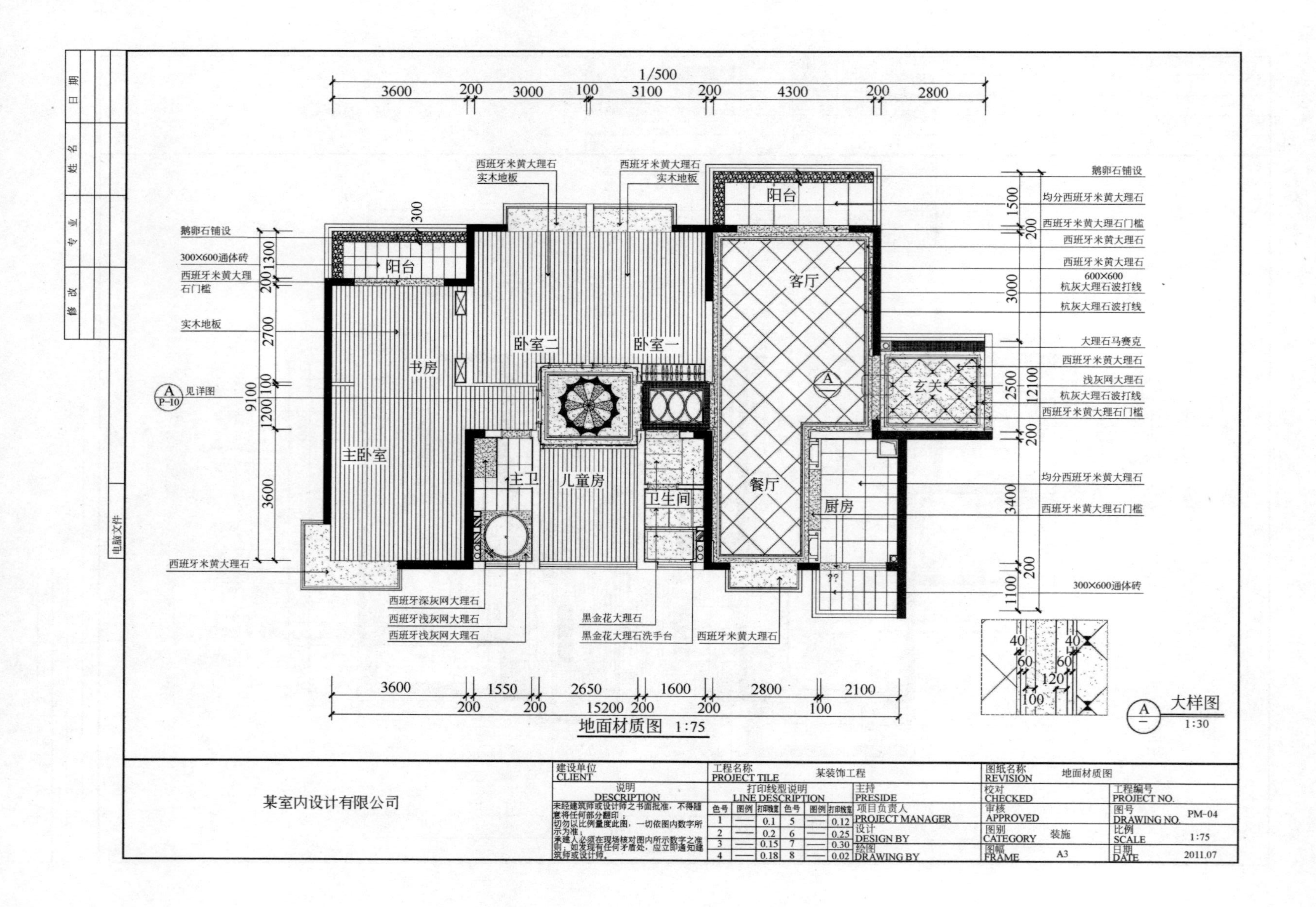
地面材质图 1:75
大样图 1:30
1/500
阳台
书房
主卧室
卧室二
卧室一
主卫
儿童房
卫生间
客厅
餐厅
玄关
厨房
见详图
鹅卵石铺设
300×600通体砖
西班牙米黄大理石门槛
实木地板
西班牙米黄大理石
均分西班牙米黄大理石
600×600
杭灰大理石波打线
大理石马赛克
浅灰网大理石
西班牙深灰网大理石
西班牙浅灰网大理石
黑金花大理石
黑金花大理石洗手台
某室内设计有限公司
建设单位 CLIENT
工程名称 PROJECT TILE 某装饰工程
图纸名称 REVISION 地面材质图
说明 DESCRIPTION
未经建筑师或设计师之书面批准，不得随意将任何部分翻印；
切勿以比例量度此图，一切依图内数字所示为准；
承建人必须在现场核对图内所示数字之准则，如发现有任何矛盾处，应立即通知建筑师或设计师。
打印线型说明 LINE DESCRIPTION
主持 PRESIDE
项目负责人 PROJECT MANAGER
设计 DESIGN BY
绘图 DRAWING BY
校对 CHECKED
审核 APPROVED
图别 CATEGORY 装施
图幅 FRAME A3
工程编号 PROJECT NO.
图号 DRAWING NO. PM-04
比例 SCALE 1:75
日期 DATE 2011.07
电脑文件
修改
专业
姓名
日期

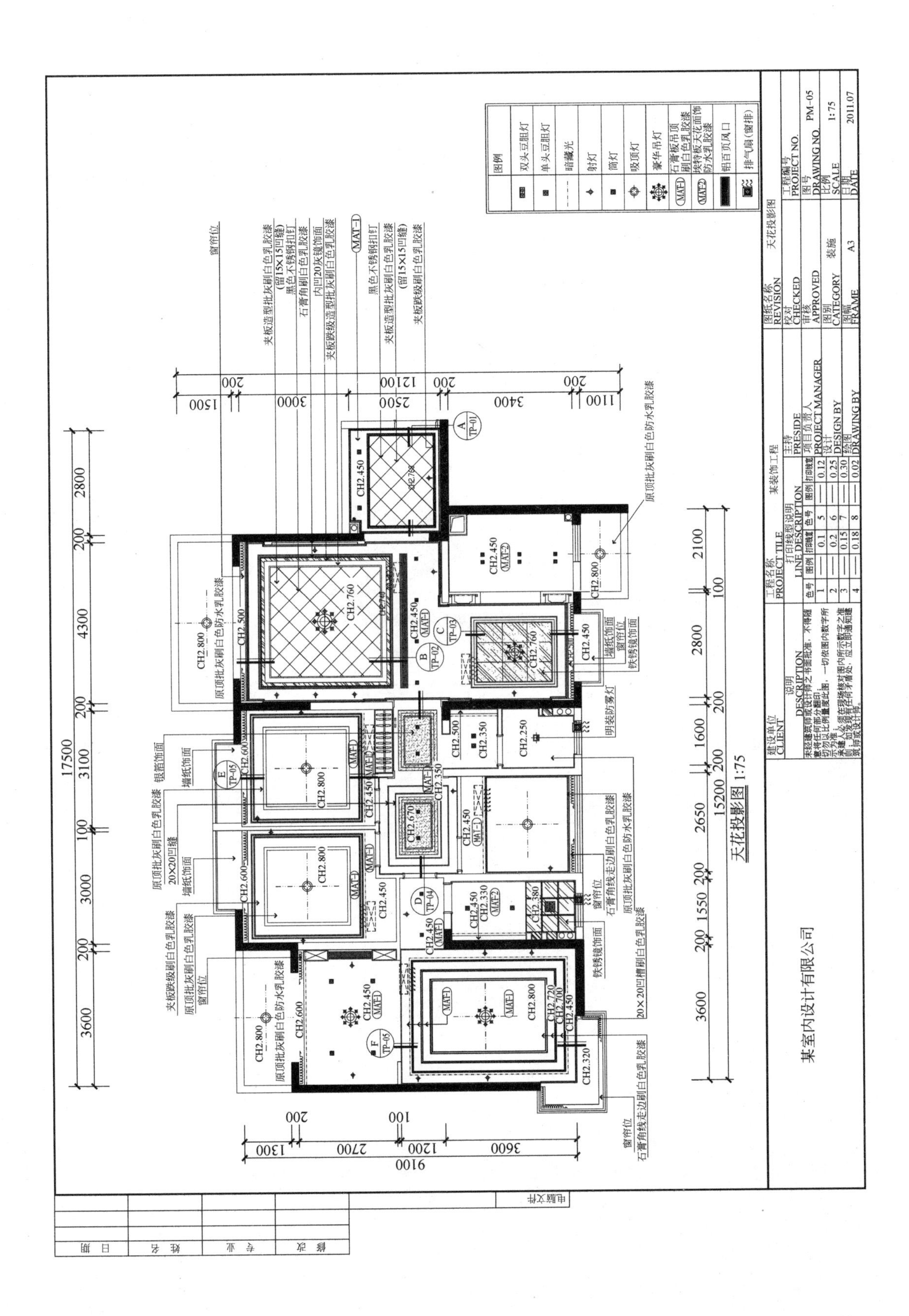
天花投影图 1:75
某室内设计有限公司
图例
双头豆胆灯
单头豆胆灯
暗藏光
射灯
筒灯
吸顶灯
豪华吊灯
石膏板吊顶刷白色乳胶漆
埃特板天花面饰防水乳胶漆
铝百页风口
排气扇(窗排)
PM-05
1:75
2011.07
A3
17500
15200
9100

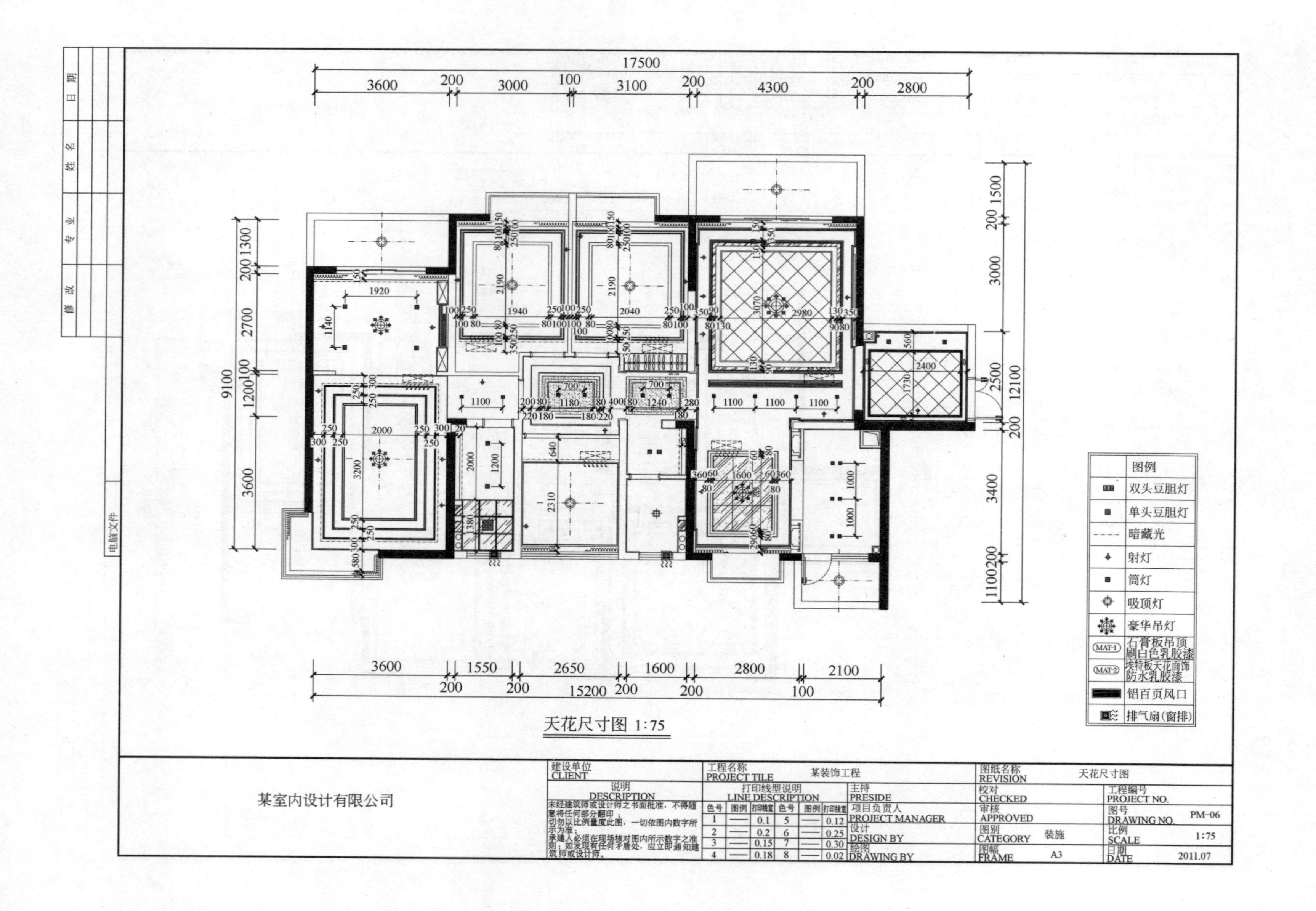
图例
双头豆胆灯
单头豆胆灯
暗藏光
射灯
筒灯
吸顶灯
豪华吊灯
石膏板吊顶刷白色乳胶漆
埃特板天花面饰防水乳胶漆
铝百页风口
排气扇(窗排)
天花尺寸图 1:75
某室内设计有限公司
建设单位 CLIENT
工程名称 PROJECT TILE 某装饰工程
图纸名称 REVISION 天花尺寸图
说明 DESCRIPTION
未经建筑师或设计师之书面批准，不得随意将任何部分翻印；
切勿以比例量度此图，一切依图内数字所示为准；
承建人必须在现场核对图内所示数字之准则，如发现有任何矛盾处，应立即通知建筑师或设计师。
打印线型说明 LINE DESCRIPTION
主持 PRESIDE
项目负责人 PROJECT MANAGER
设计 DESIGN BY
绘图 DRAWING BY
校对 CHECKED
审核 APPROVED
图别 CATEGORY 装施
图幅 FRAME A3
工程编号 PROJECT NO.
图号 DRAWING NO. PM-06
比例 SCALE 1:75
日期 DATE 2011.07
电脑文件
修改
专业
姓名
日期
17500
15200
12100
9100

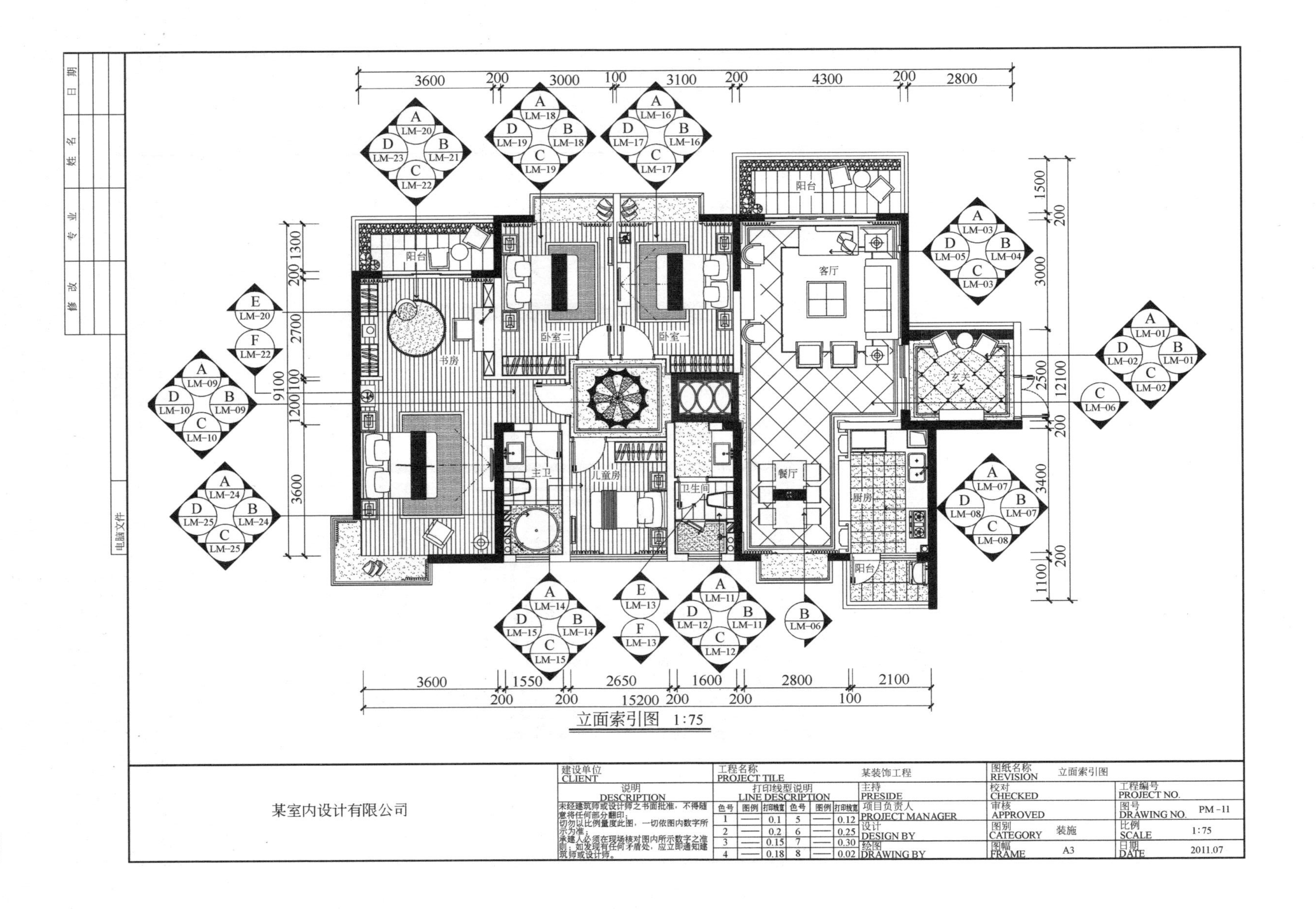

色号	图例	打印线宽	色号	图例	打印线宽
1	——	0.1	5	——	0.12
2	——	0.2	6	——	0.25
3	——	0.15	7	——	0.30
4	——	0.18	8	——	0.02

拉丝不锈钢包边
拉丝不锈钢透雕压银镜
雅士白大理石
嵌黑色镜面不锈钢条
宽边线条造型索珠光白
成品装饰画
嵌黑色镜面不锈钢条
车边银镜
石膏线条白色乳胶漆
实木线条索珠光白
拉丝不锈钢透雕屏风
砂钢边框
原建筑推门
杭灰大理石地脚
客厅立面图
1:30
某室内设计有限公司
建设单位
CLIENT
说明
DESCRIPTION
未经建筑师或设计师之书面批准，不得随意将任何部分翻印；
切勿以比例量度此图，一切依图内数字所示为准；
承建人必须在现场核对图内所示数字之准则，如发现有任何矛盾处，应立即通知建筑师或设计师。
工程名称
PROJECT TILE
某装饰工程
打印线型说明
LINE DESCRIPTION
主持
PRESIDE
项目负责人
PROJECT MANAGER
设计
DESIGN BY
绘图
DRAWING BY
图纸名称
REVISION
客厅B立面图
校对
CHECKED
审核
APPROVED
图别
CATEGORY
装施
图幅
FRAME
A3
工程编号
PROJECT NO.
图号
DRAWING NO.
LM-01
比例
SCALE
1:30
日期
DATE
2011.07
修改
专业
姓名
日期
电脑文件

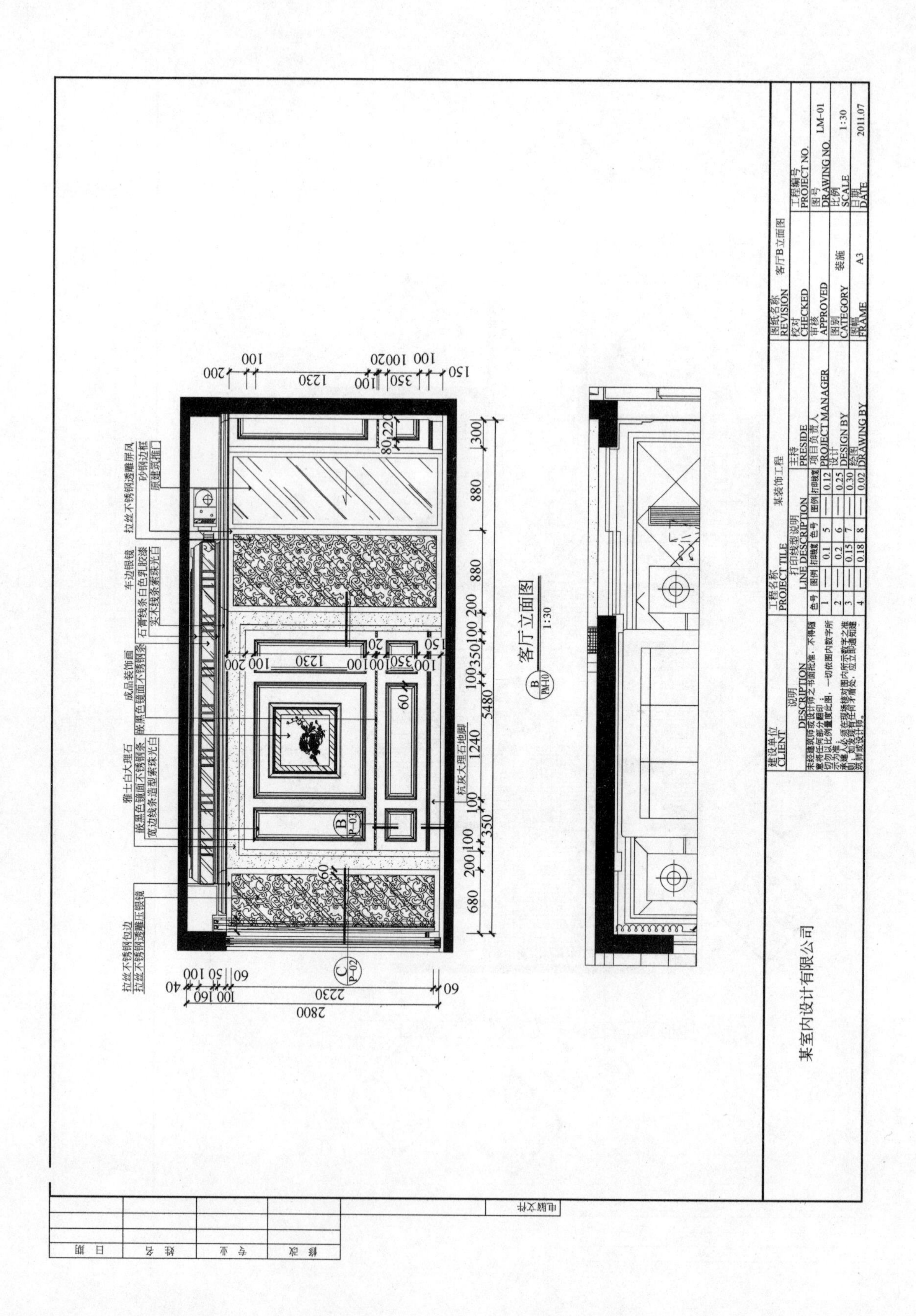

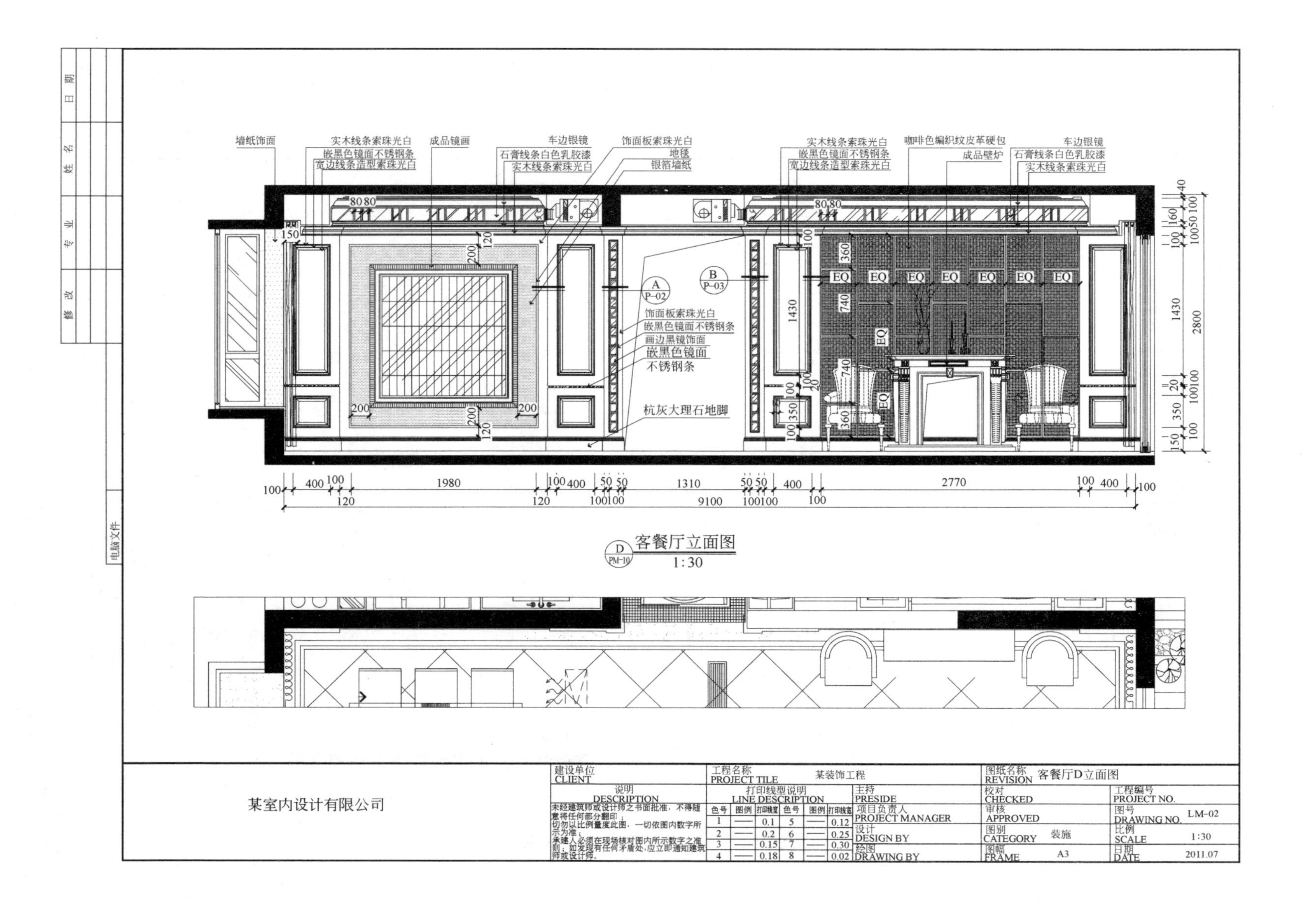

墙纸饰面
实木线条索珠光白
嵌黑色镜面不锈钢条
宽边线条造型索珠光白
成品镜面
车边银镜
石膏线条白色乳胶漆
实木线条索珠光白
饰面板索珠光白
地毯
银箔墙纸
咖啡色编织纹皮革硬包
成品壁炉
饰面板索珠光白
嵌黑色镜面不锈钢条
画边黑镜饰面
嵌黑色镜面
不锈钢条
杭灰大理石地脚
客餐厅立面图
1:30
建设单位
CLIENT
说明
DESCRIPTION
未经建筑师或设计师之书面批准，不得随意将任何部分翻印；
切勿以比例量度此图，一切依图内数字所示为准；
承建人必须在现场核对图内所示数字之准则，如发现有任何矛盾处，应立即通知建筑师或设计师。
工程名称
PROJECT TILE
某装饰工程
打印线型说明
LINE DESCRIPTION
主持
PRESIDE
项目负责人
PROJECT MANAGER
设计
DESIGN BY
绘图
DRAWING BY
图纸名称
REVISION
客餐厅D立面图
校对
CHECKED
审核
APPROVED
图别
CATEGORY
装施
图幅
FRAME
A3
工程编号
PROJECT NO.
图号
DRAWING NO.
LM-02
比例
SCALE
1:30
日期
DATE
2011.07
某室内设计有限公司
修改
专业
姓名
日期
电脑文件

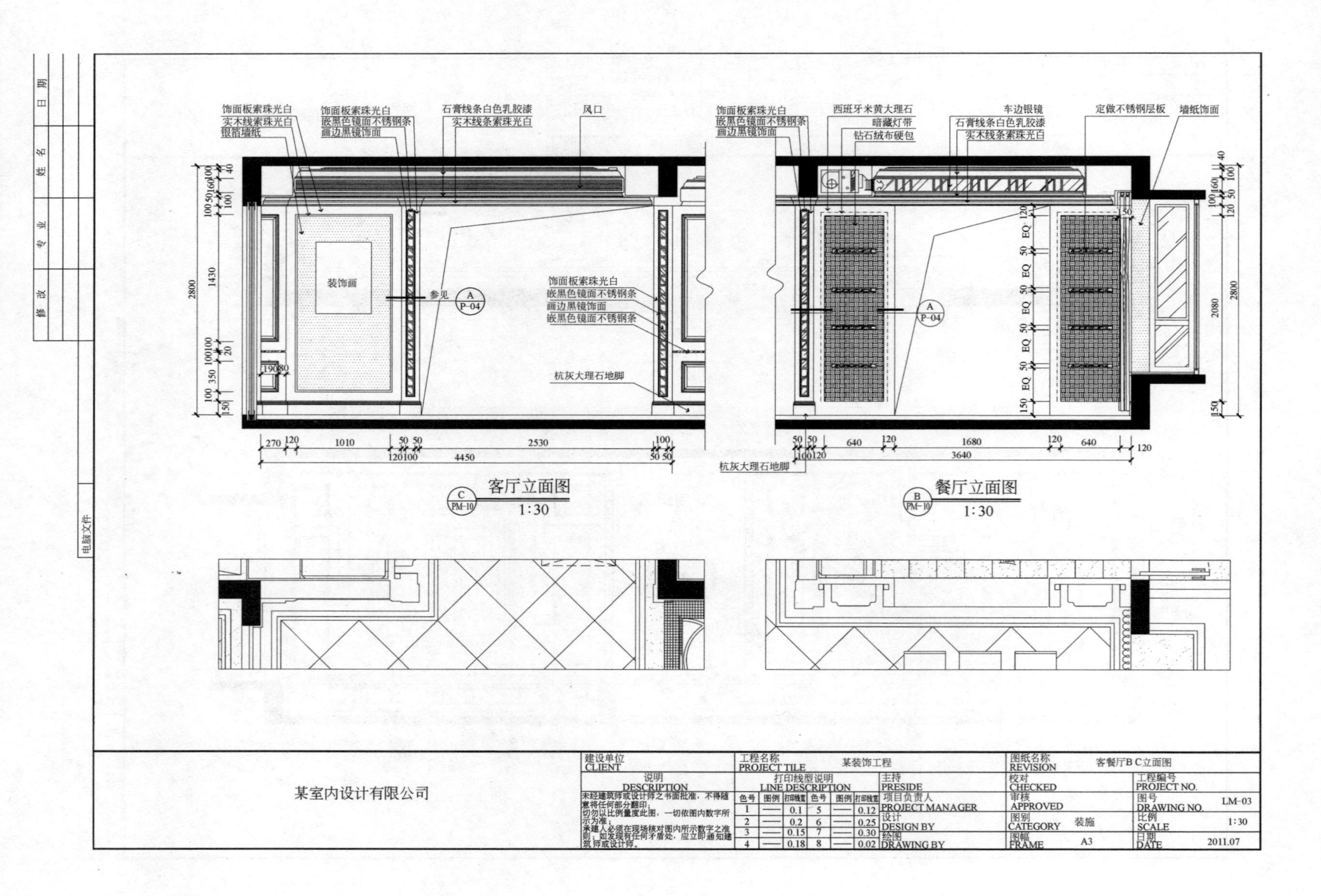
饰面板索珠光白
实木线索珠光白
银箔墙纸
饰面板索珠光白
嵌黑色镜面不锈钢条
画边黑镜饰面
石膏线条白色乳胶漆
实木线条索珠光白
风口
装饰画
参见
饰面板索珠光白
嵌黑色镜面不锈钢条
画边黑镜饰面
嵌黑色镜面不锈钢条
杭灰大理石地脚
西班牙米黄大理石
暗藏灯带
钻石绒布硬包
车边银镜
石膏线条白色乳胶漆
实木线条索珠光白
定做不锈钢层板
墙纸饰面
客厅立面图
1:30
餐厅立面图
1:30
某室内设计有限公司
建设单位 CLIENT
说明 DESCRIPTION
未经建筑师或设计师之书面批准，不得随意将任何部分翻印；
切勿以比例量度此图，一切依图内数字所示为准；
承建人必须在现场核对图内所示数字之准则，如发现有任何矛盾处，应立即通知建筑师或设计师。
工程名称 PROJECT TILE 某装饰工程
打印线型说明 LINE DESCRIPTION
主持 PRESIDE
项目负责人 PROJECT MANAGER
设计 DESIGN BY
绘图 DRAWING BY
图纸名称 REVISION 客餐厅B C立面图
校对 CHECKED
审核 APPROVED
图别 CATEGORY 装施
图幅 FRAME A3
工程编号 PROJECT NO.
图号 DRAWING NO. LM-03
比例 SCALE 1:30
日期 DATE 2011.07
修改
专业
姓名
日期
电脑文件

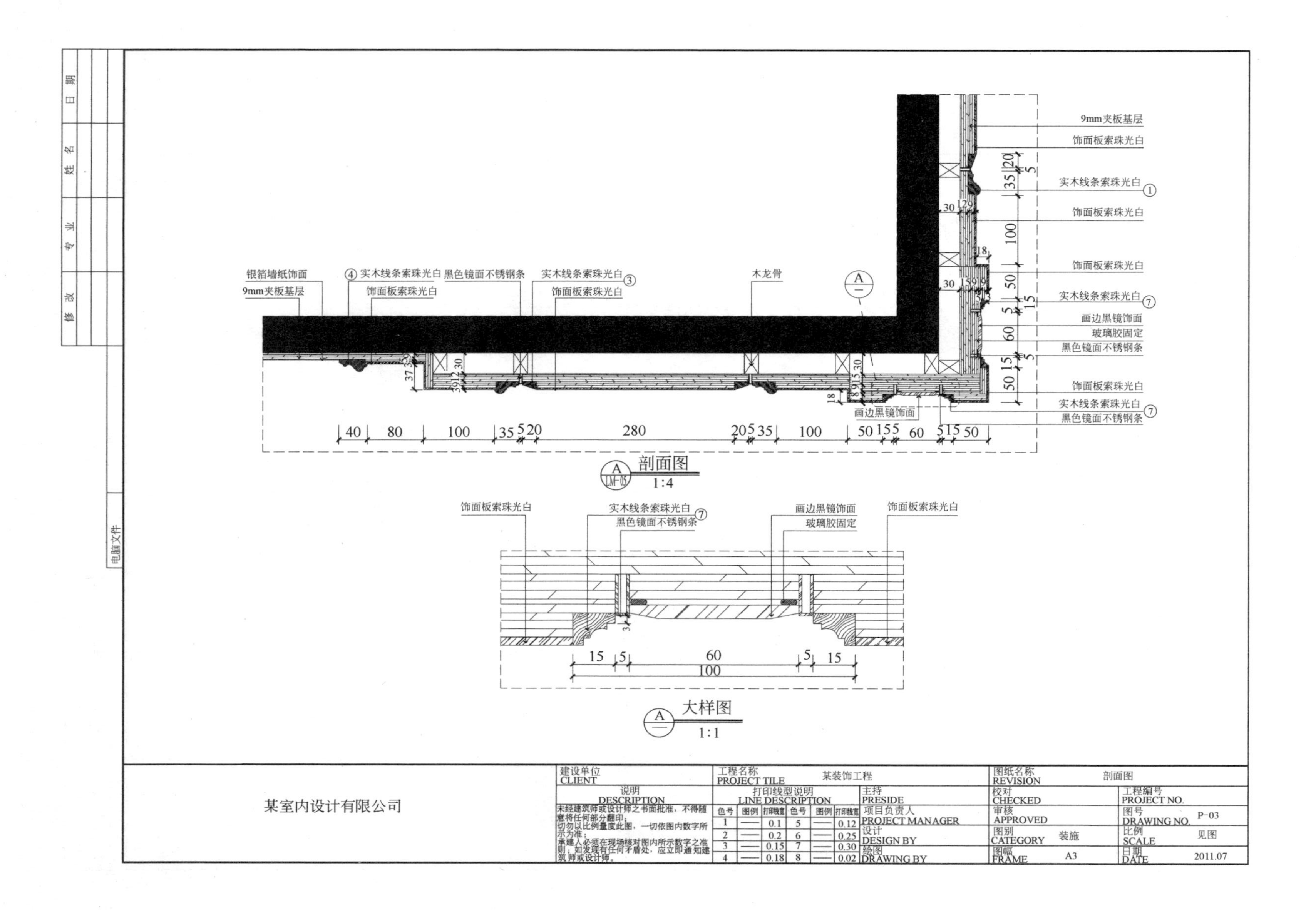
9mm夹板基层
饰面板素珠光白
实木线条素珠光白①
饰面板素珠光白
饰面板素珠光白
实木线条素珠光白⑦
画边黑镜饰面
玻璃胶固定
黑色镜面不锈钢条
饰面板素珠光白
实木线条素珠光白⑦
黑色镜面不锈钢条
画边黑镜饰面
银箔墙纸饰面
9mm夹板基层
④实木线条素珠光白
饰面板素珠光白
黑色镜面不锈钢条
实木线条素珠光白③
饰面板素珠光白
木龙骨
剖面图
1:4
饰面板素珠光白
实木线条素珠光白⑦
黑色镜面不锈钢条
画边黑镜饰面
玻璃胶固定
饰面板素珠光白
大样图
1:1
某室内设计有限公司
建设单位 CLIENT
说明 DESCRIPTION
工程名称 PROJECT TILE
某装饰工程
打印线型说明 LINE DESCRIPTION
主持 PRESIDE
项目负责人 PROJECT MANAGER
设计 DESIGN BY
绘图 DRAWING BY
图纸名称 REVISION
剖面图
校对 CHECKED
审核 APPROVED
图别 CATEGORY
装施
图幅 FRAME
A3
工程编号 PROJECT NO.
图号 DRAWING NO.
P-03
比例 SCALE
见图
日期 DATE
2011.07
电脑文件
修改
专业
姓名
日期

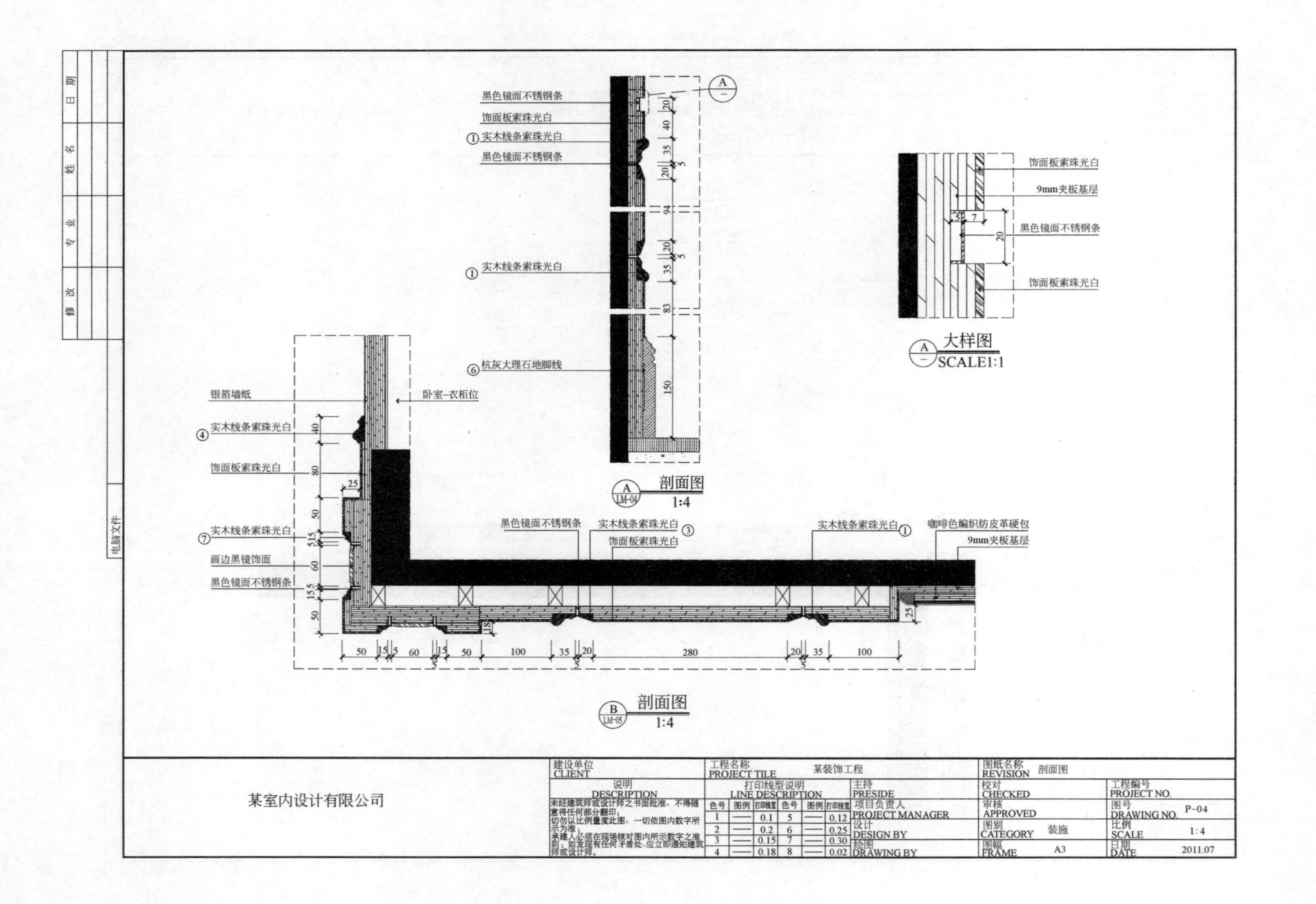

色号	图例	打印线宽	色号	图例	打印线宽
1	——	0.1	5	——	0.12
2	——	0.2	6	——	0.25
3	——	0.15	7	——	0.30
4	——	0.18	8	——	0.02

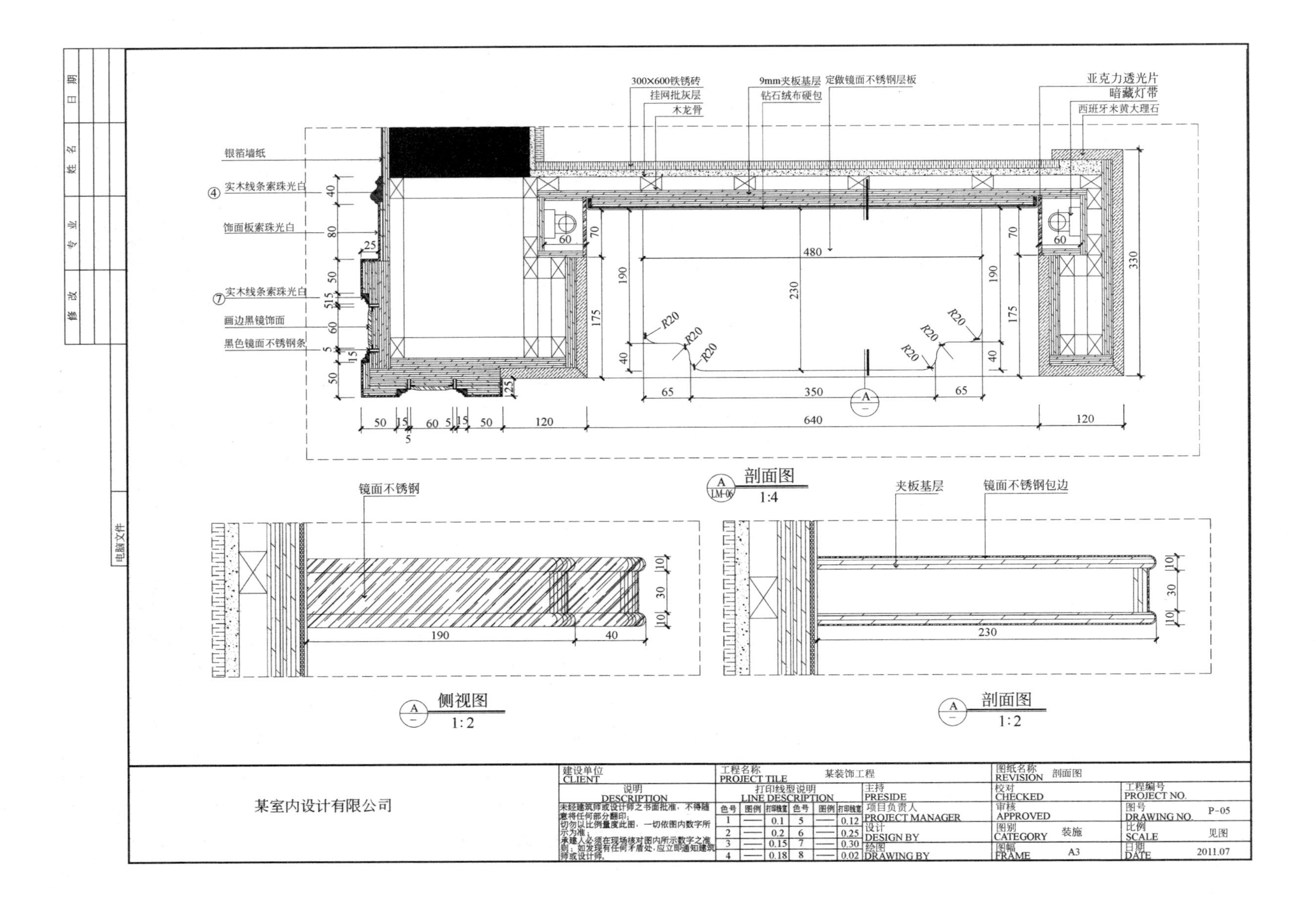

300×600铁锈砖
挂网批灰层
木龙骨
9mm夹板基层
钻石绒布硬包
定做镜面不锈钢层板
亚克力透光片
暗藏灯带
西班牙米黄大理石
银箔墙纸
④实木线条素珠光白
饰面板素珠光白
⑦实木线条素珠光白
画边黑镜饰面
黑色镜面不锈钢条
剖面图 1:4
镜面不锈钢
夹板基层
镜面不锈钢包边
侧视图 1:2
剖面图 1:2
某室内设计有限公司
建设单位 CLIENT
说明 DESCRIPTION
未经建筑师或设计师之书面批准，不得随意将任何部分翻印；
切勿以比例量度此图，一切依图内数字所示为准；
承建人必须在现场核对图内所示数字之准则，如发现有任何矛盾处，应立即通知建筑师或设计师。
工程名称 PROJECT TILE 某装饰工程
打印线型说明 LINE DESCRIPTION
主持 PRESIDE
项目负责人 PROJECT MANAGER
设计 DESIGN BY
绘图 DRAWING BY
图纸名称 REVISION 剖面图
校对 CHECKED
审核 APPROVED
图别 CATEGORY 装施
图幅 FRAME A3
工程编号 PROJECT NO.
图号 DRAWING NO. P-05
比例 SCALE 见图
日期 DATE 2011.07
修改
专业
姓名
日期
电脑文件

附录B　某广场设计施工图

一、设计依据

1. 国家现行法规、规范
2. 广场1∶500地形图
3. 广场方案图及甲方意见

二、工程概况

1. 广场性质

市政文化广场，主要供大量人流集会或大型室外演出以及市民休闲娱乐之用。

2. 用地条件及现状情况

广场位于裕华区中心地段，区政府大楼前，是区交通枢纽也是对外形象展示的窗口是区的重要地标，广场用地整体呈现西高东低，东低南高，用地落差约2.4m。

3. 面积与标高

本环境工程用地总面积：1.19万m^2。

本环境工程总图标高为绝对标高。

三、采用标准图集

室内装修［西南J505］，楼地面、油漆、刷浆［西南J505］。

室外装修［西南J506］，室外附属工程［西南J802］。

地沟及盖板［国标95J331］。

四、设计理念及宗旨

1. 场地功能分析

某广场是市政文化广场，重在展示、集会及市民休闲娱乐，同时它作为政府形象工程又要反应裕华区独特的历史及地域文化内容，体现出新时期裕华的精神风貌和形象。

2. 主要设计原则与处理手法

（1）设计宗旨

开放性；公共性；时代感；文化气息。

（2）充分利用基地特有的地理、地形条件，广场作为区域的集点，设计中有意将中心广场地坪抬高，高出北面城市干道约1.2m，但低于政府大楼地坪，在竖向上形成梯级关系。

（3）平面及空间布局原则

中心广场呈圆形，以求最大限度的对外开放与展示，同时象征民族大团圆。

五、构造作法与处理

1. 铺地（铺地颜色及部位详见建施大样）

（1）花岗石铺地　详见西南J302-6-3121。

（2）广场砖铺地　参见西南J302-6-3122。

（3）瓷砖铺地　参见西南J302-5-3116。

2. 饰面作法（饰面颜色及部位详见建施大样）

（1）花岗石饰面　详见西南J506-33-5401。

（2）文化石饰面　参见西南J506-34-5406。

（3）碎瓷嵌拼　参见西南J506-31-5205。

（4）卵石饰面　参见西南J506-34-5405。

（5）洗石子饰面

a. 10mm厚1∶2水泥石子（小八厘）；

b. 刷素水泥浆一道；

c. 8mm厚1∶3水泥砂浆找平；

d. 12mm厚1∶3水泥砂浆打底扫毛；

e. 砖基层。

3. 小品大样

（1）休闲广场

铺地：花岗石完形碎拼；拼花色彩详大样。

水池：水池边绿色花岗石；池底面砖贴面；水池中央雕塑另详。

（2）入口广场

铺地：行道砖铺地；

台阶：50mm厚毛面芝麻白；

小花池：50mm厚磨光海昌兰压顶，侧面文化石贴面；

小花盆：花岗石整打。

（3）中心广场

铺地：6000mm×6000mm格网，用浅红色、深红色、白色、黑色花岗石间色铺地。

树池及其余小品详大样。

六、其他施工注意事项

1. 本设计图标高均为建筑标高，标高以米计，其余均以毫米计；

2. 土建施工中时，应仔细核对各专业图纸后，按有关专业事先预留孔洞，预埋套管及管道，不得随意打洞；

3. 为保证施工质量及使用，施工中务必按施工及验收等有关严格执行；

4. 工程施工时如出现重大技术变更，或图中表达不清之处，请及时与设计单位或者与设计人员联系；

5. 所有外露或埋入地下的木构件均应干燥后作防腐处理，表面油漆做法详见大样图；

6. 本工程砖砌花池，树池均采用MU7.5砖M5水泥砂浆砌筑，饰面做法详见大样图；

7. 本工程硬质铺地均为有组织排水，均找0.5%排水坡坡向地漏，排水井或就近有排水系统之道路；

8. 本工程所用饰面材料，如涂料、石材，瓷片等均应送样经设计人员同意后采用；

9. 所有外露铁构件均应刷红丹一度，调和漆二度，表面油漆颜色详见大样图。

建设单位	设计顾问	工程顾问	工程名称	序号	日期	修改说明	设计阶段	施工图	专案经理		审核		图名	图号	出图签章	执业签章	页码
	某景观设计公司		某广场设计				修改版次		设计		审定		设计说明	1			
			项目名称						制图		日期						
			项目编号						核对		比例						

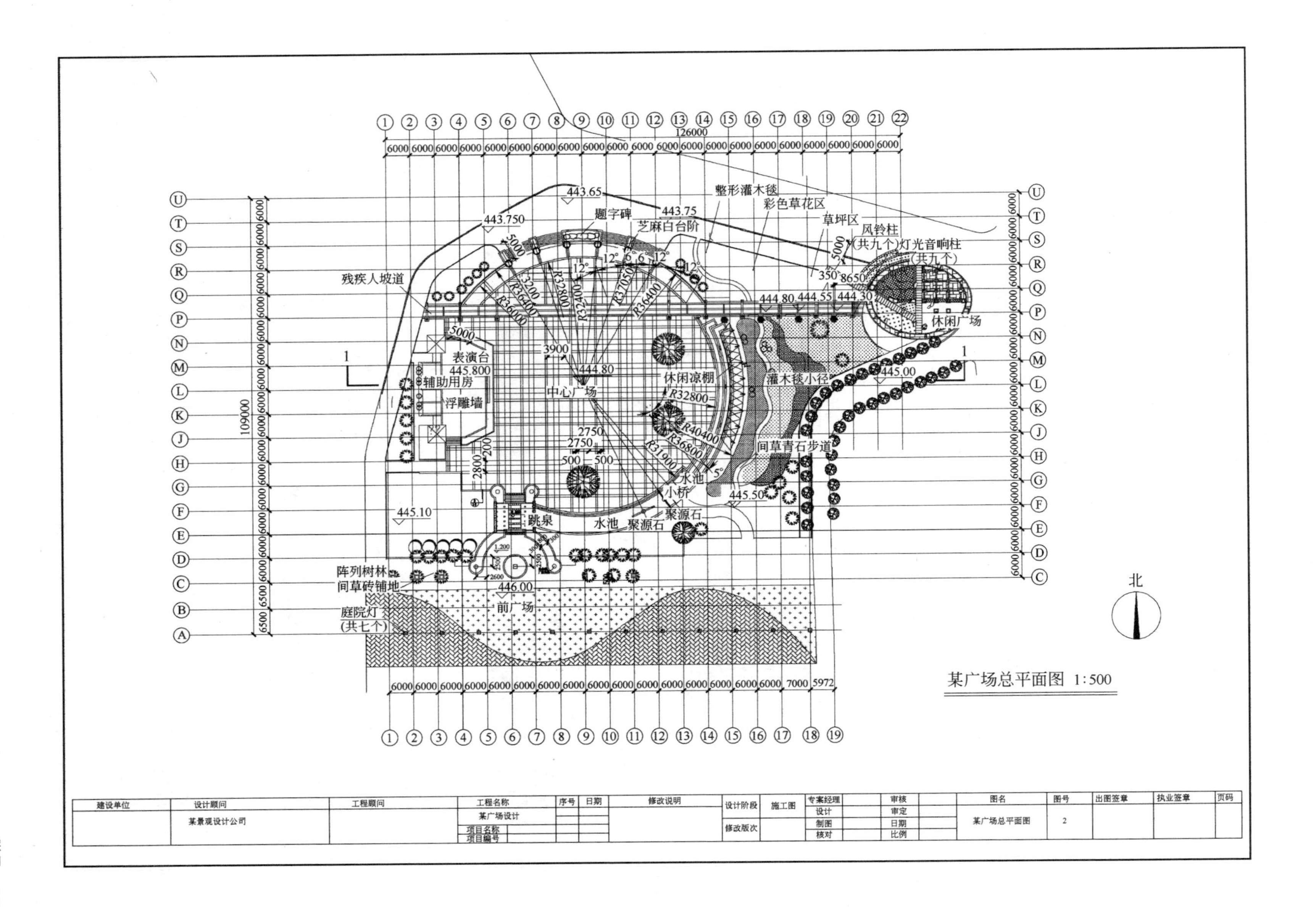
某广场总平面图 1:500
北
126000
109000
残疾人坡道
题字碑
芝麻白台阶
整形灌木毯
彩色草花区
草坪区
风铃柱
(共九个)灯光音响柱
(共九个)
休闲广场
表演台
445.800
辅助用房
浮雕墙
中心广场
休闲凉棚
灌木毯小径
间草青石步道
水池
小桥
聚源石
跳泉
阵列树林
间草砖铺地
庭院灯
(共七个)
前广场
建设单位
设计顾问
某景观设计公司
工程顾问
工程名称
某广场设计
项目名称
项目编号
序号
日期
修改说明
设计阶段
施工图
修改版次
专案经理
设计
制图
核对
审核
审定
日期
比例
图名
某广场总平面图
图号
2
出图签章
执业签章
页码

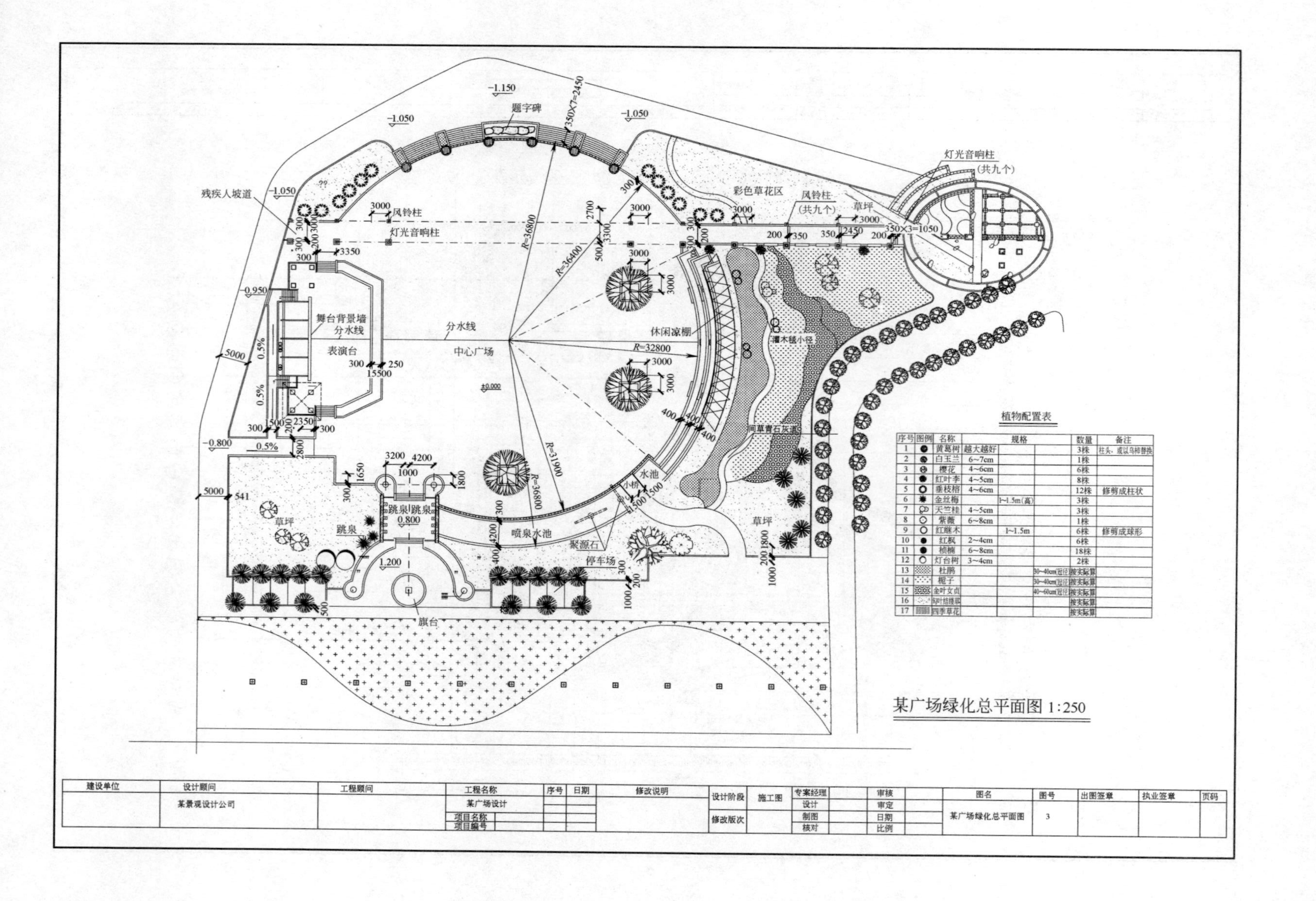

植物配置表

序号	图例	名称	规格			数量	备注
1		黄葛树	越大越好			3株	柱头，或以乌柿替换
2		白玉兰	6~7cm			1株	
3		樱花	4~6cm			6株	
4		红叶李	4~5cm			8株	
5		垂枝榕	4~6cm			12株	修剪成柱状
6		金丝梅		1~1.5m(高)		3株	
7		天竺桂	4~5cm			3株	
8		紫薇	6~8cm			1株	
9		红继木		1~1.5m		6株	修剪成球形
10		红枫	2~4cm			6株	
11		桢楠	6~8cm			18株	
12		灯台树	3~4cm			2株	
13		杜鹃			30~40cm(冠径)	按实际算	
14		栀子			30~40cm(冠径)	按实际算	
15		金叶女贞			40~60cm(冠径)	按实际算	
16		细叶结缕草				按实际算	
17		四季草花				按实际算	

建设单位	设计顾问	工程顾问	工程名称	序号	日期	修改说明	设计阶段	施工图	专案经理		审核		图名	图号	出图签章	执业签章	页码
	某景观设计公司		某广场设计						设计		审定		某广场绿化总平面图	3			
			项目名称				修改版次		制图		日期						
			项目编号						核对		比例						

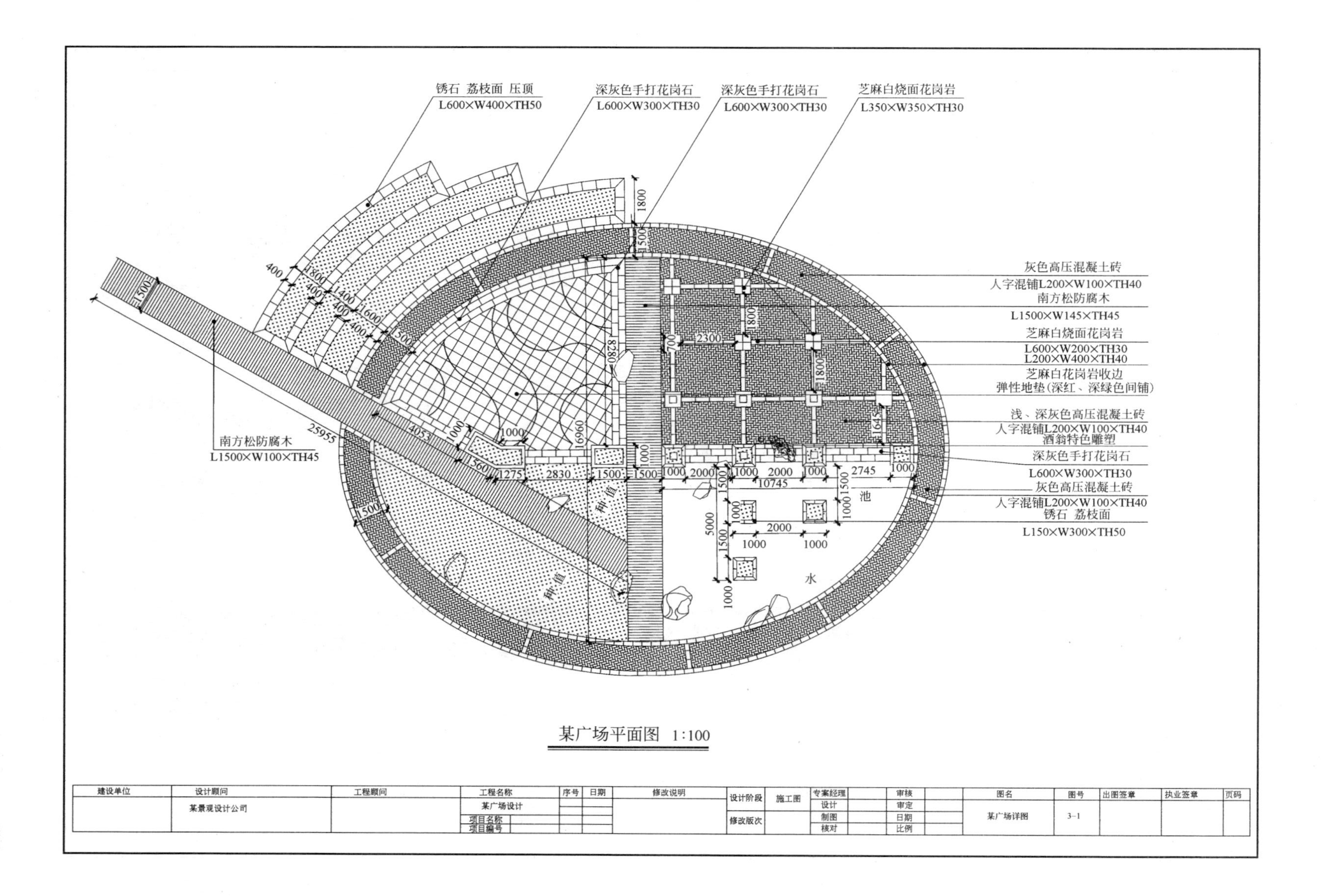
锈石 荔枝面 压顶
L600×W400×TH50
深灰色手打花岗石
L600×W300×TH30
深灰色手打花岗石
L600×W300×TH30
芝麻白烧面花岗岩
L350×W350×TH30
灰色高压混凝土砖
人字混铺L200×W100×TH40
南方松防腐木
L1500×W145×TH45
芝麻白烧面花岗岩
L600×W200×TH30
L200×W400×TH40
芝麻白花岗岩收边
弹性地垫(深红、深绿色间铺)
浅、深灰色高压混凝土砖
人字混铺L200×W100×TH40
酒翁特色雕塑
深灰色手打花岗石
L600×W300×TH30
灰色高压混凝土砖
人字混铺L200×W100×TH40
锈石 荔枝面
L150×W300×TH50
南方松防腐木
L1500×W100×TH45
种植
种植
池
水
建设单位
设计顾问
某景观设计公司
工程顾问
工程名称
某广场设计
项目名称
项目编号
序号
日期
修改说明
设计阶段
施工图
修改版次
专案经理
设计
制图
核对
审核
审定
日期
比例
图名
某广场详图
图号
3-1
出图签章
执业签章
页码

某广场平面图 1:100

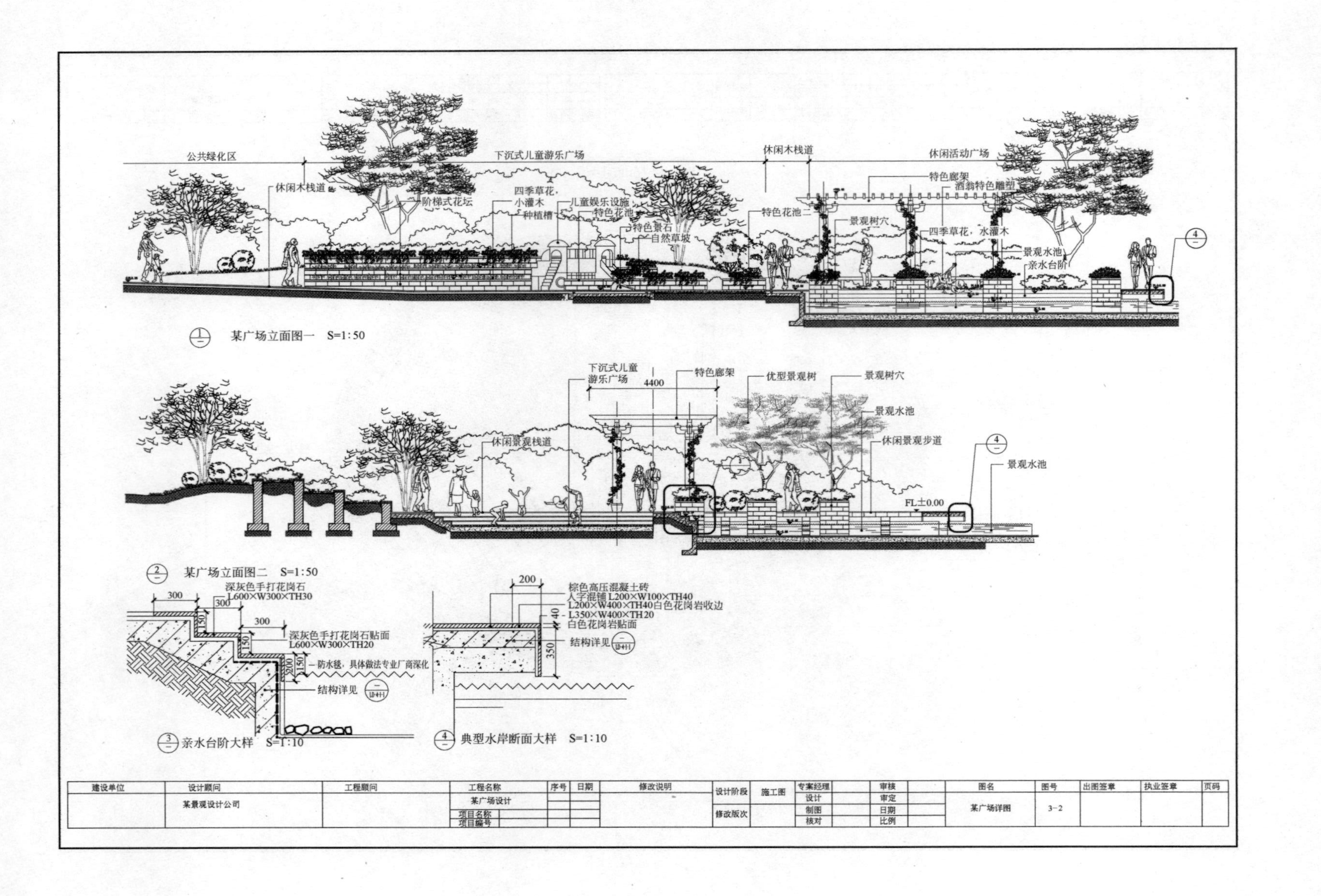
公共绿化区
下沉式儿童游乐广场
休闲木栈道
休闲活动广场
休闲木栈道
阶梯式花坛
四季草花，
小灌木
种植槽
儿童娱乐设施
特色花池
特色景石
自然草坡
特色花池二
景观树穴
特色廊架
酒翁特色雕塑
四季草花，水灌木
景观水池
亲水台阶
某广场立面图一 S=1:50
下沉式儿童
游乐广场
4400
特色廊架
优型景观树
景观树穴
景观水池
休闲景观栈道
休闲景观步道
景观水池
FL±0.00
某广场立面图二 S=1:50
300
深灰色手打花岗石
L600×W300×TH30
300
300
深灰色手打花岗石贴面
L600×W300×TH20
150
150
200
防水毯，具体做法专业厂商深化
结构详见
亲水台阶大样 S=1:10
200
棕色高压混凝土砖
人字混铺 L200×W100×TH40
L200×W400×TH40白色花岗岩收边
L350×W400×TH20
白色花岗岩贴面
40
350
结构详见
典型水岸断面大样 S=1:10
建设单位
设计顾问
某景观设计公司
工程顾问
工程名称
某广场设计
项目名称
项目编号
序号
日期
修改说明
设计阶段
施工图
修改版次
专案经理
设计
制图
核对
审核
审定
日期
比例
图名
某广场详图
图号
3-2
出图签章
执业签章
页码

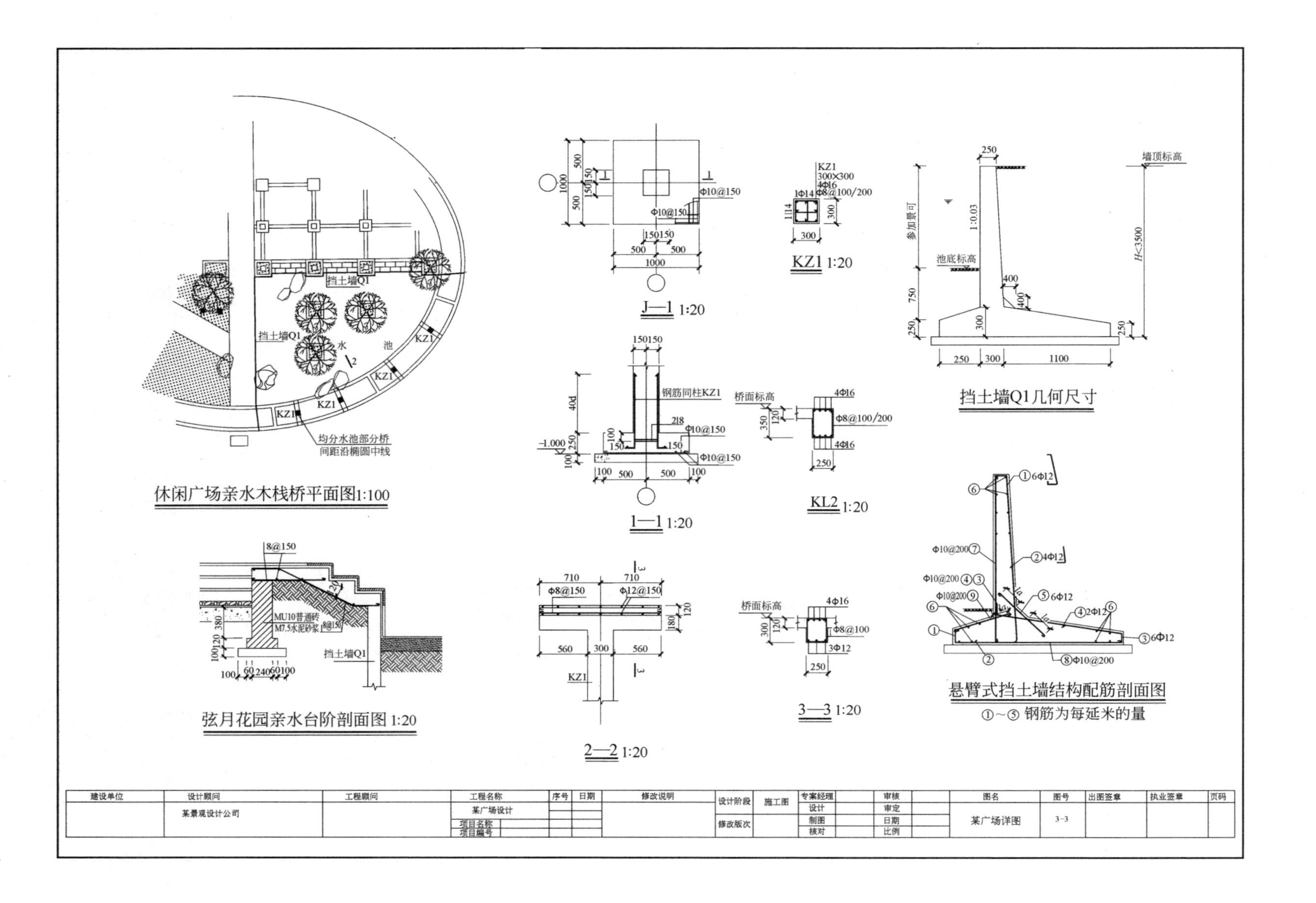
休闲广场亲水木栈桥平面图1:100
挡土墙Q1
水
池
KZ1
均分水池部分桥
间距沿椭圆中线
弦月花园亲水台阶剖面图 1:20
8@150
MU10普通砖
M7.5水泥砂浆
挡土墙Q1
J—1 1:20
Φ10@150
1—1 1:20
钢筋同柱KZ1
2—2 1:20
Φ8@150
Φ12@150
KZ1
KZ1 1:20
300×300
4Φ16
Φ8@100/200
桥面标高
KL2 1:20
3—3 1:20
3Φ12
Φ8@100
墙顶标高
池底标高
参加景观
H<3500
挡土墙Q1几何尺寸
悬臂式挡土墙结构配筋剖面图
①～⑤ 钢筋为每延米的量
建设单位
设计顾问
某景观设计公司
工程顾问
工程名称
某广场设计
项目名称
项目编号
序号
日期
修改说明
设计阶段
施工图
修改版次
专案经理
设计
制图
核对
审核
审定
日期
比例
图名
某广场详图
图号
3-3
出图签章
执业签章
页码

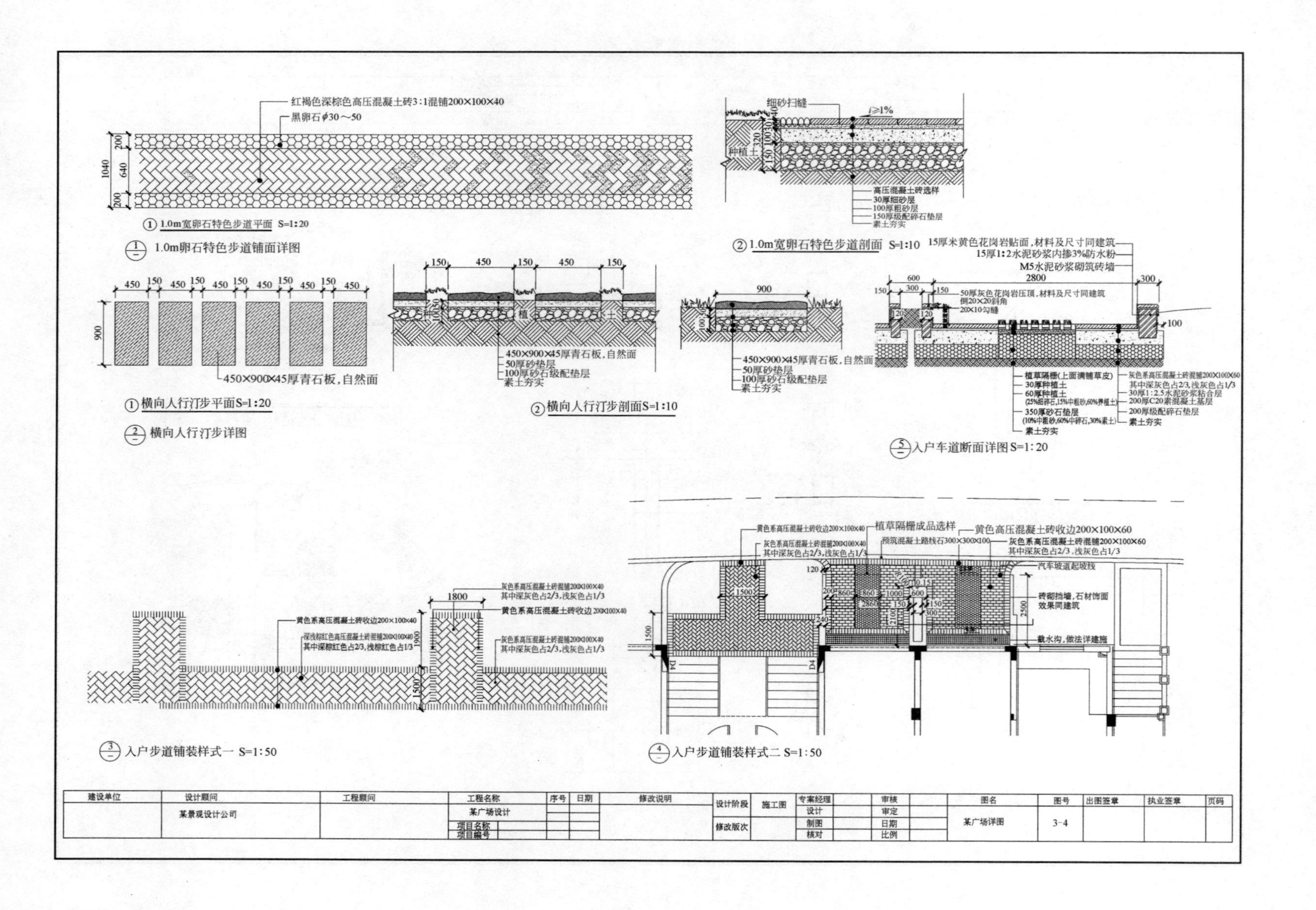

建设单位	设计顾问	工程顾问	工程名称	序号	日期	修改说明	设计阶段	施工图	专案经理		审核		图名	图号	出图签章	执业签章	页码
	某景观设计公司		某广场设计						设计		审定		某广场详图	3-4			
			项目名称				修改版次		制图		日期						
			项目编号						核对		比例						

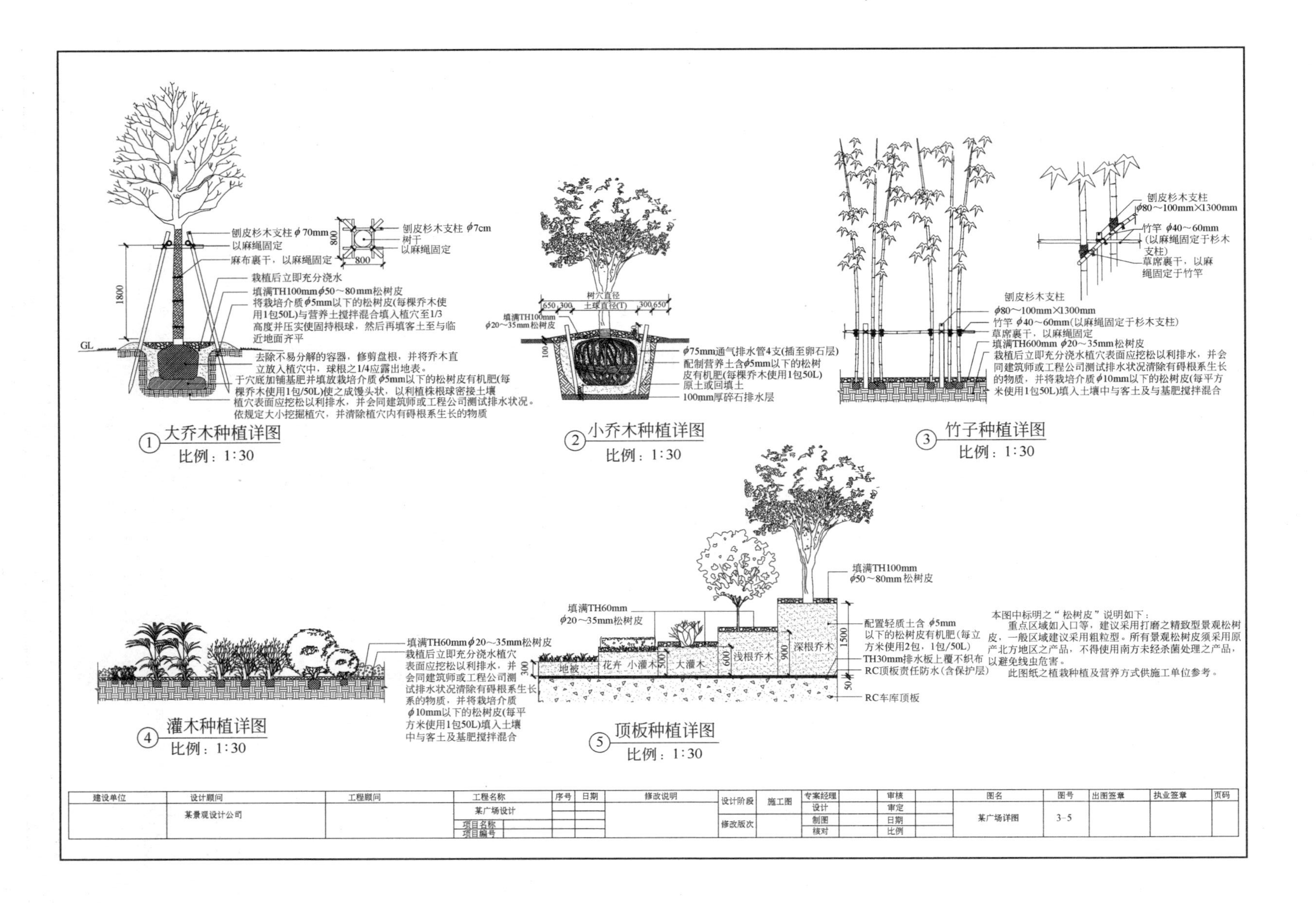
刨皮杉木支柱 ϕ70mm
以麻绳固定
麻布裹干，以麻绳固定
栽植后立即充分浇水
填满TH100mmϕ50～80mm松树皮
将栽培介质ϕ5mm以下的松树皮(每棵乔木使用1包50L)与营养土搅拌混合填入植穴至1/3高度并压实使固持根球，然后再填客土至与临近地面齐平
去除不易分解的容器，修剪盘根，并将乔木直立放入植穴中，球根之1/4应露出地表。
于穴底加铺基肥并填放栽培介质ϕ5mm以下的松树皮有机肥(每棵乔木使用1包/50L)使之成馒头状，以利植株根球密接土壤
植穴表面应挖松以利排水，并会同建筑师或工程公司测试排水状况。
依规定大小挖掘植穴，并清除植穴内有碍根系生长的物质
刨皮杉木支柱 ϕ7cm
树干
以麻绳固定
800
1800
GL
①大乔木种植详图
比例：1:30
树穴直径
土球直径(T)
填满TH100mm
ϕ20～35mm松树皮
ϕ75mm通气排水管4支(插至卵石层)
配制营养土含ϕ5mm以下的松树皮有机肥(每棵乔木使用1包50L)
原土或回填土
100mm厚碎石排水层
②小乔木种植详图
比例：1:30
刨皮杉木支柱
ϕ80～100mm×1300mm
竹竿 ϕ40～60mm(以麻绳固定于杉木支柱)
草席裹干，以麻绳固定
填满TH600mm ϕ20～35mm松树皮
栽植后立即充分浇水植穴表面应挖松以利排水，并会同建筑师或工程公司测试排水状况清除有碍根系生长的物质，并将栽培介质ϕ10mm以下的松树皮(每平方米使用1包50L)填入土壤中与客土及与基肥搅拌混合
刨皮杉木支柱
ϕ80～100mm×1300mm
竹竿 ϕ40～60mm
(以麻绳固定于杉木支柱)
草席裹干，以麻绳固定于竹竿
③竹子种植详图
比例：1:30
填满TH60mmϕ20～35mm松树皮
栽植后立即充分浇水植穴表面应挖松以利排水，并会同建筑师或工程公司测试排水状况清除有碍根系生长的物质，并将栽培介质ϕ10mm以下的松树皮(每平方米使用1包50L)填入土壤中与客土及基肥搅拌混合
④灌木种植详图
比例：1:30
填满TH60mm
ϕ20～35mm松树皮
填满TH100mm
ϕ50～80mm松树皮
地被
花卉
小灌木
大灌木
浅根乔木
深根乔木
配置轻质土含ϕ5mm以下的松树皮有机肥(每立方米使用2包，1包/50L)
TH30mm排水板上覆不织布
RC顶板责任防水(含保护层)
RC车库顶板
⑤顶板种植详图
比例：1:30
本图中标明之“松树皮”说明如下：
重点区域如入口等，建议采用打磨之精致型景观松树皮，一般区域建议采用粗粒型。所有景观松树皮须采用原产北方地区之产品，不得使用南方未经杀菌处理之产品，以避免线虫危害。
此图纸之植栽种植及营养方式供施工单位参考。
建设单位
设计顾问
某景观设计公司
工程顾问
工程名称
某广场设计
项目名称
项目编号
序号
日期
修改说明
设计阶段
施工图
修改版次
专案经理
设计
制图
核对
审核
审定
日期
比例
图名
某广场详图
图号
3-5
出图签章
执业签章
页码

附录C 房屋建筑室内装饰装修制图图例

表1 常用房屋建筑室内装饰装修材料

序号	名称	图例	备注
1	夯实土壤		
2	砂砾石、碎砖三合土	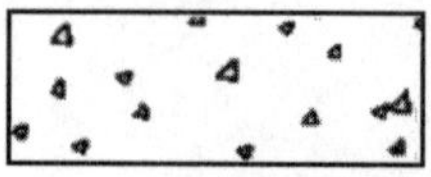	
3	石材	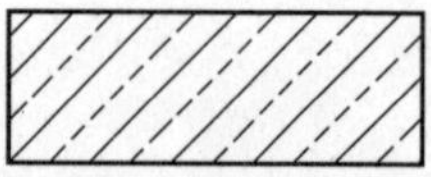	注明厚度
4	毛石	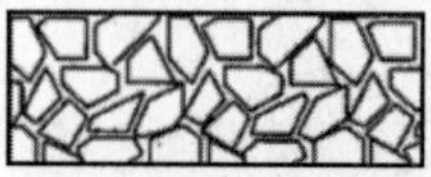	必要时注明石料块面大小及品种
5	普通砖	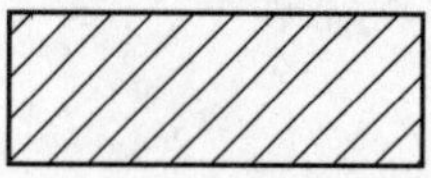	包括实心砖、多孔砖、砌块等。断面较窄不易绘出图例线时，可涂黑，并在备注中加注说明，画出该材料图例
6	轻质砌块砖	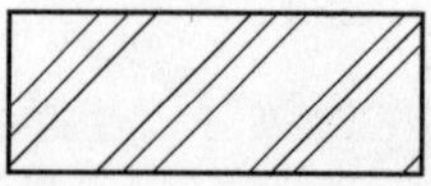	指非承重砖砌体
7	轻钢龙骨板材隔墙	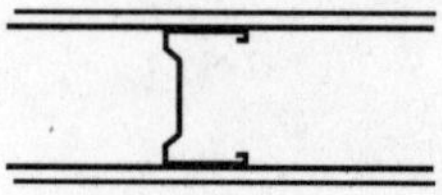	注明材料品种
8	饰面砖		包括铺地砖、墙面砖、陶瓷锦砖等
9	混凝土		①指能承重的混凝土及钢筋混凝土 ②各种强度等级、骨料、添加剂的混凝土 ③在剖面图上画出钢筋时，不画图例线 ④断面图形小，不易画出图例线时，可涂黑
10	钢筋混凝土		
11	多孔材料	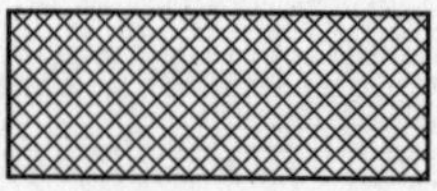	包括水泥珍珠岩，沥青珍珠岩、泡沫混凝土、非承重加气混凝土、软土、蛭石制品等
12	纤维材料	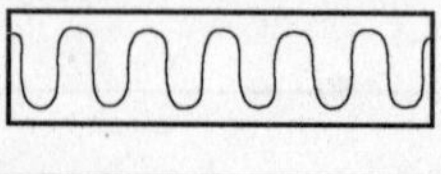	包括矿棉、岩棉、玻璃棉、麻丝、木丝板、纤维板等

续表

序号	名称	图例	备注
13	泡沫塑料材料	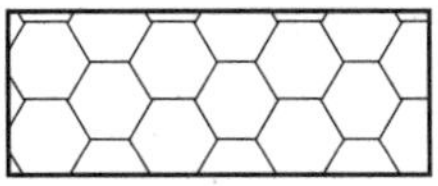	包括聚苯乙烯、聚乙烯、聚氨酯等多孔聚合物类材料
14	密度板	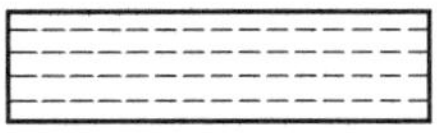	注明厚度
15	实木	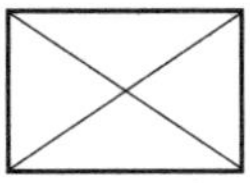	表示垫木、木砖或木龙骨
		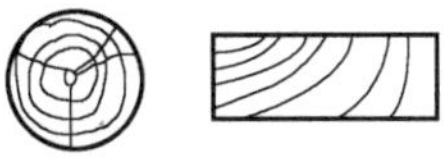	表示木材横断面
		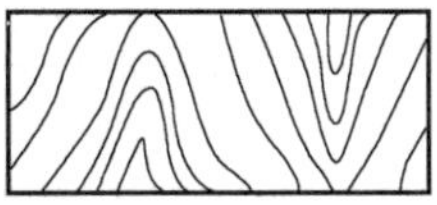	表示木材纵断面
16	胶合板	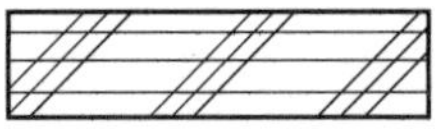	注明厚度或层数
17	多层板	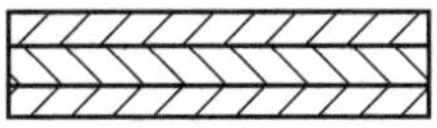	注明厚度或层数
18	木工板	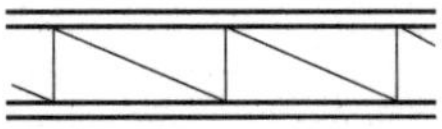	注明厚度
19	石膏板	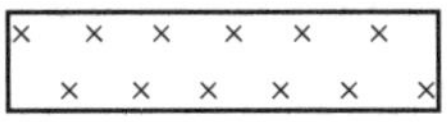	①注明厚度 ②注明石膏板品种名称
20	金属	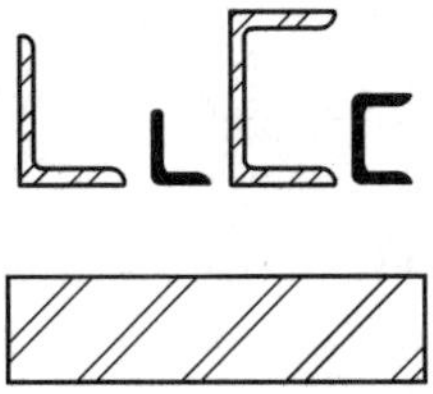	①包括各种金属,注明材料名称 ②图形小时,可涂黑
21	液体	 (平面)	注明具体液体名称

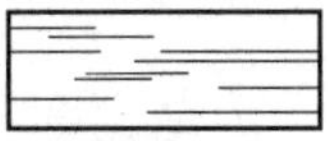

续表

序号	名称	图例	备注
22	玻璃砖		注明厚度
23	普通玻璃	(立面)	注明材质、厚度
24	磨砂玻璃	(立面)	①注明材质、厚度 ②本图例采用较均匀的点
25	夹层(夹绢、夹纸)玻璃	(立面)	注明材质、厚度
26	镜面	(立面)	注明材质、厚度
27	橡胶		
28	塑料		包括各种软、硬塑料及有机玻璃等
29	地毯		注明种类
30	防水材料	(小尺度比例) (大尺度比例)	注明材质、厚度
31	粉刷		本图例采用较稀的点
32	窗帘	(立面)	箭头所示为开启方向

表 2　常用设备图例

序号	名　称	图　例
1	送风口	(条型)
		(方型)
2	回风口	(条型)
		(方型)
3	侧送风、侧回风	
4	排气扇	
5	风机盘管	(立式明装)
		(卧式明装)
6	安全出口	EXIT
7	防火卷帘	F
8	消防自动喷淋头	
9	感温探测器	
10	感烟探测器	S
11	室内消火栓	(单口)
		(双口)
12	扬声器	

表 3　开关、插座立面图例

序号	名　称	图　例
1	单相二极 电源插座	
2	单相三极 电源插座	
3	单相二、三极 电源插座	
4	电话、信息插座	(单孔)
		(双孔)
5	电视插座	 (单孔)
		 (双孔)
6	地插座	
7	连接盒、接线盒	
8	音响出线盒	 M
9	单联开关	
10	双联开关	
11	三联开关	
12	四联开关	
13	锁匙开关	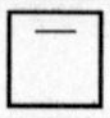
14	请勿打扰开关	 DTD
15	可调节开关	
16	紧急呼叫按钮	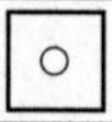

表 4　开关、插座平面图例

序号	名　称	图　例
1	(电源)插座	
2	三个插座	

续表

序号	名　　称	图　　例
3	带保护极的(电源)插座	
4	单相二三极电源插座	
5	带单极开关的(电源)插座	
6	带保护极的单极开关的(电源)插座	
7	信息插座	C
8	电接线箱	J
9	公用电话插座	
10	直线电话插座	
11	传真机插座	F
12	网络插座	C
13	有线电视插座	TV
14	单联单控开关	
15	双联单控开关	
16	三联单控开关	
17	单极限时开关	t
18	双极开关	
19	多位单极开关	
20	双控单极开关	
21	按钮	
22	配电箱	AP

附录D 风景园林图例

一、风景名胜区与城市绿地系统规划图例

(一)地界

序号	名称	图例	说明
1	风景名胜区(国家公园)、自然保护区等界		
2	景区、功能分区界		
3	外围保护地带界		
4	绿地界		用中实线表示

(二)景点、景物

序号	名称	图例	说明
1	景点		各级景点依圆的大小相区别；左图为现状景点，右图为规划景点
2	古建筑		2～29所列图例宜供宏观规划时用，其不反映实际地形及形态 需区分现状与规划时，可用单线圆表示现状景点、景物，双线圆表示规划景点、景物
3	塔		
4	宗教建筑(佛教、道教、基督教……)		
5	牌坊、牌楼		
6	桥		
7	城墙		
8	墓、墓园		
9	文化遗址		

续表

序号	名称	图例	说明
10	摩崖石刻		
11	古井		
12	山岳		
13	孤峰		
14	群峰		
15	岩洞		也可表示地下人工景点
16	峡谷		
17	奇石、礁石		
18	陡崖		
19	瀑布		
20	泉		
21	温泉		
22	湖泊		
23	海滩		溪滩也可用此图例

续表

序号	名称	图例	说明
24	古树名木		
25	森林		
26	公园		
27	动物园		
28	植物园		
29	烈士陵园		

（三）服务设施

序号	名称	图例	说明
1	综合服务设施点		各级服务设施可依方形大小相区别 左图为现状设施，右图为规划设施
2	公共汽车站		2～23 所列图例宜供宏观规划时用，其不反映实际地形及形态 需区分现状与规划时，可用单线方框表示现状设施，双线方框表示规划设施
3	火车站		
4	飞机场		
5	码头、港口		
6	缆车站		
7	停车场	P P	室内停车场外框用虚线表示
8	加油站		

续表

序号	名称	图例	说明
9	医疗设施点		
10	公共厕所	 WC	
11	文化娱乐点		
12	旅游宾馆		
13	度假村、休养所		
14	疗养院		
15	银行	 ¥	包括储蓄所、信用社、证券公司等金融机构
16	邮电所(局)		
17	公用电话点		包括公用电话亭、所、局等
18	餐饮点		
19	风景区管理站(处、局)		
20	消防站、消防专用房间		
21	公安、保卫站		包括各级派出所、处、局等
22	气象站		
23	野营地		

（四）运动游乐设施

序号	名称	图例	说明
1	天然游泳场		
2	水上运动场		
3	游乐场		
4	运动场		
5	跑马场		
6	赛车场		
7	高尔夫球场		

（五）工程设施

序号	名称	图例	说明
1	电视差转台	 TV	
2	发电站		
3	变电所		
4	给水厂		
5	污水处理厂		
6	垃圾处理站		
7	公路、汽车游览站		上图以双线表示，用中实线 下图以单线表示，用粗实线

续表

序号	名称	图例	说明
8	小路、步行游览站		上图以双线表示，用细实线 下图以单线表示，用中实线
9	山地步游小路		上图以双线加台阶表示，用细实线 下图以单线表示，用虚线
10	隧道	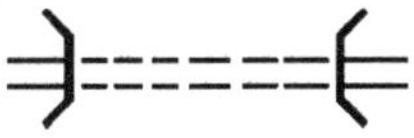	
11	架空索道线		
12	斜坡缆车线		
13	高架轻轨线		
14	水上游览线		细虚线
15	架空电力电讯线	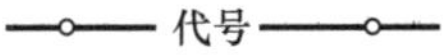 代号	粗实线中插入管线代号，管线代号按现行国家有关标准的规定标注
16	管线	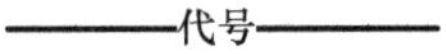 代号	

（六）用地类型

序号	名称	图例	说明
1	村镇建设地	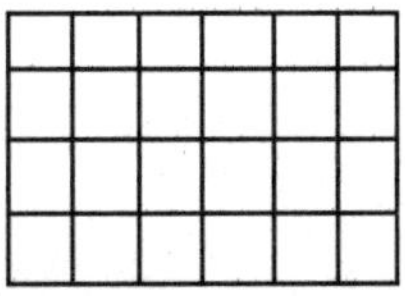	
2	风景游览地	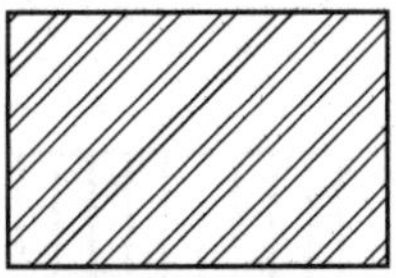	图中斜线与水平线成45°角
3	旅游度假地		
4	服务设施地		

续表

序号	名称	图例	说明
5	市政设施地	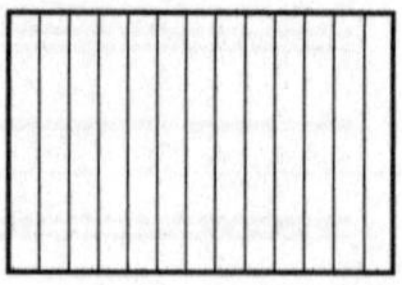	
6	农业用地		
7	游憩、观赏绿地	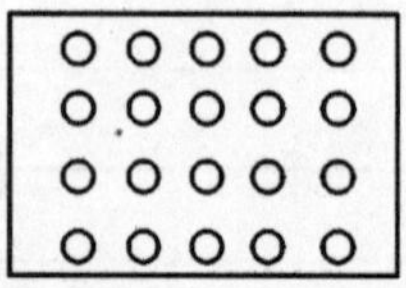	
8	防护绿地		
9	文物保护地	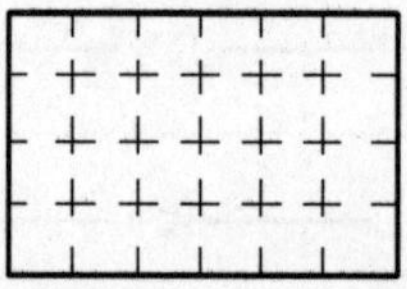	包括地面和地下两大类，地下文物保护地外框用粗虚线表示
10	苗圃花圃地	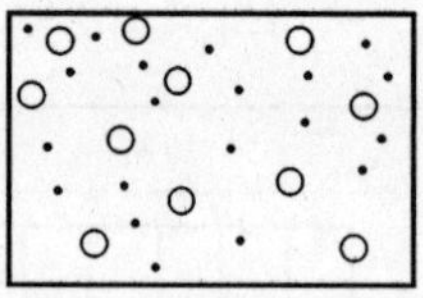	
11	特殊用地	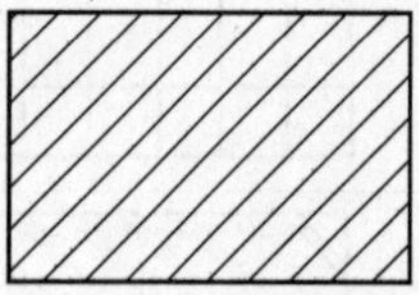	
12	针叶林地		12～17表示林地的线形图例中也可插入GB 7929—87的相应符号 需区分天然林地、人工林地时，可用细线界框表示天然林地，粗线界框表示人工林地
13	阔叶林地		

续表

序号	名称	图例	说明
14	针阔混交林地		12～17 表示林地的线形图例中也可插入 GB 7929—87 的相应符号 需区分天然林地、人工林地时，可用细线界框表示天然林地，粗线界框表示人工林地
15	灌木林地	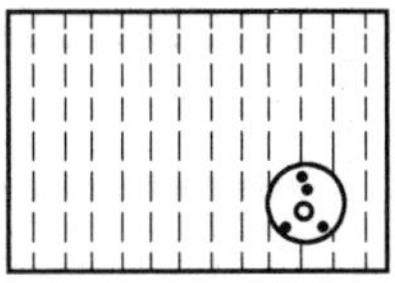	
16	竹林地	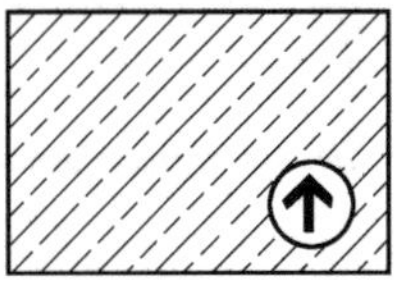	
17	经济林地	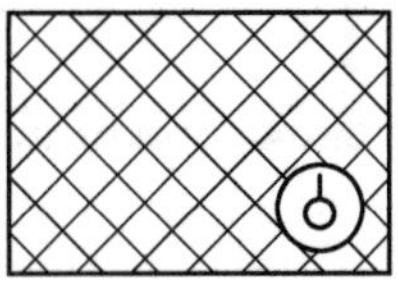	
18	草原、草圃	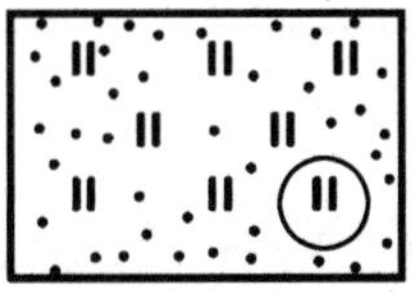	

二、园林绿地规划设计图例

（一）建筑

序号	名称	图例	说明
1	规划的建筑物		用粗实线表示
2	原有的建筑物	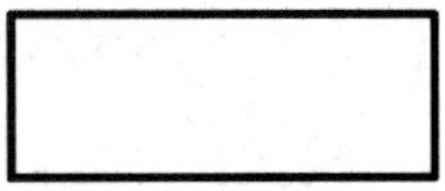	用细实线表示
3	规划扩建的预留或建筑物	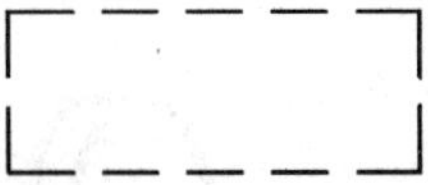	用中虚线表示
4	拆除的建筑物	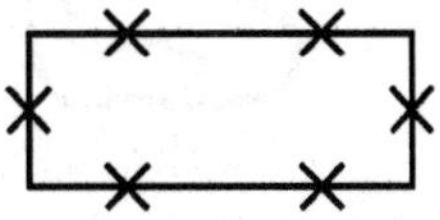	用细实线表示

续表

序号	名称	图例	说明
5	地下建筑物		用粗虚线表示
6	坡屋顶建筑		包括瓦顶、石片顶、饰面砖顶等
7	草顶建筑或简易建筑		
8	温室建筑		

（二）山石

序号	名称	图例	说明
1	自然山石假山		
2	人工塑石假山		
3	土石假山		包括“土包石”、“石包土”及土假山
4	独立景石		

（三）水体

序号	名称	图例	说明
1	自然形水体		
2	规划行水体		
3	跌水、瀑布		
4	旱涧		
5	溪涧		

（四）小品设施

序号	名称	图例	说明
1	喷泉		仅表示位置、不表示具体形态，以下同 可依据设计形态表示
2	雕塑		
3	花台		
4	座凳		
5	花架		

续表

序号	名称	图例	说明
6	围墙	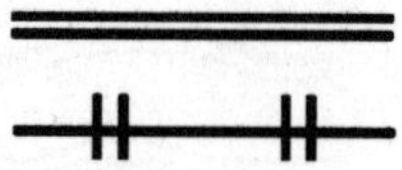	上图为实砌或漏空围墙 下图为栅栏或篱笆围墙
7	栏杆	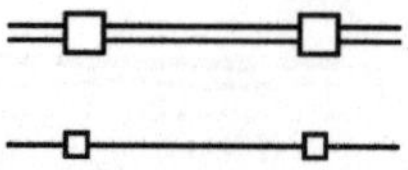	上图为非金属栏杆 下图为金属栏杆
8	园灯		
9	饮水台		
10	指示牌		

（五）工程设施

序号	名称	图例	说明
1	护坡		
2	挡土墙	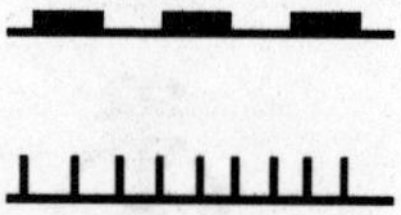	突出的一侧表示被挡土的一方
3	排水明沟	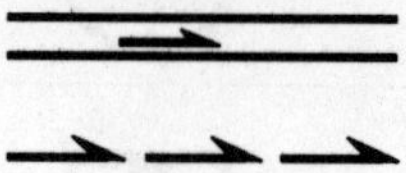	上图用于比例较大的图面 下图用于比例较小的图面
4	有盖的排水沟	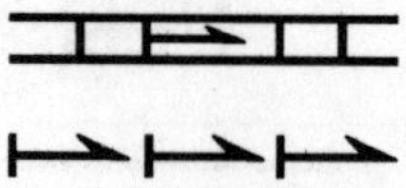	上图用于比例较大的图面 下图用于比例较小的图面
5	雨水井		
6	消火栓井		
7	喷灌点		

续表

序号	名称	图例	说明
8	道路	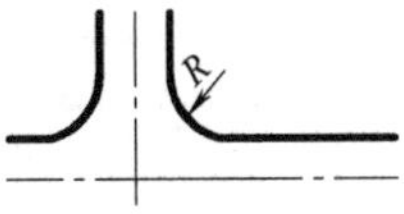	
9	铺装路面		
10	台阶		箭头指向表示向上
11	铺砌场地	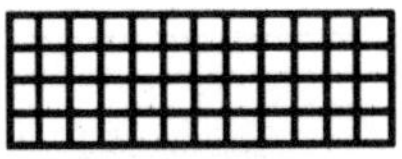	也可依据设计形态表示
12	车行桥	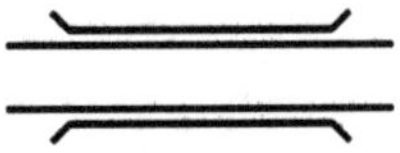	也可依据设计形态表示
13	人行桥	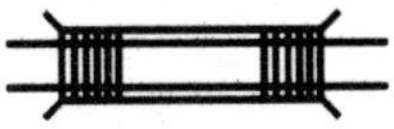	
14	亭桥	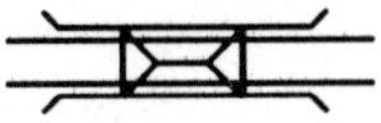	
15	铁索桥		
16	汀步	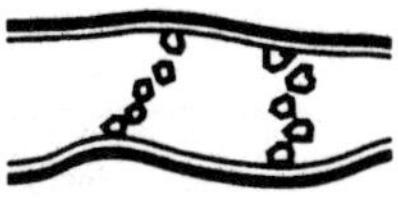	
17	涵洞	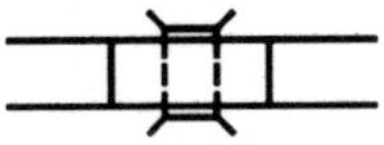	
18	水闸	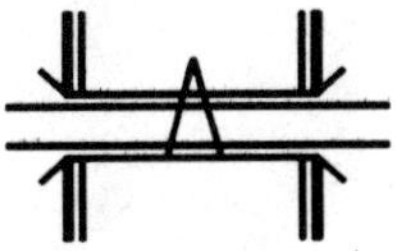	

续表

序号	名称	图例	说明
19	码头	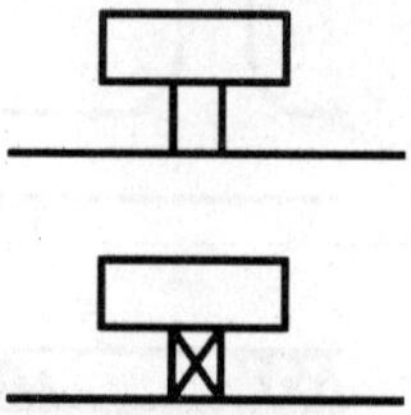	上图为固定码头 下图为浮动码头
20	驳岸	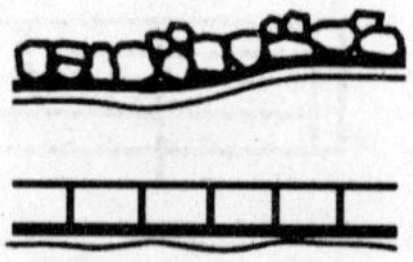	上图为假山石自然式驳岸 下图为整形砌筑规划式驳岸

参 考 文 献

[1] 张绮曼. 室内设计资料集（2）. 北京：中国建筑工业出版社，1999.
[2] 张绮曼. 环境艺术设计与理论. 北京：中国建筑工业出版社，1996.
[3] 高远. 建筑装饰制图与识图. 北京：机械工业出版社，2014.
[4] 关俊良，胡家宁. 室内与环境艺术设计制图. 北京：机械工业出版社，2005.
[5] 张纵. 园林与庭院设计. 北京：机械工业出版社，2004.
[6] 钱明学. 环境艺术设计识图与制图. 武汉：华中科技大学出版社，2012.
[7] 舒平，连海涛，严凡，李有芳. 建筑设计基础. 北京：清华大学出版社，2018.
[8] 叶铮. 室内建筑工程制图. 北京：中国建筑工业出版社，2018.
[9] 陈小青. 室内设计常用资料集. 北京：化学工业出版社，2014.
[10] 谷康，付喜娥. 园林制图与识图. 南京：东南大学出版社，2010.
[11] 冯炜，李开然. 现代景观设计教程. 杭州：中国美术学院出版社，2004.
[12] 徐进. 环境艺术设计制图与识图. 武汉：武汉理工大学出版社，2008.